"十二五"职业教育国家规划教材

图形图像处理
（Photoshop CC）

赵艳莉 主 编
喻 林 翟 岩 副主编

電子工業出版社
Publishing House of Electronics Industry
北京 · BEIJING

内 容 简 介

本书根据教育部颁发的《中等职业学校专业教学标准（试行）信息技术类（第一辑）》中的相关教学内容和要求编写。

本书针对目前应用 Photoshop 最多的婚纱影楼、图文制作、广告设计、建筑美工、网页美工、CG 绘画 6 个行业所涉及的岗位，通过对项目的描述和细致的分析以及详细的制作来完整地学习本书内容。

本书共 7 七篇，除平面基础篇外，涉及了 6 个行业的不同岗位需求，具体为：图像处理篇、图文制作篇、广告设计篇、建筑美工篇、网页美工篇和数字绘画篇。

本书是计算机平面设计专业的专业核心课程教材，也可作为各类计算机平面设计培训班的教材，还可以供平面设计从业人员参考学习。

本书配有教学指南、电子教案和案例素材，详见前言。

图书在版编目（CIP）数据

图形图像处理. Photoshop CC / 赵艳莉主编. —北京：电子工业出版社，2016.8

ISBN 978-7-121-24863-4

Ⅰ. ①图… Ⅱ. ①赵… Ⅲ. ①图象处理软件—中等专业学校—教材 Ⅳ. ①TP391.41

中国版本图书馆 CIP 数据核字（2014）第 274834 号

策划编辑：杨 波
责任编辑：郝黎明
印　　刷：中国电影出版社印刷厂
装　　订：中国电影出版社印刷厂
出版发行：电子工业出版社
　　　　　北京市海淀区万寿路 173 信箱　邮编　100036
开　　本：787×1 092　1/16　印张：16　字数：409.6 千字
版　　次：2016 年 8 月第 1 版
印　　次：2023 年 6 月第 15 次印刷
定　　价：49.80 元

凡所购买电子工业出版社图书有缺损问题，请向购买书店调换。若书店售缺，请与本社发行部联系，联系及邮购电话：（010）88254888，88258888。

质量投诉请发邮件至 zlts@phei.com.cn，盗版侵权举报请发邮件至 dbqq@phei.com.cn。

本书咨询联系方式：（010）88254617，luomn@phei.com.cn。

编审委员会名单

序 | PROLOGUE

当今是一个信息技术主宰的时代，以计算机应用为核心的信息技术已经渗透到人类活动的各个领域，彻底改变着人类传统的生产、工作、学习、交往、生活和思维方式。和语言、数学等能力一样，信息技术应用能力也已成为人们必须掌握的、最为重要的基本能力。可以说，信息技术应用能力和计算机相关专业，始终是职业教育培养多样化人才，传承技术技能，促进就业创业的重要载体和主要内容。

信息技术的发展，特别是数字媒体、互联网、移动通信等技术的普及应用，使信息技术的应用形态和领域都发生了重大的变化。第一，计算机技术的使用扩展至前所未有的程度，桌面式计算机和移动终端（智能手机、平板电脑等）的普及，网络和移动通信技术的发展，使信息的获取、呈现与处理无处不在，人类社会生产、生活的诸多领域已无法脱离信息技术的支持而独立进行。第二，信息媒体处理的数字化衍生出新的信息技术应用领域，如数字影像、计算机平面设计、计算机动漫游戏和虚拟现实等。第三，信息技术与其他业务的应用有机地结合，如商业、金融、交通、物流、加工制造、工业设计、广告传媒和影视娱乐等，使之形成了各自独有的生态体系，综合信息处理、数据分析、智能控制、媒体创意和网络传播等日益成为当前信息技术的主要应用领域，并诞生了云计算、物联网、大数据和 3D 打印等指引未来信息技术应用的发展方向。

信息技术的不断推陈出新及应用领域的综合化和普及化，直接影响着技术、技能型人才的信息技术能力的培养定位，并引领着职业教育领域信息技术或计算机相关专业与课程改革、配套教材的建设，使之不断推陈出新、与时俱进。

2009 年，教育部颁布了《中等职业学校计算机应用基础大纲》。2014 年，教育部在 2010 年新修订的专业目录基础上，相继颁布了计算机应用、数字媒体技术应用、计算机平面设计、计算机动漫与游戏制作、计算机网络技术、网站建设与管理、软件与信息服务、客户信息服务、计算机速录 9 个信息技术类相关专业的教学标准，确定了教学实施及核心课程内容的指导意见。本套教材就是以以上大纲和标准为依据，结合当前最新的信息技术发展趋势和企业应用案例组织开发和编写的。

本书的主要特色

● 对计算机专业类相关课程的教学内容进行重新整合

本套教材面向学生的基础应用能力，设定了系统操作、文档编辑、网络使用、数据分析、媒体处理、信息交互、外设与移动设备应用、系统维护维修、综合业务运用等内容；针对专业应用能力，根据专业和职业能力方向的不同，结合企业的具体应用业务规划了教材内容。

● 以岗位工作过程来确定学习任务和目标，综合提升学生的专业能力、过程能力和职位差异能力

本套教材通过以工作过程为导向的教学模式和模块化的知识能力整合结构，力求实现产业需求与专业设置、职业标准与课程内容、生产过程与教学过程、职业资格证书与学历证书、终身学习与职业教育的“五对接”。从学习目标到内容的设计上，本套教材不再仅仅是专业理论内容的复制，而是经由职业岗位实践——工作过程与岗位能力分析——技能知识学习应用内化的学习实训导引和案例。借助知识的重组与技能的强化，达到企业岗位情境和教学内容要求相贯通的课程融合目标。

● 以项目教学和任务案例实训为主线

本套教材通过项目教学，构建了工作业务的完整流程和岗位能力需求体系。项目的确定应遵循三个基本目标：核心能力的熟练程度，技术更新与延伸的再学习能力，不同业务情境应用的适应性。教材借助以校企合作为基础的实训任务，以应用能力为核心、以案例为线索，通过设立情境、任务解析、引导示范、基础练习、难点解析与知识延伸、能力提升训练和总结评价等环节，引领学习者在完成任务的过程中积累技能、学习知识，并迁移到不同业务情境的任务解决过程中，使学习者在未来可以从容面对不同应用场景的工作岗位。

当前，全国职业教育领域都在深入贯彻全国职教工作会议精神，学习领会中央领导对职业教育的重要批示，全力加快推进现代职业教育。国务院出台的《加快发展现代职业教育的决定》明确提出要“形成适应发展需求、产教深度融合、中职高职衔接、职业教育与普通教育相互沟通，体现终身教育理念，具有中国特色、世界水平的现代职业教育体系”。现代职业教育体系的建立将带来人才培养模式、教育教学方式和办学体制机制的巨大变革，这无疑给职业院校信息技术应用人才培养提出了新的目标。计算机类相关专业的教学必须要适应改革，始终把握技术发展和技术技能人才培养的最新动向，坚持产教融合、校企合作、工学结合、知行合一，为培养出更多适应产业升级转型和经济发展的高素质职业人才做出更大贡献！

前言 | PREFACE

为建立健全教育质量保障体系，提高职业教育质量，教育部于 2014 年颁布了中等职业学校专业教学标准（以下简称专业教学标准）。专业教学标准是指导和管理中等职业学校教学工作的主要依据，是保证教育教学质量和人才培养规格的纲领性教学文件。在“教育部办公厅关于公布首批《中等职业学校专业教学标准（试行）》目录的通知”（教职成厅[2014]11 号文）中，强调：“专业教学标准是开展专业教学的基本文件，是明确培养目标和规格、组织实施教学、规范教学管理、加强专业建设、开发教材和学习资源的基本依据，是评估教育教学质量的主要标尺，同时也是社会用人单位选用中等职业学校毕业生的重要参考。”

本书特色

本书根据教育部颁发的《中等职业学校专业教学标准（试行）信息技术类（第一辑）》中的相关教学内容和要求编写。

本采用项目教学的编写模式，针对目前应用 Photoshop 最多的婚纱影楼、图文制作、广告设计、建筑美工、网页美工和 CG 绘画 6 个行业所涉及的岗位，通过对项目的描述和细致的分析以及详细的制作来完整地学习 Photoshop 平面设计技术。

本书与以往同类书的编写有所不同，主要体现在以下几个方面。

（1）内容设定上。本书按照行业的不同，划分不同的篇章，每个行业都给出了知识目标、能力目标和岗位目标，并按岗位需求设定项目，知识点的排列顺序是按照任务需求进行的，尽量是大项目小知识。另外，为了更好地学习，还开设了平面设计基础内容。

（2）编写体例上。本书完全按照项目教学模式进行编写。每个项目都以企业的口吻提出，内容则以项目的形式给出，通过对任务的分解及实现来学习知识、掌握技能。通过项目的完成学习不同行业不同岗位的技能和知识，使学生毕业后可以直接进入岗位，实现企业岗位与学校培养直接对接。

（3）编写人员配置上。为了充分体现学校和企业共同开发、共同建设的原则，实现适应企业需要、突出能力培养，培养符合职教规律的技术技能型人才。本书的编写人员中，部分为长期从事教学的一线教师，部分为企业的实践专家或一线技术人员，企业与学校共同参与完成，深度合作，各展所长。

本书共7篇，除平面基础篇外，涉及了6个行业的不同岗位需求，具体为：图像处理篇，主要介绍婚纱影楼行业中形象设计、后期处理及特效设计等岗位的具体操作及要掌握的知识；图文制作篇，主要介绍图文制作行业中logo、卡片、折页等产品的设计制作方法及要掌握的知识；广告设计篇，主要介绍广告行业中海报、POP招贴、展板及易拉宝等作品的制作过程及要掌握的知识；建筑美工篇，主要介绍建筑行业中室内效果图处理、室外效果图设计、制作材质及更换材质的具体操作方法及要掌握的知识；网页美工篇，主要介绍网络行业中网站首页的设计、网站主页的设计制作、banner横幅广告和网络按钮等的具体操作方法及要掌握的知识；数字绘画篇，主要介绍在CG行业中动漫Q版人物设计、动漫场景设计、卡通原画和小动画的制作方法及要掌握的知识。

本书编者

本书由赵艳莉担任主编，喻林、翟岩担任副主编，参加编写的人员还有朱剑涛、张金娜、郭玲、卞孝丽、丁超等，赵艳莉对本书进行了框架设计、统稿和整理。

教学资源

为了提高学习效率和教学效果，方便教师教学，作者为本书配备包括电子教案、教学指南、素材文件、微课，以及习题参考答案等配套的教学资源。请有此需要的读者登录华信教育资源网（http://www.hxedu.com.cn）免费注册后进行下载，有问题时请在网站留言板留言或与电子工业出版社联系（E-mail:hxedu@phei.com.cn）。

CONTENTS | 目录

平面基础篇

图像处理篇

图文制作篇

广告设计篇

建筑美工篇

网页美工篇

数字绘画篇

平面基础篇

项目 1　平面设计基础

项目 2　色彩构成基础

项目 3　图形图像基础

项目 4　Photoshop 基础

我们这个时代，是一个设计的年代，无处不存在着创意和创新。从城市环境到居家装饰，从工业产品到日常生活，大到一个城市，小到一枚卡片，设计在当今人类的生活中扮演着举足轻重的角色，真可谓“时时见品味，处处皆设计”。

能力目标

能进行 Photoshop CC 的启动和退出。

知识目标

1. 掌握平面设计的基础知识。
2. 掌握色彩构成及色彩模式的相关知识。
3. 掌握图形图像的相关知识。
4. 了解 Photoshop CC 的功能
5. 熟练掌握 Photoshop CC 工作窗口。

平面设计基础

任务 1　了解平面设计

1. 什么是平面设计

“平面”即非动态的二维空间，平面设计是指在二维空间内进行的设计活动。而所谓的二维空间内的设计活动，是一种对空间内元素的设计及将这些元素在空间内进行组合和布局的活动。

因此，所谓平面设计是指将信息学、经济学、心理学和设计学等学科按照一定的科学规律进行创造性组合的一门学科，它是视觉文化的重要组成部分。

平面设计是一门静态艺术，它是通过各种表现手法在静态平面上传达信息，是一种视觉艺术且具有欣赏和实用价值，能给人以直观的视觉冲击，同时，也能给人以艺术美感的享受。当前，平面设计以其特有的宣传功能已经全面进入我们工作生活的各个方面，它以其独特的文化张力影响着人们的工作和生活。如图 1-1 所示图片给人的感觉是时尚，而如图 1-2 所示图片给人的感觉则是清新。

图 1–1　时尚之感

图 1–2　清新之感

2. 平面设计的目的

平面设计的目是将图形、图像、文字、色彩及版式等设计元素经过一定的组合，在给人以美的享受的同时，传达某种视觉信息。如图 1-3 所示的海报设计、图 1-4 所示的 Logo 设计及图 1-5 所示的创意设计。

图 1-3　海报设计

图 1-4　Logo 设计

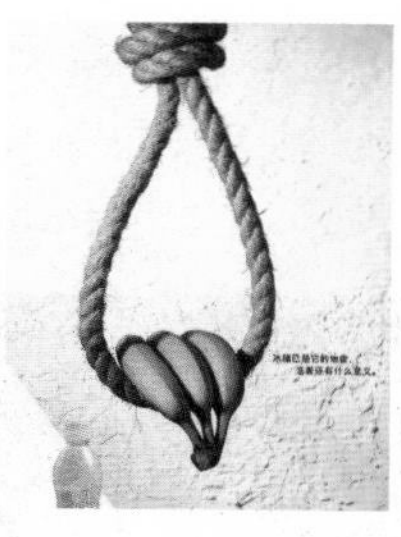
图 1-5　创意设计

3. 平面设计的特征

平面设计最显著的特征就是社会性。随着社会的进步和科技的发展，平面设计已不单纯的是一种独立的艺术形式。设计是科学与艺术的结合，是商业社会的产物，在商业社会中需要艺术设计与创作理想的平衡。

设计与美术不同，设计既要符合审美性又要具有实用性，要替人设想，以人为本，因此，设计是一种需要而不仅仅是欣赏和装饰。

设计没有完成的概念，设计需要精益求精，需要挑战自我，向自己宣战。设计的关键之处在于发展，只有不断通过深入的感受和体验才能做到，打动别人对于设计人员来说是一种挑战。足够的细节本身就能感动人，另外，图形创意、色彩品味、材料质地也能打动人，因此需要把设计的多种元素有机地进行艺术化组合，最重要的是设计人员应该明白严谨的工作态度更能引起人们心灵的震撼。

任务 2　认识平面造型艺术

平面设计属于造型艺术的一个门类，造型是平面设计的基础。随着摄影技术和电脑辅助设计的普及和广泛应用，在实际的设计工作中，很少需要平面设计人员手工绘画和写字，有时甚至不会用到画笔和纸等工具，但作为造型艺术的基础，绘画仍然是平面设计人员不可或缺的专业技能，也是学习艺术设计人员专业素质的评判标准之一。

平面设计的造型基本要求和基础训练主要以素描和色彩为主，通过素描和色彩的基础训练，培养和锻炼设计人员对客观对象的观察、理解和表达能力，以及运用造型艺术语言表达客观对象的各种复杂结构，在不同光影和角度下的形态、明暗层次、影调、色彩变化的敏锐感觉和对整体与局部表现的控制能力等。通过素描与色彩的基础训练，对与造型艺术紧密相关的学科，如透视、色彩原理、解剖等学科有更深的了解和认识。

经过系统的造型训练之后，就是平面设计专业的基础学习和训练，它们是平面构成、立体构成、色彩构成、基础图案、字体设计、装饰画、书法、摄影基础、专业绘画及计算机基础等。通过训练了解和掌握造型艺术中的设计艺术和表达方式。

任务 3　平面设计的分类

设计是创造性的活动，是一种开拓。凡是有目的的造型活动都是一种设计，设计不能简单地理解成物件外部附加的美化或装饰，设计是包括功能、材料、工技、造价、审美形式、艺术风格、精神意念等因素的综合创造。

平面设计的领域十分广泛，常见的平面设计有网页界面设计、包装设计、DM 广告设计、海报设计、平面媒体广告设计、POP 广告设计、样本设计、刊物设计、书籍封面设计和 VI 设计，如图 1-6 所示。

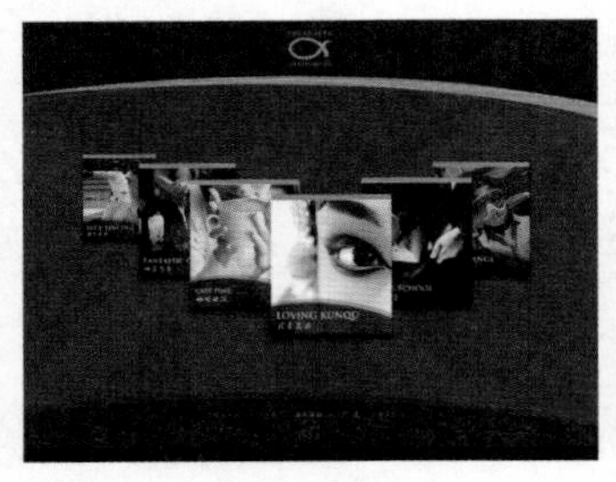

网页界面设计

包装设计

DM 广告设计

平面媒体广告设计

POP 广告设计

样本设计

刊物设计

书籍封面设计

图 1-6　平面设计分类

任务 4　平面设计要素

现代信息传播媒介可分为视觉、听觉和视听觉 3 种类型，其中公众 70%的信息是从视觉传达中获得的，比如，我们常见的报纸、杂志、广告宣传页、招贴海报、路牌、灯箱等，这些以平面形态出现的视觉类信息传播媒介均属于平面设计的范畴。

由此可见，平面设计的基本要素主要有图形、色彩和文字 3 种，这些要素在平面设计中担任不同的功能。

1. 图形要素

图形的运用首先在于剪裁，要想让图形在视觉上形成冲击力，必须要注意画面元素的简洁，画面元素过多，公众的视线容易分散，图形的感染力就会大大减弱。因此，对图形的处理要敢于创新，力求将公众的注意力集中在图形主题上。

图形要素是平面设计中最重要的视觉传达元素之一，它能够激发大众情绪，使大众理解和记忆广告设计的主题。因此，平面设计中的图形要素要突出商品和服务，通俗易懂、简洁明快，具有强烈的视觉冲击力，并且要紧扣设计主题。

在运用图形的过程中，图形可以是黑白画、喷绘插画、手绘图、摄影作品等，图形的表现形式可以是写实、象征、漫画、卡通、装饰画等手法。另外，图形要具有形象化、具体化、直接化的特性，它能够形象地表现设计主题和创意，是平面设计主要的构成要素，对设计理念的陈述和表达起着决定性的作用。

2. 色彩要素

色彩运用的是否合理是平面设计中重要的一个环节，也是人类最为敏感的一种信息。色彩在平面设计中具有迅速传达信息的作用，它与公众的生理和心理反应密切相关。公众对平面设计作品的第一印象是通过色彩而得到的，色彩的艳丽程度、灰暗关系等都会影响公众对设计作品的注意力，如鲜艳、明快、和谐的色彩会吸引观众的眼球，让观众心情舒畅；而深沉、暗淡的色彩则给观众一种压迫感。因此，色彩在平面设计作品上有着特殊的表现力。

在平面设计中，商品的个性决定着色彩的运用，若运用得当，可以增加画面的美感和吸引力，并能更好地传达商品的质感和特色。

3. 文字要素

文字是平面设计中不可或缺的构成要素，它是传达设计思想，表达设计主题和构想理念最直接的方式，起着画龙点睛的作用。

由于文字的排列组合可以左右人的视线，字体大小可以控制整个画面的层次关系，因此，文字的排列组合、字体字号的选择和运用直接影响着画面的视觉传达效果和审美价值。

文字要素主要包括标题、正文、广告语和公司信息等，其中标题最好使用醒目的大号字，放置在版面最醒目的位置；而正文文字主要是用来说明广告图形及标题所不能完全展现的广告主体，应集中书写，一般置于版面的左右或上下方；广告语是用来配合广告标题、正文和强化商品形象的简洁短句，应顺口易记、言简意赅，一般放在版面较为醒目的位置。

任务5　平面构图技巧

构图是为了表现作品的主题思想和美感效果，在一定的空间内，安排和处理人、物的关系及位置，把个别或局部的形象组成艺术的整体，在一定规格、尺寸的版面内，将一则平面广告作品的设计要素合理、美观地进行创意性编排，组合布局，以取得最佳的广告宣传效果。

1. 骨骼型构图

骨骼型构图是一种规范的、理性的构图方法。常见的骨骼有竖向通栏、双栏、三栏、四栏和横向的通栏、双栏、三栏、四栏等，一般以竖向居多。在图片和文字的编排上则严格地按照骨骼比例进行编排配置，给人以严谨、和谐、理性的美。骨骼经过相互混合后，既理性、条理，又活泼而具弹性，如图 1-7 所示。

2. 满版型构图

满版型构图以图像充满整版，主要以图像为诉求，视觉传达直观而强烈。文字压置在上下、左右或中部的图像上。满版型构图给人大方、舒展的感觉，是商品广告常用的形式，如图 1-8 所示。

3. 上下分割型构图

上下分割型构图将整个版面分为上、下两部分，在上半部或下半部配置图片，另一部分则配置文案。它是最常见、最稳妥的构图形式，给人一种安定感，视线会从上到下流动。一般情况下，插图位于版面的上方，以较大的幅面吸引人们的注意力，利用标题点明主题，从而展现整个平面广告，如图 1-9 所示。

图 1-7　骨骼型构图

图 1-8　满版型构图

图 1-9　上下分割型构图

4. 左右分割型构图

左右分割型构图将整个版面分割成左、右两部分，分别在左或右配置文案。它可以使画面在上下方向上产生视觉延伸感，加强了画面中垂直线条的力度和形式感，给人以高大、威严的视觉享受，如图 1-10 所示。

5. 倾斜型构图

倾斜型构图将主体形象或多幅图片、文字等做倾斜编排，造成版面强烈的动感和不稳定因素，形成极强的视觉冲击力，它具有较强的运动感和张力性，其特点是将画面中的文字或主题物以对角线的方式进行布局或设计，赋予画面一种生动、有活力的感觉，如图 1-11 所示。

6. 对称型构图

对称型构图指画面中心轴两侧有相同或视觉等量的主体物，使画面在视觉上保持相对均衡，从而产生一种庄重、稳定的协调感、秩序感和平衡感，如图 1-12 所示。

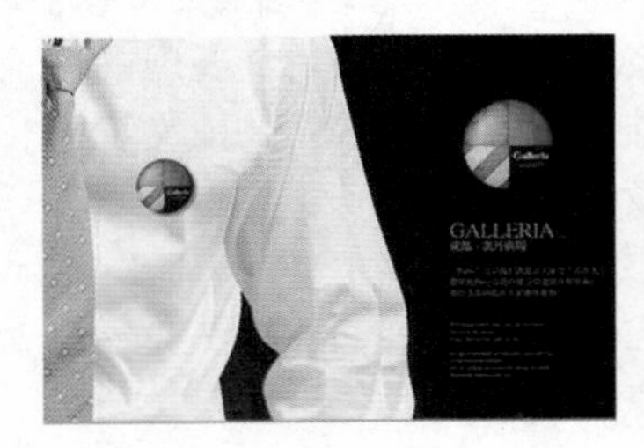

图 1-10　左右分割型构图

图 1-11　倾斜型构图

图 1-12　对称型构图

7. 曲线型构图

曲线具有优美、富于变化的视觉特征，因此，曲线型构图可以增加画面的韵律感，给人以柔美视觉享受，如 S 形曲线构图可以有效地牵引观众的视线，使画面蜿蜒延伸，增加画面的空间感，另外，S 形曲线构图也可以用于突出女性的曲线美，如图 1-13 所示。

8. 三角形构图

在圆形、矩形、三角形等基本形态中，正三角形（金字塔形）是最具安全稳定的形态，而斜三角和倒三角形则给人动感和不稳定感，如图 1-14 所示。

9. 散点型构图

散点型构图中画面的要素间呈自由分散的编排，这种散状排列强调感性、自由随机性、偶合性，强调空间和动感，追求的是新奇和刺激的心态，表现为一种随意的编排形式。面对散点的界面，人们的视线随界面图像、文字上下或左右自由移动阅读，给人生动有趣、随意轻松、慢节奏的感觉，如图 1-15 所示。

图 1–13　曲线型构图

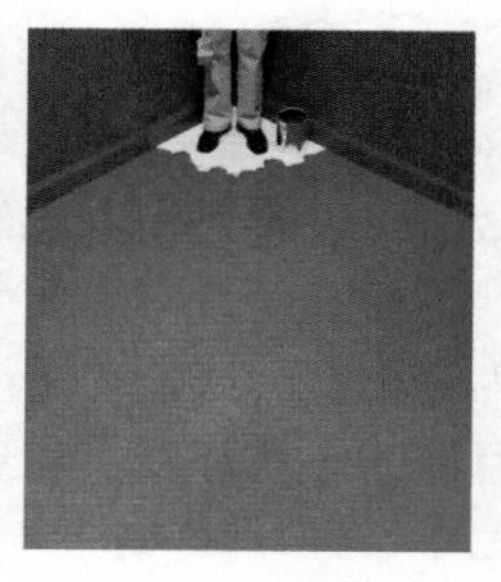
图 1–14　三角形构图

图 1–15　散点型构图

任务 6　平面设计的创意手法

创意即创新、创造、创作、主意、打算、构思。创意是平面设计的第一要素，没有好的创意，就没有好的作品。

创意设计是设计人员对设计创作对象进行想象、加工、组合和创造，使商品潜在的现实美升华为消费者都能感受到的艺术美的一种创造性劳动，即通过构思来创作所宣传对象的艺术形象，达到使消费者认同和接受产品的目的。

1. 联想与想像

根据主题产生联想与想像，是平面创意的开始。创造是以想像开始，以象征结束，其中起重要作用的是创造性和想像力，如图 1-16 所示。

2. 比喻与象征

用具象的形象表现抽象的理念和情感，含蓄而曲折地表达设计的主题内涵，其主要作用是化抽象为形象，变平淡为生动。借助比喻和象征，深化主题，是提高画面语言生动性最常用的手法。用图形语言进行比喻和象征的描绘，是大胆的、直觉的、形象的，留下的印象也是入木三分的，如图 1-17 所示。

3. 借代与拟人

借此言彼，以二代一，以物代人，以动代静，借物言志，借景言情。文学的修辞和图形的表现可以有机地结合，创造平面设计图形世界的奇观，如图 1-18 所示。

图 1–16　联想与想像

图 1–17　比喻与象征

图 1–18　借代与拟人

4. 夸张与变形

因夸张而产生的变形是艺术的加工和再现，夸张的着眼点往往是对象的特征部分，可以是动态上的夸张、比例上的夸张、心理上的夸张、情节上的夸张等。夸张后的图形充满幽默、诙谐和情趣。夸张和变形是平面图形创意的润滑剂。对某个造型因素或表现意象的某个方面进行夸张或强调，这种方法别具一格，不但能够赋予设计一种新奇变化的情趣，还加深了观看者对设计主题内涵的印象，如图 1-19 所示。

图 1-19　夸张与变形

5. 诙谐与幽默

利用饶有风趣的情节制造幽默情境，以达到出乎意料之外、又在情理之中的艺术效果，引起人们会心的微笑，以轻松愉快的方式发挥设计的感染力。幽默将使画面具有亲和力，观看幽默型平面设计也是使人快乐的一件事，因为幽默、诙谐的手法是人们喜闻乐见的，它传达出一种乐观、开朗、自信的生活态度。幽默型平面多以漫画、手绘的方式夸张地表现，很有艺术情趣，让人回味无穷，如图 1-20 所示。

6. 形象的置换

置换是移花接木，是偷梁换柱，是牛头马面，是驴唇马嘴，置换的目的是创造生活中并不存在的新形象，制造新颖奇特的视觉、联想效果。置换导致了逻辑上的荒谬，打破时空、环境、对象的限制，出乎意料的组合，会获得意想不到的结果，如图 1-21 所示。

置换需要把握不同事物间的共性，让相异物质的共性引发人们的联想。没有共性不能同构于一物，相同的因素可以是形状、纹样、色彩等性质。不同物件的置换组合，目的在于打破正常状态，创造新视觉形象，引发观众的好奇心，深化平面主题。

7. 空间与留白

运用空间表达主题，在二维的设计空间中表现三维的想象空间，是平面设计的表现思路之一。这种空间的改变，会展现出一种新奇的境界，这种转瞬间变幻的创意使人们获得意想不到的意境。空间的利用，是平面视觉传达的一种独特表现手法。利用空白营造空间感，知白守黑，创造出的是想象的空间，它使人回味无穷，如图 1-22 所示。

图 1-20　诙谐与幽默

图 1-21　形象的置换

图 1-22　空间与留白

项目总结

平面设计是指在二维空间内进行的设计活动，它是通过将图形、图像、文字、色彩及版式等设计元素经过一定的组合，在给人以美的享受的同时，传达某种视觉信息。在进行平面设计作品时要先弄清楚你的设计目的是什么，你要表达的是什么，然后进行设计元素的收集，根据所学的创意手法进行平面构图，而构图的好坏从根本上影响着艺术设计内容传递的直观性和准确性。

色彩构成基础

任务1　色彩三要素

色彩即颜色，可以分为非彩色和彩色两大类。非彩色指黑色、白色和各种深浅不一的灰色，其他所有颜色均属于彩色。

从心理学和视觉的角度出发，彩色具有3个属性：色相、明度、纯度，它们是色彩最基本的属性。在生活中，人们对色彩的认识只停留在表层认识，也就是对红、黄、蓝、绿等较纯颜色的分辨，如果碰到淡一点的颜色就加一个“浅”字，重一点的颜色就加一个“深”字，一旦遇到中间色调的颜色就称之为“旧”了。这种对色彩的简单认识，对进行平面设计的人来说是远远不够的。要想走进神秘、丰富的色彩世界，掌握色彩的基本原理，请观看如图1-23和图1-24所示的色立体结构来学习构成色彩的色相、明度、纯度及三者之间的关系。

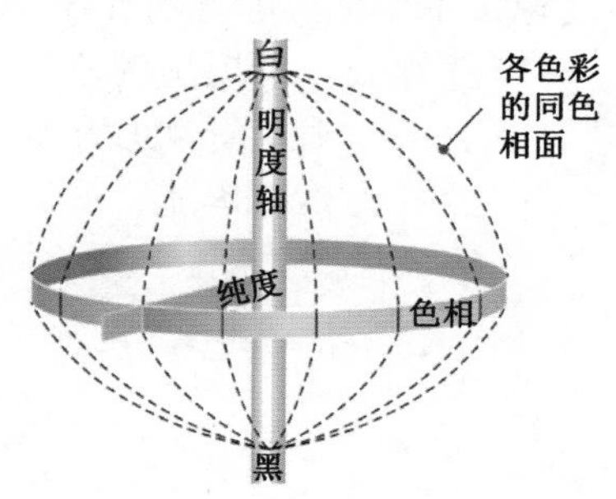

图1–23　色相、明度、纯度色立体图例

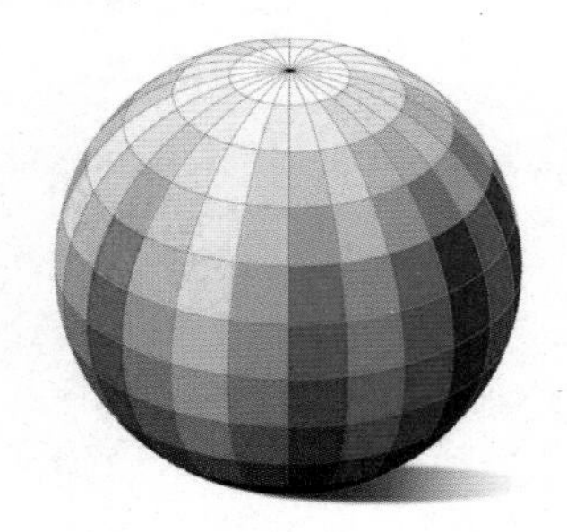
图1–24　色立体结构

如图1-23所示的椭圆形是表示色彩相貌的色相环，中间的竖线是明度轴，上白下黑，两色相混后排列出由明到暗的过渡，球表面的色相环的一点延伸出水平线，直指明度轴的一点，这条线表示纯度，它只有纯度的变化没有明暗和色相的变化。由此可以看出，色彩的色相、明度和纯度三者之间的立体关系是决定色彩千变万化的核心。

1. 色相

色相是指色彩的相貌，它是色彩最明显的特征。在可见光谱上，人的视觉感受到红、橙、黄、绿、蓝、紫这些不同特征的色彩，人们给这些可以相互区别的颜色定出名称，当称呼到其中某一色的名称时，就会有一个特定的色彩印象，这就是色相的概念。正是由于色彩具有这种具体相貌的特征，人们才感受到一个五彩缤纷的世界。色相一般用色相环来表示，如图 1-25 所示，通常有 12、20、24、100 色。

2. 明度

明度又称亮度，明度指色彩的明亮程度，一般用明度轴来表示。通俗说，色彩浅明度就高，色彩深明度就低，在无彩色中，明度最高的是白色，最低的是黑色，中间存在一个从亮到暗的灰色系列。在彩色中，任何一种纯度色都有自己的明度特征，黄色为明度最高的色，处于光谱的中心位置，紫色是明度最低的色，处于光谱的边缘，一个彩色物体表面的光反射率越大，对视觉的刺激越大，看上去就越亮，明度就越高。明度通常通过明度阶段来体现，如图 1-26 所示。

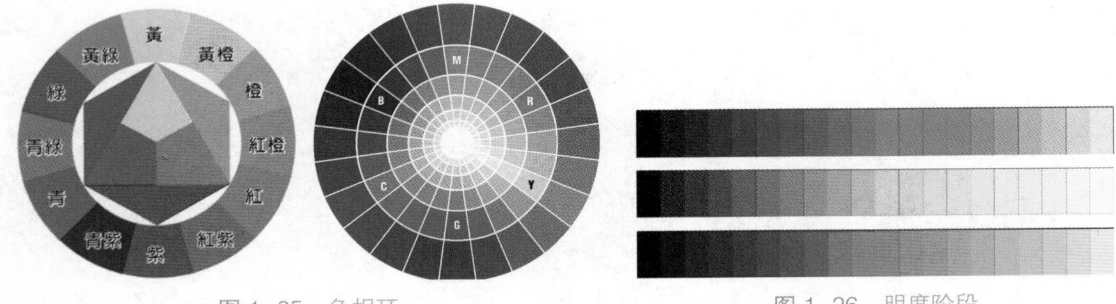

图 1-25　色相环

图 1-26　明度阶段

一般地，设计中主色的高明度基调能给人以轻快、明朗、纯洁的感觉，如果应用不当，容易给人以冷漠和柔弱的感觉；中明度基调给人以朴实和沉稳的感觉，如果应用不当，可能带来呆板和乏味的感觉；低明度基调给人以沉稳、浑厚、神秘的感觉，另一方面也可能构成黑暗、哀伤的色调。

3. 纯度

纯度是指颜色的纯净程度，也称饱和度，纯度越高，颜色越鲜明。当一种色彩加入黑、白或灰色时，纯度就产生变化。加入其他颜色时，纯度也发生变化，加入的其他颜色越多，纯度就越低。可以用纯度阶段来表现，如图 1-27 所示，纯度的组合设计决定画面是否具有华丽、高雅、古朴、含蓄等风格的关键。

图 1-27　纯度阶段

任务 2　色彩深度

色彩深度是指图像中包含颜色的数量。常见的色彩深度有 1 位、8 位、16 位、24 位和 32 位，其中 1 位的图像中只包含黑色和白色两种颜色。8 位图像的色彩中共包含 2 的 8 次方即 256 种颜色或 256 级灰阶。随着图像色彩位数的增加，每个像素的颜色范围也在增加。

项目总结

色彩是艺术设计的主要表现形式之一，在进行平面设计作品时，色彩能带你走入奇幻的色彩斑斓的世界，正确地了解和理解色彩的意义对平面设计的创作表现起到决定性的作用。

图形图像基础

任务 1　认识位图

位图也称点阵图或栅格图，是由“像素”的单个点构成的图形，由“像素”的位置与颜色值表示。扩大位图尺寸，即是使“像素”的单个点扩大为方块状，从而使线条和形状显得参差不齐，颜色有失真的感觉，位图图像的质量决定于分辨率的设置，如图 1-28 所示。用数码相机拍摄的照片都是位图图像。常见的位图处理软件有 Photoshop、Painter 等。

图 1–28　位图原图与放大后的对比

任务 2　认识矢量图

矢量图也称向量图，是面向对象的图像或绘图图像。矢量图的每个对象都是由数值记录颜色、形状、轮廓、大小等属性，在缩放图像时不会改变它原有的清晰度和弯曲度。所以矢量图可以任意放大或缩小，不会影响图像的质量，矢量图显示效果与分辨率无关，如图 1-29 所示。矢量图适用于文字、图案、标志和计算机辅助设计。常见的矢量图处理软件有 CorelDRAW、AutoCAD、Illustrator 等。

图 1–29　矢量图原图与放大后的对比

任务 3　图像的分辨率

分辨率是指一个图像文件中包含的细节和信息的大小，以及输入、输出或显示设备能够产生的细节程度。处理位图时，分辨率既会影响最后输出的质量也会影响文件的大小。图像文件是以创建时所设的分辨率大小来印刷的，所以在处理图像文件时首先要设置好图像的分辨率，显然矢量图就不必考虑这么多。

任务 4　图像的颜色模式

颜色模式决定了用于显示和打印图像的颜色类型，它决定了如何描述和重现图像的色彩。常见的颜色模式包括 HSB（色相，纯度，明度），RGB（红，绿，蓝），CMYK（青，洋红，黄，黑）和 Lab 等。

1. RGB 颜色模式

我们每天面对的显示器便是根据这种特性，由 RGB 颜色组成的。R 表示红色（Red）；G 表示绿色（Green）；B 表示蓝色（Blue），即光学三原色，如图 1-30 所示。利用这种基本颜色进行颜色混合，可以配制出绝大部分肉眼能看到的颜色。

图 1-30　光学三原色及重叠

显示器是通过发射 3 种不同强度的光束，使屏幕内侧上覆盖的红、绿、蓝磷光材料发光，从而产生颜色。这种由电子束激发的点状色彩被称为“像素（Pixel）”。屏幕的像素能显示 256 灰阶色调，当三原色重叠时，不同的混色比例和强度将产生其他的间色，三原色相加会产生白色，如图 1-30 所示。我们在 Photoshop 中就是通过调整各颜色的 0～255 的值产生不同的颜色。

RGB 颜色模式在屏幕表现下色彩丰富，所有滤镜都可以使用，各软件之间文件兼容性高，但在印刷输出时，偏色情况比较严重。

2. CMYK 颜色模式

接触过印刷的人都知道，印刷制版的颜色是青（Cyan）、洋红（Magenta）、黄（Yellow）和黑（Black），这就是 CMYK 颜色模式。这种由以上 4 种油墨混合而生成的颜色，也被称为四色印刷，如图 1-31 所示。

图 1-31　四色印刷

C、M、Y、K 的数值范围是 0～100，当 C、M、Y、K 的数值都为 0 时，混合后的颜色为纯白色，当 C、M、Y、K 都为 100 时，混合后的颜色为纯黑色。这种颜色模式的基础不是增加光线，而是减去光线，所以青、洋红和黄也称为“减色法三原色”。

显示器是发射光线，而印刷的纸张无法发射光线，它只吸收和反射光线，使用红、绿、蓝的补色来产生颜色，这样反射的光就是我们需要的颜色。

在处理图像时，一般不采用 CMYK 模式，因为这种模式的图像文件占用的存储空间较大。此外，在这种模式下 Photoshop 提供的很多滤镜都不能使用，人们只在印刷时才将图像颜色模式转换为 CMYK 模式。

3. Lab 颜色模式

Lab 是 CIE（国际照明委员会）指定的标示颜色的标准之一。它同我们似乎没有太多的关系，而是广泛应用于彩色印刷和复制层面。

Lab 颜色模式是以数学方式来表示颜色，所以不依赖于特定的设备，这样确保输出设备经校正后所代表的颜色能保持一致性。

Lab 色彩空间涵盖了 RGB 和 CMYK。而 Photoshop 内部从 RGB 颜色模式转换到 CMYK 颜色模式，也是经由 Lab 做中间量完成的。

其中，L 指的是亮度，它的取值范围为 0～100；a 分量代表由深绿—灰—粉红的颜色变化；b 分量代表由亮蓝—灰—焦黄的颜色变化，且 a 和 b 的取值范围均为-120～120。

4. 索引颜色模式

索引颜色模式采用一个颜色表存放并索引图像中的颜色，这种颜色模式的像素只有 8 位，即图像只有 256 种颜色。这种颜色模式可极大的减小图像文件的存储空间，因此经常作为网页图像与多媒体图像，网上传输较快。

5. 灰度模式

灰度模式可以将图片转变成黑白相片的效果，如图 1-32 所示。灰度模式是图像处理中被广泛运用的模式，采用 256 个灰度级别，从亮度 0（黑）到 255（白）。

如果要编辑处理黑白图像，或将彩色图像转换为黑白图像，可以制定图像的模式为灰度，由于灰度图像的色彩信息都从文件中去掉了，所以灰度相对彩色来讲文件要小得多。

6. 位图模式

位图模式也称为黑白模式，使用黑、白双色来描述图像中的像素，如图 1-33 所示。黑白之间没有灰度过渡色，该类图像占用的内存空间非常少。当一幅彩色图像要转换成黑白模式时，不能直接转换，必须先将图像转换成灰度模式。

图 1–32　以灰度模式显示图像

图 1–33　以位图模式显示图像

任务 5　图像文件的格式

常见的图像文件格式有 PSD/PSB、BMP、JPEG、TIFF 和 EPS 格式等。

1. PSD/PSB 格式

Photoshop Document（PSD）是 Adobe 公司的图像处理软件 Photoshop 的专用格式。PSD 包含有各种图层、通道、遮罩等多种设计的样稿，以便于下次打开文件时可以修改上一次的设计。在 Photoshop 所支持的各种图像格式中，PSD 的存取速度比其他格式快很多，功能也很强大。由于 Photoshop 被越来越广泛地应用，这种格式也会逐步成为主流格式。

PSB 格式是 Photoshop 中新建的一种文件格式，它属于大型文件，除了具有 PSD 格式的所有属性外，最大的特点是支持宽度和高度最大为 30 万像素的文件。PSB 格式的缺点在于存储的图像文件特别大，占用磁盘空间较多。由于在一些图形程序中没有得到很好的支持，所以其通用型不强。

2. BMP 格式

BMP 是英文 Bitmap（位图）的简写，它是 Windows 操作系统中的标准图像文件格式，能够被多种 Windows 应用程序支持。随着 Windows 操作系统的流行与丰富的 Windows 应用程序的开发，BMP 位图格式理所当然地被广泛应用，这种格式的特点是包含的图像信息较丰富，几乎不进行压缩，但由此导致了它与生俱生来的缺点——占用磁盘空间过大。

3. JPEG 格式

JPEG 也是常见的一种图像格式，JPEG 文件的扩展名为.jpg 或.jpeg，其压缩技术十分先进，它用有损压缩方式去除冗余的图像和彩色数据，获得极高的压缩率的同时能展现丰富生动的图像，换句话说，就是可以用最少的磁盘空间得到较好的图像质量。

同时 JPEG 还是一种很灵活的格式，具有调节图像质量的功能，允许你用不同的压缩比例对这种文件进行压缩，比如我们最高可以把 1.37MB 的位图文件压缩至 20.3KB。

因为 JPEG 格式的文件尺寸较小，下载速度快，现在各类浏览器均支持 JPEG 图像格式，使 Web 页以较短的下载时间提供大量美观的图像，由于 JPEG 优异的品质和杰出的表现，它的应用也非常广泛，特别是在网络和光盘读物上都能找到它的影子。

4. TIFF 格式

TIFF（Tag Image File Format）是 Mac 中广泛使用的图像格式，它由 Aldus 和微软联合开发，最初是出于跨平台存储扫描图像的需要而设计的。该格式有压缩和非压缩两种形式，其中压缩可采用 LZW 无损压缩方案存储，它的特点是结构较复杂，兼容性较差。

由于存贮信息多，图像的质量好，有利于原稿的复制，是计算机中使用最广泛的图像文件格式之一。

5. AI 格式

AI 格式是 Illustrator 软件特有的矢量图形存储格式。在 Photoshop 软件中将保存了路径的图像文件输出为 AI 格式，可以在 Illustrator 和 CorelDRAW 等矢量图形软件中直接打开并进行任意修改和处理。

6. CDR 格式

CDR 格式是 CorelDRAW 专用的图形文件格式。由于 CorelDRAW 是矢量图形绘制软件，所以可以记录文件的属性、位置和分页等。但 CDR 格式兼容性比较差，不能在其他图像编辑软件中打开。

7. EPS 格式

EPS（Encapsulated PostScript）是比较少见的一种格式，苹果 Mac 机的用户用得较多。它是用 PostScript 语言描述的一种 ASCII 码文件格式，主要用于排版、打印等输出工作。

8. GIF 格式

GIF 是 CompuServe 提供的文件格式，可以进行 LZW 压缩，缩短图形加载时间，使图像文件占用较少的磁盘空间。

项目总结

图形图像基本知识是进行平面设计的基础，也是熟练使用平面设计软件进行创意设计的基础，只有正确了解创作对象的属性及输出格式，才能创作出好的作品。

Photoshop 基础

任务 1 Photoshop 概述

Photoshop 是美国 Adobe 公司开发的优秀图形图像处理软件，其理论基础是色彩学，通过对图像中各像素的数字描述，实现了对数字图像的精确调控。Photoshop 支持多种图像格式和色彩模式，能同时进行多图层处理，它的无所不能的选择工具、图层工具、滤镜工具能使用户得到各种手工处理或其他软件无法得到的美妙图像效果。不仅如此，Photoshop 还具有开放式结构，能兼容大量的图像输入设备，如扫描仪和数码相机等。

Photoshop 是一款图形图像处理软件，广泛用于对图片和照片的处理以及对在其他软件中制作的图片进行后期效果加工。比如，将在 CorelDRAW、Illustrator 中编辑的矢量图像输入 Photoshop 中进行后期加工，创建网页上使用的图像文件或创建用于印刷的图像作品等。

任务 2 Photoshop 功能

Photoshop 是强大的图像处理能手，它展现给用户无限的创造空间和无穷的艺术享受。

1. 印刷图像的处理

印刷图像的处理主要应用于产品广告、封面设计、宣传页设计、包装设计等。在日常生活中见到的非显示类的图像中，有 80%是经过 Photoshop 处理制作的，如图 1-34 所示。

图 1-34 产品广告设计（左）及包装设计（右）

2. 网页图像处理

网页上看到的静态图像，有 85%以上是经过 Photoshop 处理的。在保存这些图像时，为了

缩小图像文件的尺寸，可在 Photoshop 中将图像保存为网页，如图 1-35 所示。

3. 协助制作网页动画

网页上大部分的 GIF 动画是由 Photoshop 协助制作的。GIF 动画是网页动画的主流，因为它不需要任何播放器的支持。如图 1-36 所示为制作的 GIF 格式的 banner 广告。

图 1-35　网页图像效果

图 1-36　banner 广告

4. 美术创作

Photoshop 为美术设计者和艺术家带来了方便，可以不用画笔和颜料，随心所欲地发挥自己的想象，创作自己的作品。美术设计者可以使用 Photoshop 的工具调整选项，并利用滤镜的多种特殊效果使自己的作品更具有艺术性，如图 1-37 所示。

图 1-37　美术作品

5. 辅助设计

在众多的室内设计、建筑效果图等立体效果的制作过程中离不开 Maya、3ds Max、AutoCAD 等大型的三维处理软件。但是在最后渲染输出时离不开 Photoshop 的协助处理，如图 1-38 所示。

图 1-38　建筑室内、室外效果图辅助设计

6. 照片处理

Photoshop 在数码照片的处理上更是功能齐全，可以用 Photoshop 完成旧照翻新、黑白相片、色彩调整和匹配、艺术处理等工作，如图 1-39 所示。

图 1-39 照片处理

7. 制作特殊效果

Photoshop 各种丰富的笔刷、图层样式、滤镜等为制作特殊效果提供了很大的方便，无论是单独使用某种工具或是综合运用各种技巧，Photoshop 都能创造出神奇精彩的特殊效果，如图 1-40 所示。

图 1-40 特殊效果

8. 在动画与 CG 设计领域制作模型

随着计算机硬件技术的不断提高，计算机动画也发展迅速，利用 Maya、3ds Max 等三维软件制作动画时，其中的模型贴图和人物皮肤都是通过 Photoshop 制作的，如图 1-41 所示。

图 1-41 动画及 CG 作品模型

任务 3 Photoshop CC 的启动和退出

1. 启动 Potoshop CC

当 Photoshop CC 安装完成后，就会在 Windows 的“开始”→“所有程序”子菜单中建立“Adobe Photoshop CC”菜单项。

（1）单击“开始”→“所有程序”→“Adobe Photoshop CC”命令，如图 1-42 所示，即可启动 Photoshop CC，如图 1-43 所示。

（2）通过常用软件区启动。常用软件区位于“开始”菜单的左侧列表，该区域自动保存用户经常使用的软件。如果想启动 Photoshop CC，只需单击该软件图标即可，如图 1-44 所示。

图 1-42　开始菜单

图 1-43　启动 Photoshop CC

图 1-44　常用软件区

（3）双击桌面上或任务栏中的 Photoshop CC 快捷图标，如图 1-45 所示，即可启动 Photoshop CC 应用程序。

图 1-45　桌面快捷方式

（4）在计算机上双击任意一个 Photoshop CC 文件图标，在打开该文件的同时即可启动 Photoshop CC，如图 1-46 所示。

图 1-46　Photoshop 文件图标

2. 退出 Photoshop CC

退出 Photoshop CC 有以下 5 种方法。

（1）单击 Photoshop CC 窗口的“关闭”按钮。

（2）双击程序栏左侧的“控制窗口”图标。

（3）单击程序栏左侧的“控制窗口”图标，在弹出的菜单中执行“关闭”命令。

（4）在 Photoshop CC 窗口中，执行“文件”→“退出”命令。

（5）按下快捷键“Ctrl+Q”或组合键“Alt+F4”。

任务 4　Photoshop CC 的工作窗口

启动 Photoshop CC 以后，打开如图 1-47 所示的工作窗口，可以看到 Photoshop CC 的工作窗口在原有基础上进行了创新，许多功能更加窗口化、按钮化。其工作窗口主要包括“菜单栏”、“工具选项栏”、“工具箱”、“图像编辑窗口”、“浮动控制面板”和“状态栏”6 个部分。

1. 菜单栏

和其他应用软件一样，Photoshop CC 也包括一个提供主要功能的菜单栏，位于整个窗口的顶端，包含可以执行的各种命令，单击菜单名称即可打开相应的菜单，也可以同时按下“Alt”键和菜单名右侧括号中的字母键来打开相应的菜单。Photoshop CC 的菜单栏如图 1-48 所示。

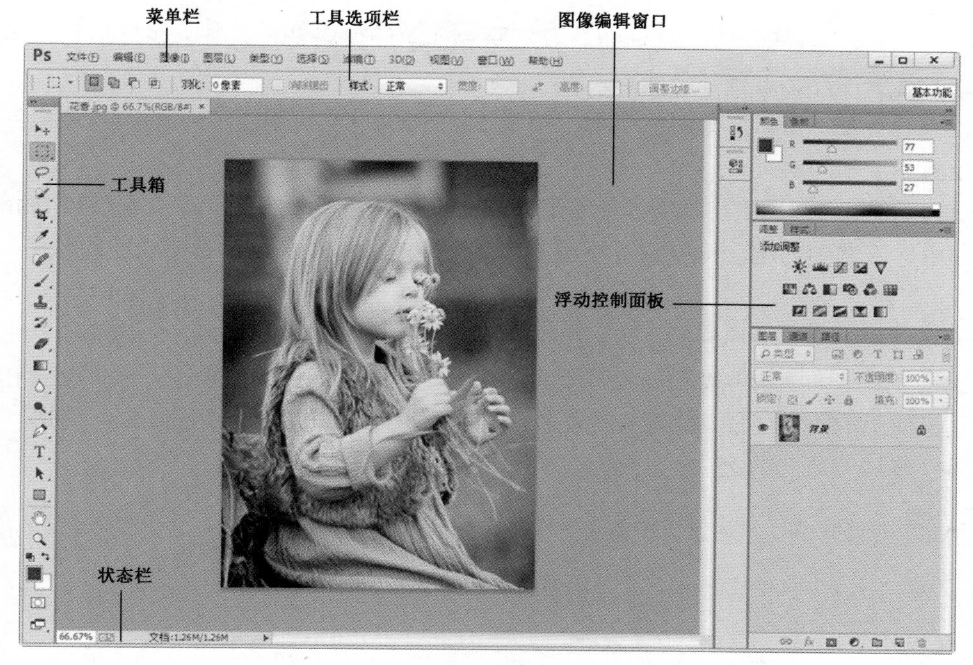

图 1-47　Photoshop CC 工作窗口

文件(F)　编辑(E)　图像(I)　图层(L)　类型(Y)　选择(S)　滤镜(T)　3D(D)　视图(V)　窗口(W)　帮助(H)

图 1-48　Photoshop CC 的菜单栏

Photoshop CC 的菜单栏由“文件”、“编辑”、“图像”、“图层”、“类型”、“选择”、“滤镜”、“3D”、“视图”、“窗口”和“帮助”11 个菜单命令组成，各菜单的功能如下。

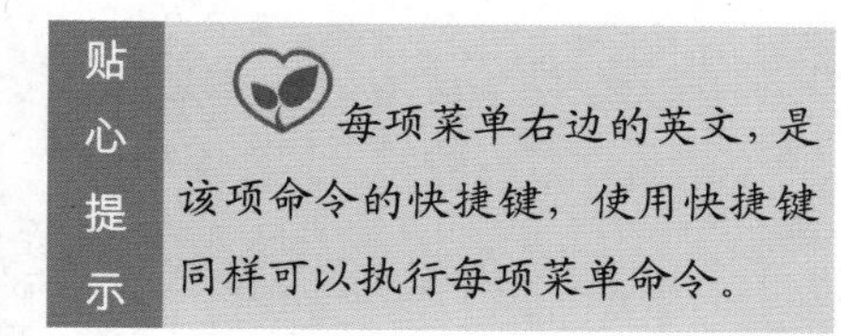

（1）文件：“文件”菜单中可以选择新建、打开、存储、关闭、置入以及打印等一系列针对文件的命令。

（2）编辑：“编辑”菜单的各种命令是用于对图像进行编辑的命令，包括还原、剪切、复制、粘贴、填充、变换以及定义图案等命令。

（3）图像：“图像”菜单中的命令主要是针对图像模式、颜色、大小等进行调整和设置。

（4）图层：“图层”菜单中的命令主要是针对图层进行相应的操作，如新建图层、复制图层、蒙版图层、文字图层等，这些命令便于对图层进行运用和管理。

（5）类型：“类型”菜单主要用于对文字对象进行创建和设置，包括创建工作路径、转换为形状、变形文字以及字体预览大小等。

（6）选择：“选择”菜单的命令主要针对选区进行操作，可以对选区进行反向、修改、变换、扩大、载入选区等操作，这些命令结合选区工具，更方便对选区的操作。

（7）滤镜：“滤镜”菜单中的命令可以为图像设置各种不同的特殊效果，在制作特效方面功不可没。

（8）3D：“3D”菜单针对 3D 图像执行操作，通过这些命令可以执行打开 3D 文件、将 2D 图像创建为 3D 图形、进行 3D 渲染等操作。

（9）视图："视图"菜单中的命令可对整个视图进行调整和设置，包括缩放视图、改变屏幕模式、显示标尺、设置参考线等。

（10）窗口："窗口"菜单主要用于控制 Photoshop CC 工作窗口中的工具箱和各个浮动控制面板的显示和隐藏。

（11）帮助："帮助"菜单提供了使用 Photoshop CC 的各种帮助信息。在使用 Photoshop CC 的过程中，若遇到问题，可以查看该菜单，及时了解各种命令、工具和功能的使用。

2. 工具选项栏

工具选项栏位于菜单栏的下方，当选择了工具箱中的某个工具后，工具选项栏将会发生相应的变化，用户可以从中设置该工具相应的参数。通过恰当的参数设置，不仅可以有效增加每个工具在使用中的灵活性，提高工作效率，而且可使工具的应用效果更加丰富、细腻。如图 1-49 所示为"移动工具"选项栏。

图 1-49 "移动工具"选项栏

3. 工具箱

工具箱位于工作窗口的左侧，Photoshop CC 的工具箱提供了丰富多样、功能强大的工具，共有 50 多个工具，将鼠标光标移动到工具箱内的工具按钮上，即可显示出该按钮的名称和快捷键，如图 1-50 所示。

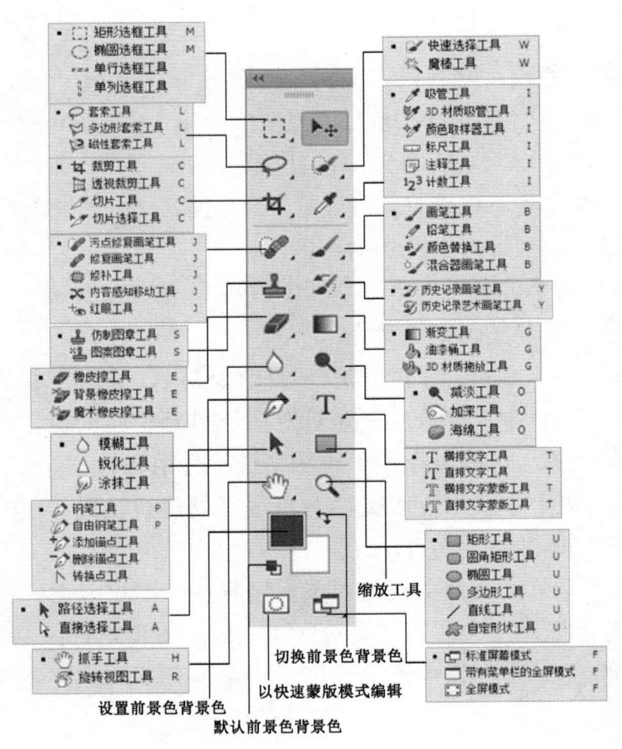

图 1-50 Photoshop CC 工具箱

在工具箱中直接显示的工具为默认工具，如果在工具按钮的右下方有一个黑色的小三角，表示该工具下有隐藏的工具。若使用默认工具，直接单击该工具按钮即可；若使用隐藏工具，将鼠标光标先指向该组默认按钮，右击可弹出所有隐藏的工具，在隐藏的工具中单击所需要的工具即可。

> 贴心提示
> 按下“Shift”键的同时按下该组工具右侧的字母快捷键，可以在该组工具中切换。

Photoshop CC 的工具箱可以非常灵活地进行伸缩，使工作窗口更加快捷。用户可以根据操作的需要将工具箱变为单栏或双栏显示。单击位于工具箱最上面伸缩栏左侧的双三角形按钮或可以对工具箱的单、双栏显示进行控制。

图 1-51　图像编辑窗口

4. 图像编辑窗口

图像编辑窗口位于工作窗口的中心区域，即窗口中灰色的区域，用于显示并对图像进行编辑操作的地方。左上角为图像编辑窗口的标题栏，其中显示图像的名称、文件格式、位置、显示比例、图层名称、颜色模式及关闭窗口按钮，如图 1-51 所示。当窗口区域中不能完整地显示图像时，窗口的下边和右边将会出现滚动条，可以通过移动滚动条来调整当前窗口中显示图像的区域。

当新建文档时，图像编辑窗口又称为画布。画布相当于绘画用的纸或布，也就是软件操作的文件。灰色区域不能进行绘画，只有在画布上才能进行各种操作。文件可以溢出画布，但必须移动到画布中才能显示和打印出来。

5. 状态栏

打开一个图像文件后，每个图像编辑窗口的底部为该文件的状态栏，状态栏的左侧是图像的显示比例；中间部分显示的是图像文件信息，单击“小三角”按钮，可弹出显示菜单，用于选择要显示的该图像文件的信息，如图 1-52 所示。

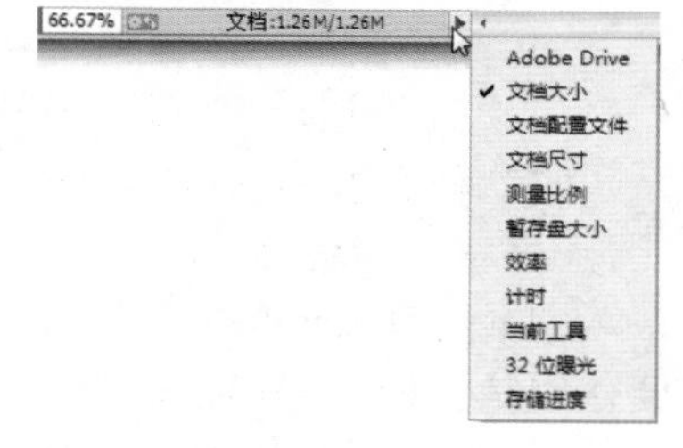

图 1-52　显示菜单

6. 浮动控制面板

浮动控制面板是 Photoshop CC 处理图像时的一项重要功能，主要用于对当前图像的颜色、图层、样式及相关的操作进行设置，默认的控制面板位于窗口的右边。在使用时可以根据需要随意进行拆分、组合、移动、展开和折叠等操作。

（1）打开和关闭面板：执行“窗口”菜单下的相应子命令，可以打开所需要的面板。菜单中某个面板前打勾，表明该面板已打开，再次执行“窗口”菜单下的相应子命令，可以关闭该面板。

（2）移动面板：鼠标光标指向面板的标题栏，拖曳鼠标即可移动面板。

（3）拆分和组合面板：鼠标光标指向一组面板中某一面板名称，拖曳鼠标，即可将该面板从组中拆分出来；反之即可组合。

（4）展开和折叠面板：双击面板名称或单击面板标题栏上的折叠为图标按钮或展开面板按钮，即可折叠或展开面板，如图 1-53 所示。

图 1-53　展开面板和折叠为图标

贴心提示

按下“Tab”键，可以显示或隐藏面板、工具箱和工具选项栏。按下“Shift+Tab”快捷键，可以在保留工具箱和工具选项栏的情况下，显示或隐藏面板。

项目总结

Photoshop 是一款进行图形图像处理及平面设计非常优秀的软件，被广泛用于广告设计、图像处理、图文制作、数字绘画、建筑美工、网页美工等行业。而 Photoshop CC 是 Adobe 公司推出的 Photoshop 的最新版本，其功能强大，了解其简洁的工作窗口及启动、退出方法，可以帮助我们轻松地使用该软件进行平面设计的创意制作。

职业技能训练

1. 选择题

（1）平面设计的目的是通过将下列哪些设计元素经过一定的组合，在给人以美的享受的同时，传达某种视觉信息？（　　）

A．图形、图像、文字、绘画、色彩　　B．图形、图像、文字、色彩、版式
C．画布、工具、颜色、文字、图像　　D．版式、文字、图像、绘画、工具

（2）平面设计的基本要素主要有以下哪 3 种？（　　）

A．图形、图像和文字　　B．图形、图像和色彩
C．图形、色彩和文字　　D．图像、文字和色彩

（3）什么型构图以图像充满整版，主要以图像为诉求，视觉传达直观而强烈？（　　）

A．骨骼型　　B．曲线型　　C．倾斜型　　D．满版型

（4）用具象形象的手法表现抽象的理念和情感，含蓄而曲折地表达设计的主题内涵，其主要作用是化抽象为形象，变平淡为生动，它属于哪一种创意手法？（　　）

A．联想与想象　　B．比喻与象征　　C．夸张与变形　　D．形象的置换

（5）关于 Photoshop 的说法正确的是（　）。

A．Photoshop 是一款图形制作软件　　B．Photoshop 只能用来设计和制作广告
C．Photoshop 是一款图形图像处理软件　　D．Photoshop 是一款照片处理软件

2. 判断题

（1）色彩三要素是指色相、明度、纯度。（　　）

（2）色彩深度是指图像中包含颜色的级数。（　　）

（3）位图是由“像素”的单个点构成的图形，它由“像素”的位置与颜色值表示。（　　）

（4）处理位图时，分辨率不会影响最后输出的质量和文件的大小。（　　）

（5）Photoshop CC 的工作窗口由“菜单栏”、“工具选项栏”、“工具箱”、“图像编辑窗口”、“浮动控制面板”和“状态栏”6 个部分组成。（　　）

3. 简答题

（1）平面设计的特征有哪些？

（2）平面设计的表现技法有哪些？

（3）色彩的配色原则是什么？

图像处理篇

项目1　形象设计
项目2　后期处理
项目3　特效设计

随着数码时代的到来，Photoshop 在数码照片处理上得到了广泛的应用，现在的婚纱设计、影视后期特效甚至日常生活中照片的处理都离不开 Photoshop 的使用。我们常用 Photoshop 为照片进行后期处理、美化人像、环境人像修饰、照片后期调色、后期合成、后期特效以及后期商业应用等工作。目前有关图像处理的岗位有：摄影师、修图师、上妆师及工艺特效。

能力目标

1. 能美化和修饰人物。
2. 能对图像进行后期处理。
3. 能对图像进行特效设计与制作。

知识目标

1. 掌握修图工具的使用。
2. 掌握色彩及色调的调整。
3. 掌握滤镜的使用。
4. 了解专业岗位上图像的输入与输出。

岗位目标

1. 会对人物进行形象设计。
2. 会对图像进行后期合成及效果处理。
3. 会对图像进行特效制作。

形象设计

项目背景及要求

“经典时刻”影楼是非常有名的人物肖像设计工作室。作为一名修图师，常常需要对照片上的人物进行美化及形象设计。要求会灵活使用 Photoshop 的修图工具，调色工具及色彩、色调的调整命令进行美化工作。

项目分析

人物形象设计包含的种类很多，本项目就以常见的操作为例进行介绍，主要包括：去除人物脸部瑕疵、给人物进行彩妆设计及打造曼妙身材。作品首先需要选择一张有瑕疵的照片，然后根据照片情况灵活使用修图工具及调色工具，外加“液化”滤镜、图层、蒙版等技术进行美化。难点是修图工具及调色工具的使用技法。本项目可以分解为以下 3 个任务。

- 任务 1　修饰平滑年轻肌肤；
- 任务 2　修饰淡雅生活妆；
- 任务 3　打造曼妙动人身材。

任务 1　修饰平滑年轻肌肤

1. 制作技巧

首先运用“污点修复画笔工具”去除眼袋和皱纹，运用“修复画笔工具”去除雀斑，然后进行曲线调整，调整图像的亮度，即可实现修饰平滑年轻肌肤的效果。

2. 效果对比

效果对比如图 2-1 所示。

3．制作步骤

（1）执行“文件”→“打开”命令，在弹出的“打开”对话框中选择“老年人.jpg”，打开一张人物图片，此时的图片效果及“图层”面板如图 2-2 所示。

（2）右击“背景”图层，在弹出的快捷菜单中选择“复制图层”命令，打开“复制图层”对话框，单击“确定”按钮复制出“背景 复制”图层，如图 2-3 所示。

图 2-1　效果对比图

（3）单击“污点修复画笔工具”按钮，在属性栏设置画笔大小为 19 像素，“类型”为内容识别，勾选“对所有图层取样”，拖动鼠标去除人物脸部的眼袋和皱纹，如图 2-4 所示。

（4）继续使用“污点修复画笔工具”按钮，拖动鼠标去除其余的眼袋和皱纹，效果如图 2-5 所示。

图 2-2　打开的图片及“图层”面板

图 2-3　复制图层

图 2-4　去除眼袋和皱纹

图 2-5　去除眼袋和皱纹的效果

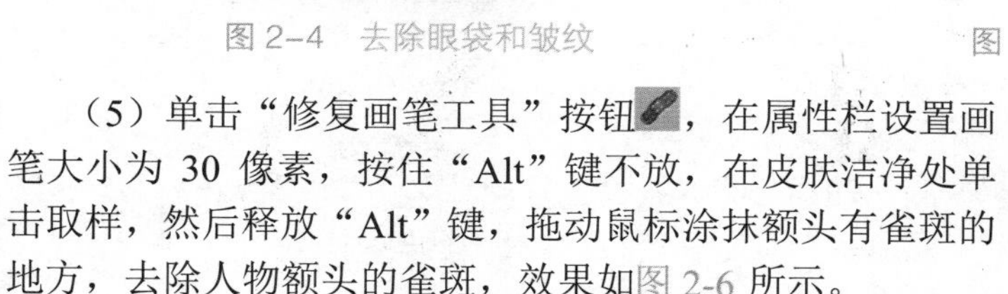

（5）单击“修复画笔工具”按钮，在属性栏设置画笔大小为 30 像素，按住“Alt”键不放，在皮肤洁净处单击取样，然后释放“Alt”键，拖动鼠标涂抹额头有雀斑的地方，去除人物额头的雀斑，效果如图 2-6 所示。

（6）单击“磁性套索工具”按钮，在图片中沿脸部和颈部的皮肤绘制选区，如图 2-7 所示。

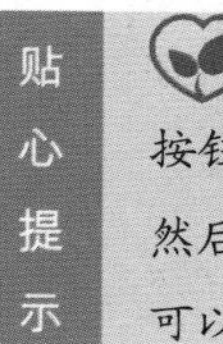

贴心提示　使用“仿制图章工具”按钮，按住“Alt”键取样，然后拖动鼠标进行涂抹，同样可以去除眼袋和皱纹。

（7）按“Ctrl+J”快捷键复制选区生成“图层 1”，按“Ctrl”键，单击“图层 1”的图层缩览图载入选区，单击“图层”面板下方的“添加图层蒙版”按钮，为“图层 1”添加蒙版，此时“图层”面板如图 2-8 所示。

图 2-6　去除额头雀斑的效果图

图 2-7　绘制选区

图 2-8　添加蒙版

（8）单击“通道”面板中的“图层 1 蒙版”通道，“通道”面板及效果如图 2-9 所示。

（9）单击“画笔工具”按钮，在属性栏上设置画笔为柔边圆 30 像素，“不透明度”为 80%，“流量”为 50%，拖动鼠标涂抹面部和颈部边缘处，效果如图 2-10 所示。

（10）按“Ctrl”键，单击“图层 1”的蒙版缩览图载入选区，效果如图 2-11 所示。

图 2-9　“通道”面板及效果

图 2-10　涂抹边缘效果

图 2-11　载入选区

（11）单击“图层”面板下方的“创建新的填充和调整图层”按钮，在弹出的快捷菜单中选择“曲线”命令，打开“曲线”面板，向上调整曲线，如图 2-12 所示，此时“图层”面板如图 2-13 所示，图片效果如图 2-14 所示。

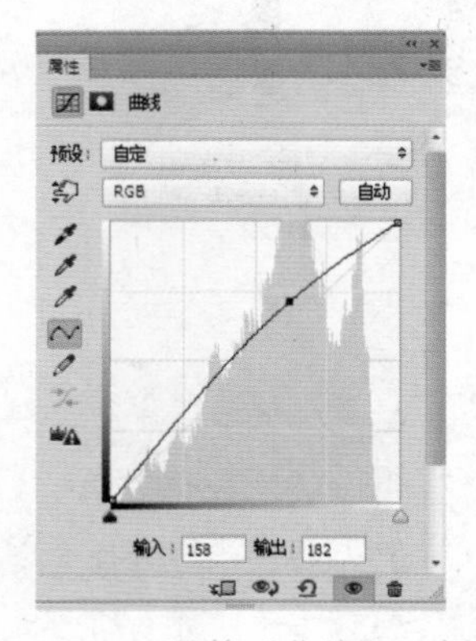

图 2-12　调整“曲线”面板

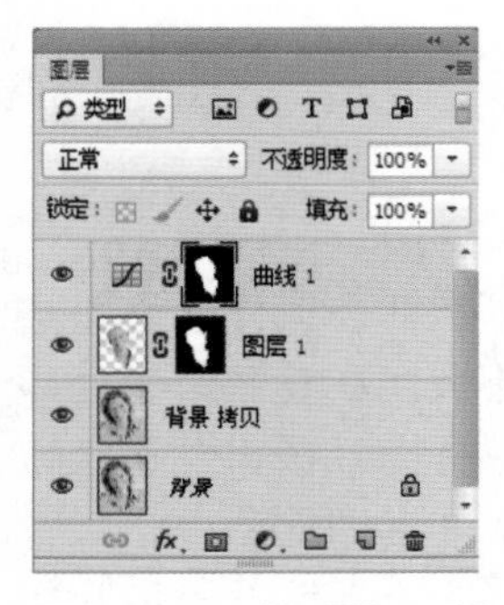

图 2-13　“图层”面板

图 2-14　最终图片效果

（12）执行“文件”→“存储”命令，在弹出的“存储为”对话框中以“修饰平滑年轻肌肤.psd”为文件名保存文件。

知识百宝箱

一、修图工具

在 Photoshop CC 中常用的修图工具有污点修复画笔工具、修复画笔工具、修补工具、内容感知移动工具、红眼工具、仿制图章工具、图案图章工具、颜色替换工具，对于复杂的修图，有时还需要使用调色和渐变工具。

1. 污点修复画笔工具

“污点修复画笔工具”可以快速修复图像中的瑕疵和其他不理想的地方，使用时只需在有瑕疵的地方单击或拖动鼠标进行涂抹即可。具体操作方法如下。

（1）双击工作区，打开如图 2-15 所示的“美丽的新娘.bmp”素材图片。

图 2-15　打开的素材图片

（2）单击工具箱的“污点修复画笔工具”按钮，在选项栏中单击“画笔工具”按钮旁边的下三角，打开画笔选取器，如图 2-16 所示，在此设置画笔大小。

（3）在图片上有文字的地方拖动鼠标进行涂抹，如图 2-17 所示，此时图像中的文字就被修复，最终效果如图 2-18 所示。

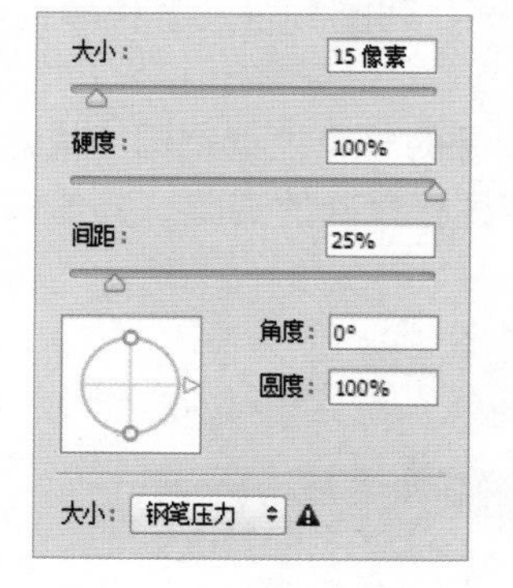

图 2-16　画笔选取器

图 2-17　涂抹文字

图 2-18　最终效果

2. 修复画笔工具

“修复画笔工具”可以区域性修复图像中的瑕疵，能够让修复的图像与周围图像的像素进行完美匹配，使样本图像的纹理、透明度、光照和阴影进行交融，修复后的图像不留痕迹地融入图像的其余部分中。具体操作方法如下。

（1）双击工作区，打开如图 2-19 所示的“美女.jpg”素材图片。

（2）单击工具箱的“修复画笔工具”按钮，在选项栏中单击“画笔工具”按钮旁边的下三角，打开画笔选取器，如图 2-20 所示，在此设置画笔大小。

（3）按住“Alt”键的同时在图片上需要清除的青春痘旁边干净的地方单击取样，如图 2-21 所示，然后释放“Alt”键，在青春痘上单击即可清除青春痘，如图 2-22 所示，使用同样的方法修复图像上另外的青春痘，效果如图 2-23 所示。

图 2-19　打开素材图片

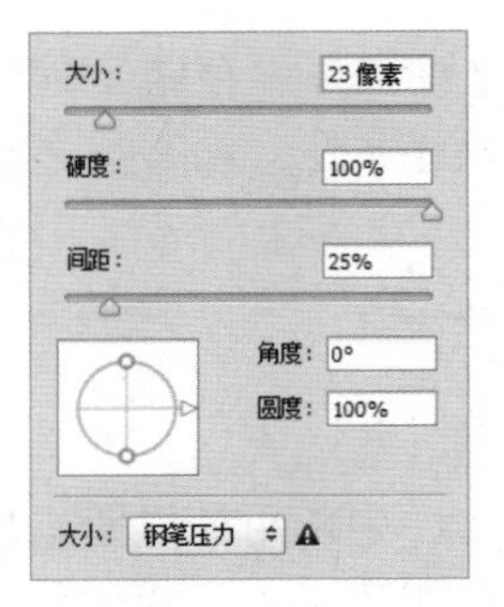

图 2-20　画笔选取器

图 2-21　取样

图 2-22　清除青春痘

图 2-23　最终效果

二、色彩调整命令

在对图像进行处理时，经常会进行调色，Photoshop CC 为用户提供了多种调色工具，比如自动色调、亮度/对比度、色阶、曲线、色相/饱和度、色彩平衡、匹配颜色及替换颜色等。

曲线调整

曲线调整允许用户调整图像的整个色调范围。它可以在图像的整个色调范围（从阴影到高光）内调整 14 个不同的点，也可以对图像中的个别颜色通道进行精确的调整。具体操作方法如下。

（1）双击工作区，打开如图 2-24 所示的“快乐.jpg”素材图片。

（2）执行“图像”→“调整”→“曲线”命令，打开“曲线”对话框，如图 2-25 所示。

图 2-24　打开素材图片

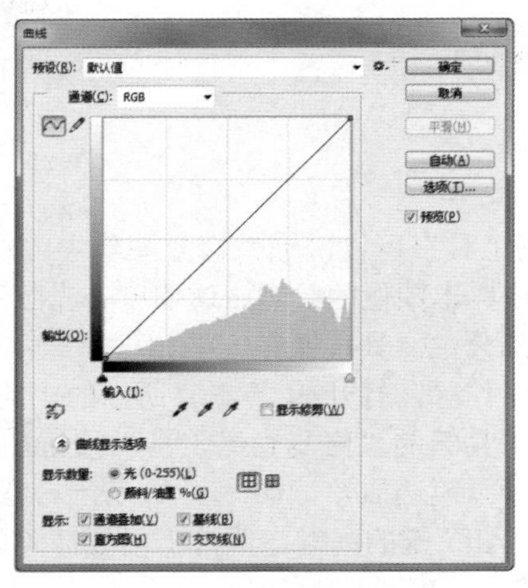

图 2-25　“曲线”对话框

小技巧

如果在“曲线”对话框的“通道”下拉列表中分别选择“红”、“黄”、“蓝”选项，再在网格中调整曲线可以快速调节图像颜色，赋予图像不同的色调。

（3）按住“Alt”键的同时在网格内单击，将网格显示方式切换为小网格。单击“预设”右侧的下三角按钮，在弹出的下拉列表中选择“较亮（RGB）”选项，网格中的曲线上自动添加了一个锚点，如图 2-26 所示。此时图像的色调变得较亮，效果如图 2-27 所示。

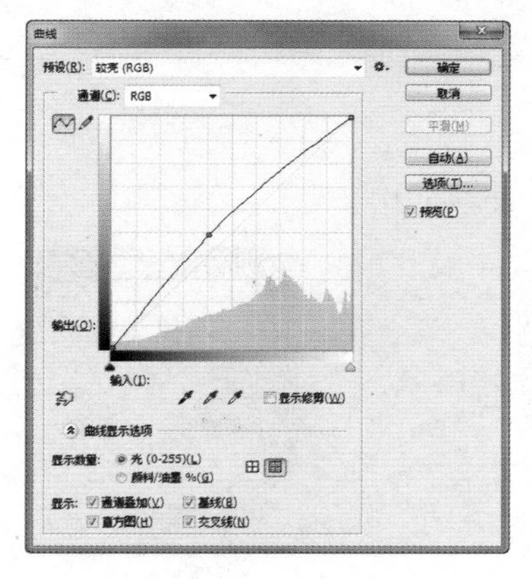

图 2-26　曲线添加一个锚点

图 2-27　调整曲线后的效果

（4）在曲线上单击添加锚点，将锚点向上移动，如图 2-28 所示，单击“确定”按钮，此时图像的对比度和明暗关系都有所改变，亮的区域更亮，暗的区域更暗，效果如图 2-29 所示。

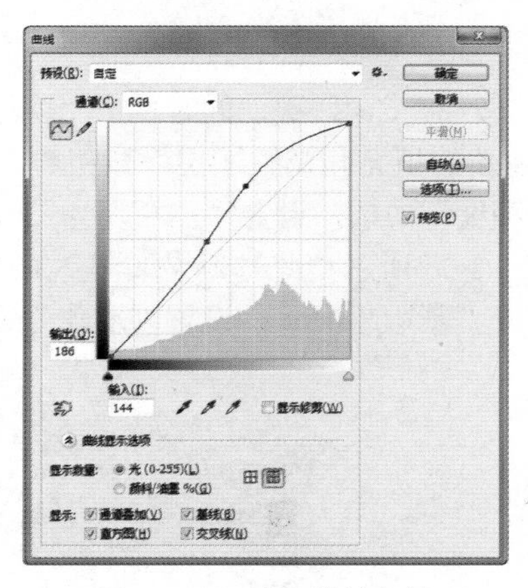

图 2-28　继续调整曲线

图 2-29　调整曲线后的最终效果

任务 2　修饰淡雅生活妆

1. 制作技巧

首先运用“色相/饱和度”和“色阶”命令给嘴唇上色，然后运用“画笔工具”绘制眼影，最后利用“图层混合模式”添加腮红，即可实现修饰淡雅生活妆的效果。

2. 效果对比

效果对比如图 2-30 所示。

图 2-30 效果对比图

3. 制作步骤

（1）执行“文件”→“打开”命令，在弹出的“打开”对话框中选择“美化.jpg”，打开一张人物图片，此时的图片效果如图 2-31 所示。

（2）由于人物脸部没有瑕疵，因此直接上妆。单击“钢笔工具”按钮，在选项栏上选择工具模式为“路径”，沿嘴唇边缘绘制路径，如图 2-32 所示，单击“路径”面板下方的“将路径作为选区载入”按钮，载入选区，如图 2-33 所示。

图 2-31 打开的素材图片

图 2-32 沿嘴唇边缘绘制路径

图 2-33 载入唇部选区

（3）按“Ctrl+J”快捷键复制选区，生成“图层 1”，按住“Ctrl”键，同时单击“图层 1”的图层缩览图，载入选区。单击“图层”面板下方的“创建新的填充和调整图层”按钮，在弹出的快捷菜单中选择“色相/饱和度”命令，打开“色相/饱和度”面板，设置“色相”为-26，“饱和度”为 36，“明度”为 0，此时，“色相/饱和度”面板如图 2-34 所示，此时效果如图 2-35 所示。

（4）单击“色相/饱和度 1”图层的蒙版缩览图，打开“蒙版”面板，设置“羽化”为 10px，如图 2-36 所示，此时图像效果如图 2-37 所示。

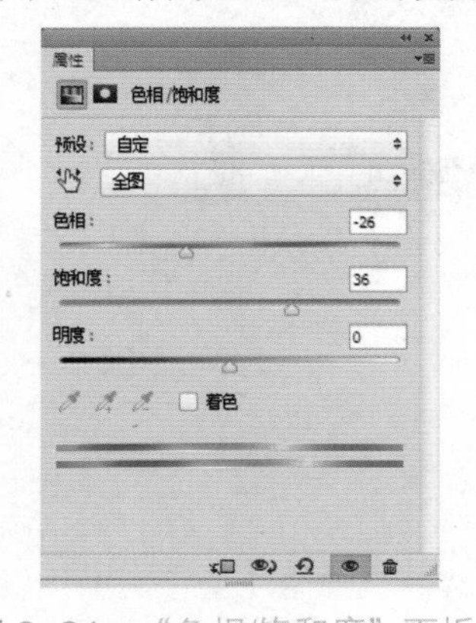

图 2-34 “色相/饱和度”面板

图 2-35 调整色相/饱和度后的效果

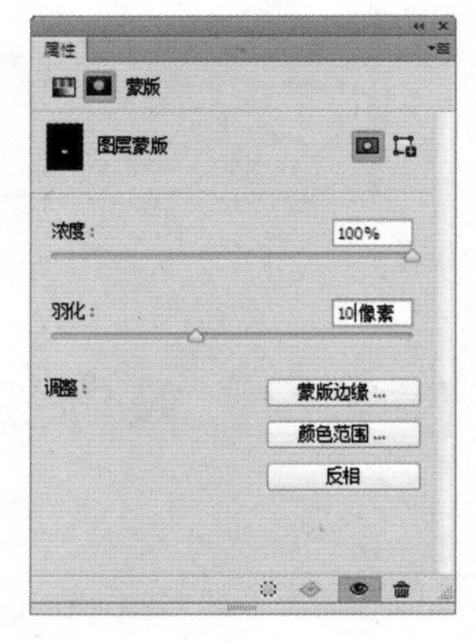

图 2-36 “蒙版”面板

（5）按住“Ctrl”键，同时单击“图层 1”的图层缩览图，载入选区。单击“图层”面板下方的“创建新的填充和调整图层”按钮，在弹出的快捷菜单中选择“色阶”命令，打开“色阶”面板，设置参数分别为 66，1.10，249，此时“色阶”面板及效果如图 2-38 所示。

图 2-37　羽化后的图像效果

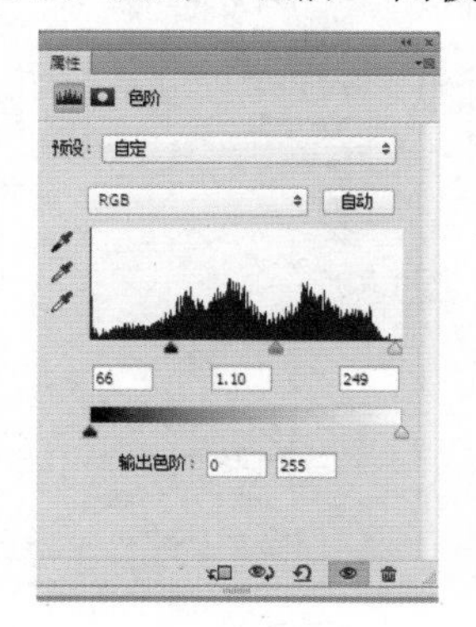

图 2-38　“色阶”面板及效果

（6）单击“图层”面板下方的“创建新图层”按钮，新建“图层 2”，单击“画笔工具”按钮，在选项栏上设置“画笔”为柔边圆 15 像素，“不透明度”为 100%，“流量”为 50%，设置前景色 RGB 为“221，134，229”，在人物上眼皮处涂抹绘制眼影，效果如图 2-39 所示。

（7）执行“滤镜”→“杂色”→“添加杂色”命令，打开“添加杂色”对话框，设置“数量”为 5%，“分布”为“高斯分布”，勾选“单色”复选框，如图 2-40 所示。

（8）单击“确定”按钮，效果如图 2-41 所示。单击“图层”面板下方的“添加图层蒙版”按钮，添加图层蒙版。单击“橡皮擦工具”按钮，在选项栏上设置画笔为柔边圆 13 像素，“不透明度”为 40%，“流量”为 50%，涂抹眼部多余颜色，效果如图 2-42 所示。

图 2-39　绘制眼影的效果

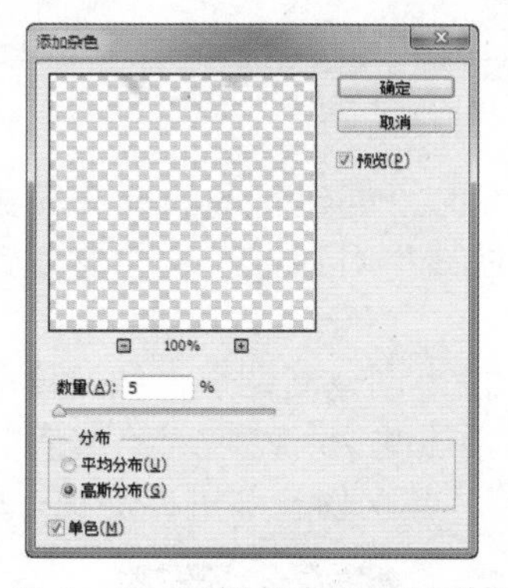

图 2-40　“添加杂色”对话框

图 2-41　添加杂色的效果

（9）单击“图层”面板下方的“创建新的填充和调整图层”按钮，在弹出的快捷菜单中选择“曲线”命令，打开“曲线”面板，调整曲线弧度，如图 2-43 所示。

（10）右击“曲线 1”图层，在弹出的快捷菜单中选择“创建剪贴蒙版”命令，提高图像亮度，效果如图 2-44 所示。

（11）单击“图层”面板下方的“创建新图层”按钮，新建“图层 3”，单击“画笔工具”按钮，在选项栏上设置画笔为柔边圆 10 像素，“不透明度”为 40%，“流量”为 50%，设置前景色 RGB 为“12，33，8”，在人物下眼皮处绘制眼线，效果如图 2-45 所示。

（12）单击“图层”面板下方的“添加图层蒙版”按钮，添加图层蒙版。单击“橡皮擦工具”按钮，在选项栏上设置画笔为柔边圆 19 像素，“不透明度”为 30%，“流量”为 50%，涂抹眼部多余颜色，效果如图 2-46 所示。

图 2-42　涂抹眼影效果

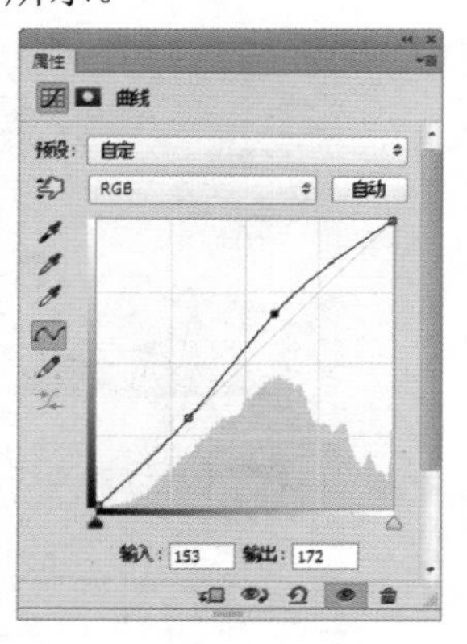

图 2-43　调整曲线弧度

图 2-44　提高图像亮度的效果

图 2-45　绘制眼线

图 2-46　涂抹眼线效果

（13）单击“图层”面板下方的“创建新的填充和调整图层”按钮，在弹出的快捷菜单中选择“曲线”命令，打开“曲线”对话框，调整曲线弧度，如图 2-47 所示，此时效果如图 2-48 所示。

（14）单击“图层”面板下方的“创建新图层”按钮，新建“图层 4”，单击“画笔工具”按钮，在选项栏上设置画笔为柔边圆 70 像素，“不透明度”为 30%，“流量”为 40%，设置前景色 RGB 为“252，219，230”，在人物脸部进行涂抹，效果如图 2-49 所示。

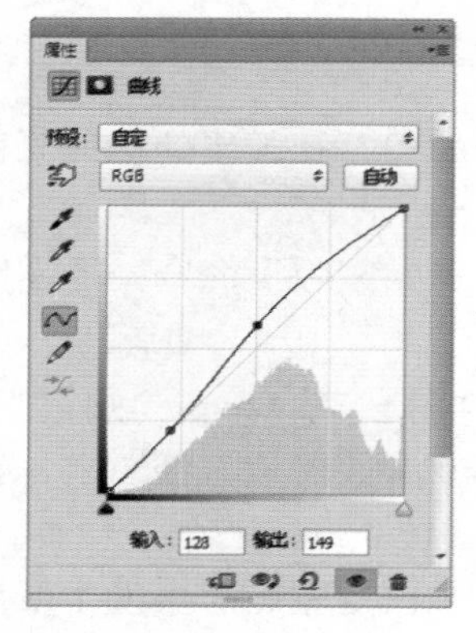

图 2-47　调整曲线弧度

图 2-48　调整曲线的效果

图 2-49　脸部涂抹效果

（15）设置“图层混合模式”为线性加深，效果如图 2-50 所示。

（16）单击“图层”面板下方的“创建新的填充和调整图层”按钮，在弹出的快捷菜单中选择“色彩平衡”命令，打开“色彩平衡”面板，设置参数分别为-37，-29，-1，如图 2-51 所示，此时效果如图 2-52 所示。

图 2-50　线性加深效果

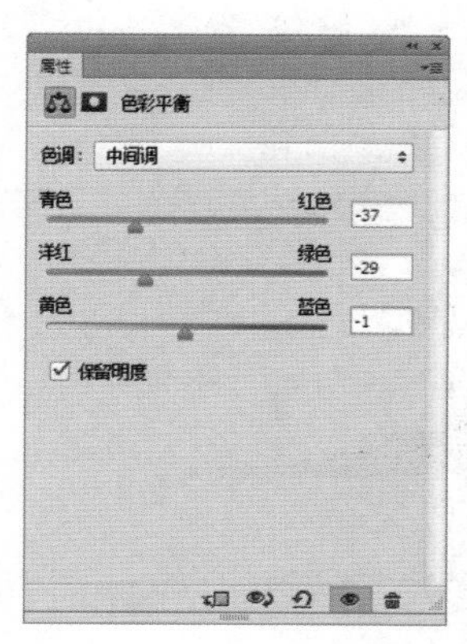

图 2-51　“色彩平衡”面板

图 2-52　调整色彩平衡后的最终效果

（17）执行“文件”→“存储”命令，在弹出的“存储为”对话框中以“修饰淡雅生活妆.psd”为文件名保存文件。

知识百宝箱

1. 色相/饱和度

色相/饱和度用于调整整个图像或单个颜色分量的色相、饱和度和亮度值，可以使图像变得更鲜艳或改为另一种颜色。具体操作如下。

（1）双击工作区，打开如图 2-53 所示的“苹果.jpg”素材图片。

（2）执行“图像”→“调整”→“色相/饱和度”命令，打开“色相/饱和度”对话框，调整“饱和度”为 17，如图 2-54 所示，图像的颜色更鲜艳了，效果如图 2-55 所示。

图 2-53　打开的素材图片

图 2-54　“色相/饱和度”对话框

图 2-55　调整饱和度后的效果

2. 色阶

色阶是表示图像亮度强弱的指数标准，一般地，图像的色彩丰富度和精细度是由色阶决定的。具体操作如下。

（1）双击工作区，打开如图 2-56 所示的“植物.jpg”素材图片。

（2）执行“图像”→“调整”→“色阶”命令，打开“色阶”对话框，设置黑场为 65，

如图 2-57 所示，单击“确定”按钮，通过调整色阶，图像变得更清晰了，效果如图 2-58 所示。

贴心提示

在“色相/饱和度”对话框中显示有两个颜色条，它们以各自的顺序表示色轮中的颜色。上面的颜色条显示调整前的颜色，下面的颜色条显示调整后的颜色。对于“色相”，输入一个值或拖移滑块可以改变颜色。对于“饱和度”，将滑块向右拖移增加饱和度，向左拖移减少饱和度。对于“明度”，将滑块向右拖移增加亮度，向左拖移减少亮度。勾选“着色”复选框，可将整个图像改变成单一的颜色。

图 2-56　打开的素材图片

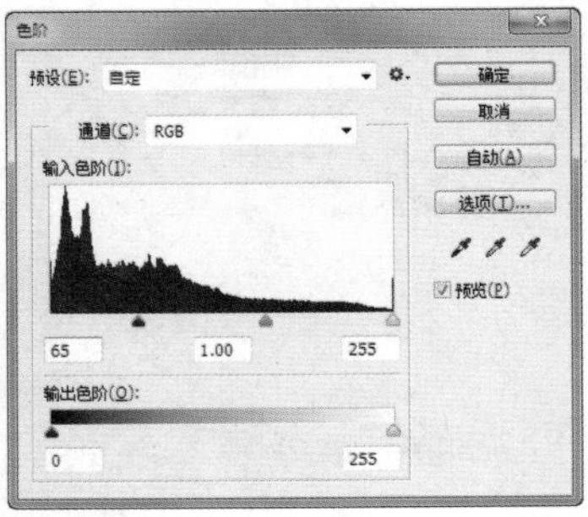

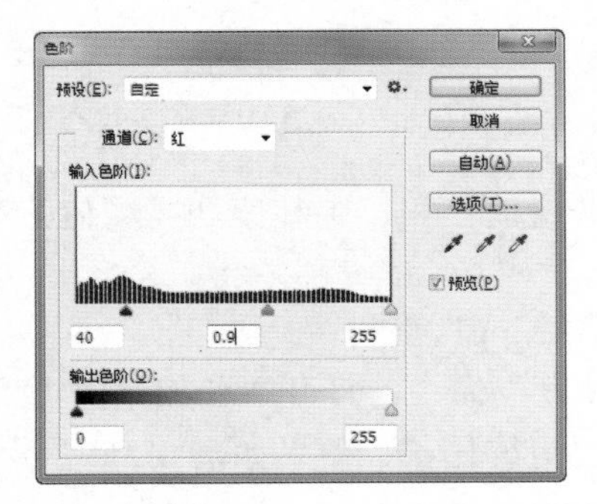

图 2-57　“色阶”对话框

图 2-58　调整色阶后的效果

（3）在“色阶”对话框中单击“通道”右侧的下三角，在弹出的下拉列表中选择“红”通道，并设置黑场为 40，中间场为 0.9，如图 2-59 所示，单击“确定”按钮，此时可以看到图像中添加了绿色，整体上去掉了偏红的色调，效果如图 2-60 所示。

图 2-59　调整“色阶”中的“红”通道

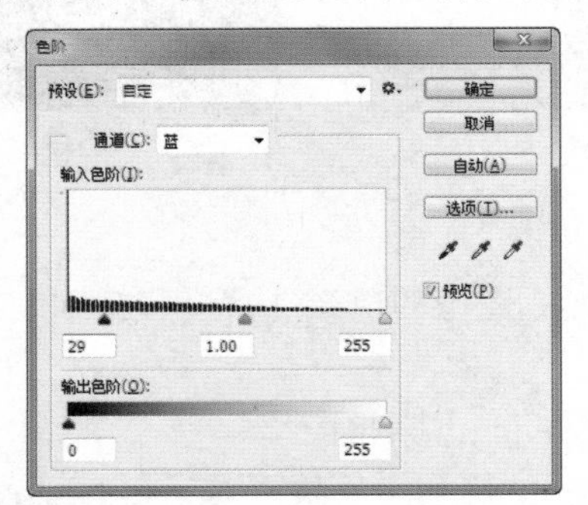

图 2-60　改变图像偏色

（4）在“色阶”对话框中单击“通道”右侧的下三角，在弹出的下拉列表中选择“蓝”通道，并设置黑场为 29，如图 2-61 所示，单击“确定”按钮，此时可以看到图像变得更清晰了，图像的颜色也改变了，图像的色调显得更自然了，效果如图 2-62 所示。

图 2-61　调整“色阶”中的“蓝”通道

图 2-62　调整“蓝”通道后的效果

3. 色彩平衡

图 2-63　打开素材图片

Photoshop 图像处理中一项重要的内容就是调整图像的色彩平衡，通过对图像色彩平衡的调整，可以校正图像偏色、过度饱和或饱和度不足的问题。具体操作如下。

（1）双击工作区，打开如图 2-63 所示的“海边.jpg”素材图片。

（2）执行“图像”→“调整”→“色彩平衡”命令，打开“色彩平衡”对话框，设置“色阶”分别为 7，26，24，选中“中间调”单选按钮，如图 2-64 所示，单击“确定”按钮，通过调整色彩平衡，降低了图像中的红色，改变了图像偏色的现象，效果如图 2-65 所示。

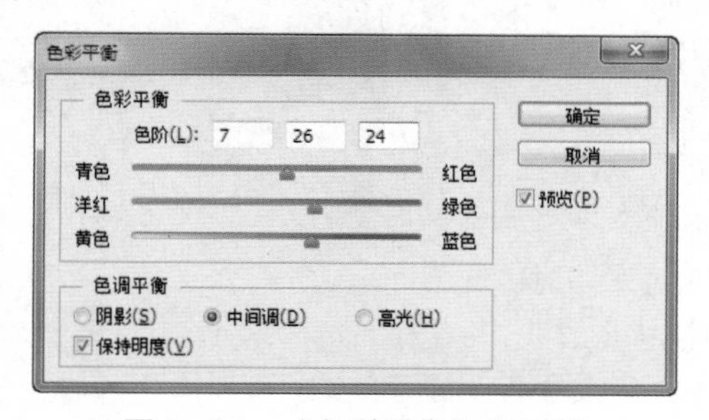

图 2-64　“色彩平衡”对话框

图 2-65　调整色彩平衡后的效果

（3）在“色彩平衡”对话框中选中“阴影”单选按钮，设置“色阶”分别为-11，7，13，如图 2-66 所示，单击“确定”按钮，此时可以看到对图像的阴影进行了调整，加深了图像中人物和背景的颜色，使颜色对比更强，效果如图 2-67 所示。

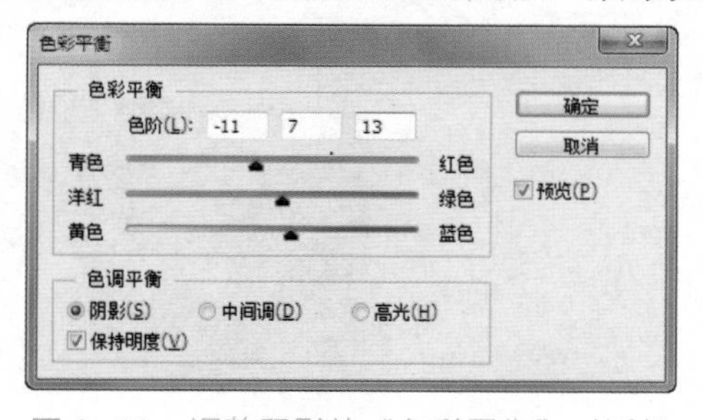

图 2-66　调整阴影的“色彩平衡”对话框

图 2-67　调整阴影后的效果

（4）在“色彩平衡”对话框中选中“高光”单选按钮，设置“色阶”分别为 5，10，35，如图 2-68 所示，单击“确定”按钮，此时可以看到对图像高光处的颜色进行了调整，使图像光感的效果更强，效果如图 2-69 所示。

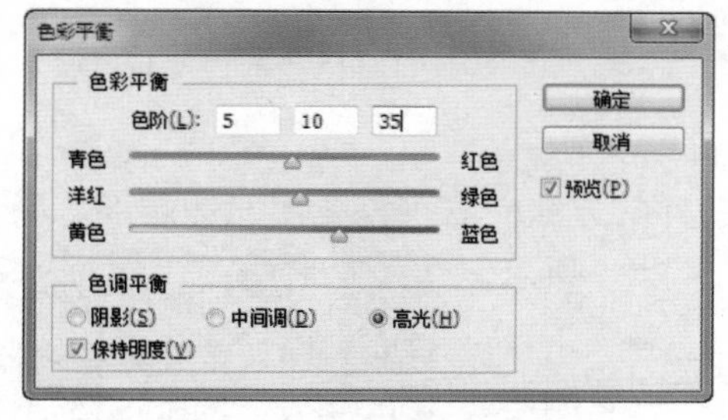

图 2-68　调整高光的“色彩平衡”对话框

图 2-69　调整高光后的效果

任务3 打造曼妙动人身材

1. 制作技巧

首先运用“液化”中的“膨胀工具”处理人物胸部，然后运用其中的“向前变形工具”处理腰部，最后运用“色相/饱和度”、“曲线”和“色彩平衡”等调整命令更换人物服饰的颜色，即可实现打造曼妙动人身材的效果。

2. 效果对比

效果对比如图 2-70 所示。

图 2–70 效果对比图

3. 制作步骤

（1）执行“文件”→“打开”命令，在弹出的“打开”对话框中选择“瑜伽女孩.jpg”，打开一张人物图片，此时的图片效果如图 2-71 所示。

（2）将“背景”图层拖至“图层”面板下方的“创建新图层”按钮上，复制出“背景 复制”图层，执行“滤镜”→“液化”命令，在弹出的“液化”对话框中单击左侧工具箱中的“膨胀工具”按钮，在右侧参数设置面板中的“工具选项”栏中，勾选“高级模式”复选框，设置“画笔大小”为 60，“画笔密度”为 70，“画笔速率”为 90，如图 2-72 所示。

（3）在窗口预览框中单击人物的胸部位置，对其进行膨胀处理，效果如图 2-73 所示。

（4）单击左侧工具箱中的“向前变形工具”按钮，在右侧参数设置面板中的“工具选项”栏中，勾选“高级模式”复选框，设置“画笔大小”为 50，“画笔密度”为 70，“画笔压力”为 50，如图 2-74 所示。

图 2–71 打开素材图片

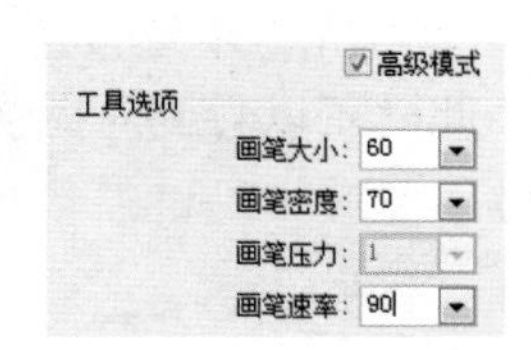

图 2–72 膨胀参数设置

图 2–73 胸部膨胀处理效果

图 2–74 变形参数设置

（5）在预览框中向左推移变形右侧腰部，用同样的方法向右推移变形左侧腰部，反复对腰部进行瘦腰变形处理，使其呈现 S 形身材效果，如图 2-75 所示。如果对变形效果满意，单击“确定”按钮。

> 贴心提示
> 
> 在变形过程中，如果对变形效果不满意，可以单击“恢复全部”按钮，将图像还原。

（6）单击“图层”面板下方的“创建新的填充和调整图层”按钮，在弹出的快捷菜单中选择“曲线”命令，打开“曲线”

面板，向上调整曲线弧度，使图像变亮，如图 2-76 所示，此时效果如图 2-77 所示。

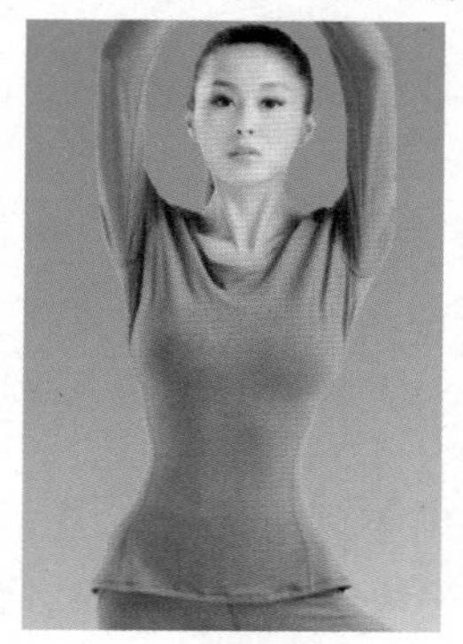

图 2-75　腰部收缩变形处理效果

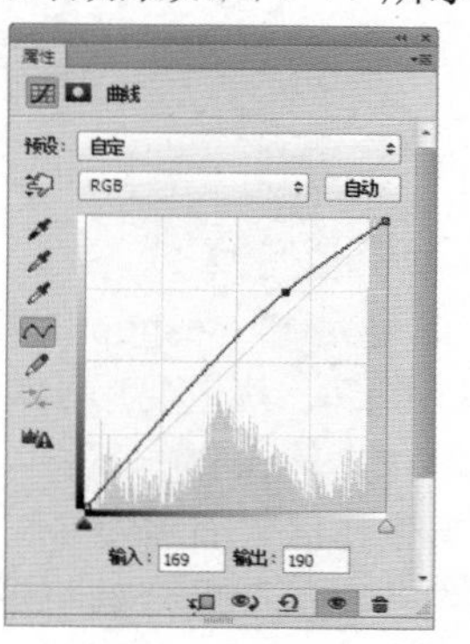

图 2-76　“曲线”面板

（7）选择“魔棒工具”，在选项栏中单击“添加到选区”按钮，然后在人物衣服上连续单击，制作衣服选区，如图 2-78 所示。

（8）再次单击“图层”面板下方的“创建新的填充和调整图层”按钮，在弹出的快捷菜单中选择“色相/饱和度”命令，打开“色相/饱和度”面板，勾选“着色”复选框，设置“色相”为 300，“饱和度”为 26，“明度”为 0，如图 2-79 所示，此时“图层”面板如图 2-80 所示，图像效果如图 2-81 所示。

图 2-77　“曲线”效果

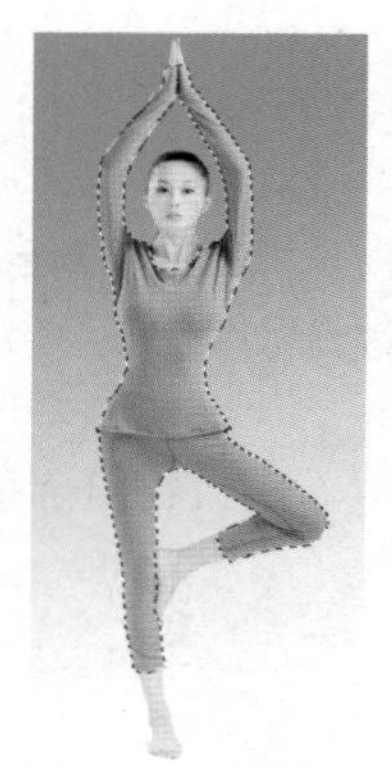

图 2-78　制作衣服选区

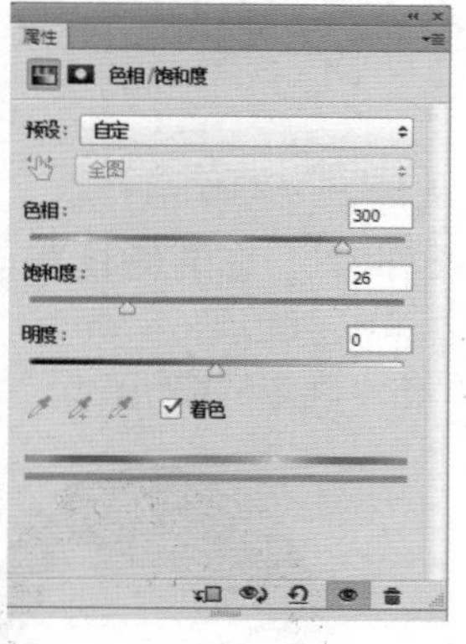

图 2-79　“色相/饱和度”面板

图 2-80　“图层”面板

图 2-81　图像最终效果

（9）执行“文件”→“存储”命令，在弹出的“存储为”对话框中以“打造曼妙动人身材.psd”

为文件名保存文件。

知识百宝箱

“液化”滤镜的应用

“液化”滤镜是 Photoshop 的独立滤镜，它可以对图像进行扭曲、变形等操作，将图像不完美的地方进行修改。其主要用于对照片进行修饰，可以快速对人物进行大眼、丰胸、瘦脸、瘦腰等美化操作。具体操作如下。

（1）双击工作区，打开如图 2-82 所示的“阳光女孩.jpg”素材图片。

（2）按“Ctrl+＋”组合键将图像放大，使用“抓手工具”按钮移动图像，将人物脸部定位在画面中心位置，如图 2-83 所示。

图 2-82 打开“阳光女孩”图片

图 2-83 放大、移动图像

（3）执行“滤镜”→“液化”命令，打开“液化”对话框，单击左侧工具箱中的“向前变形工具”按钮，在右侧设置该工具的参数分别为 16，50，100，然后对脸部进行瘦脸的变形操作，如图 2-84 所示，

（4）单击“确定”按钮，经过液化后，可以看出人物脸部呈现瘦削的视觉效果，如图 2-85 所示。

图 2-84 对脸部进行瘦脸变形

图 2-85 瘦脸效果

牛刀小试——制作证件照

操作步骤 START

（1）执行“文件”→“打开”命令，在弹出的“打开”对话框中选择“正面照片.jpg”，打开一张人物正面照片，如图 2-86 所示。

（2）单击“裁剪工具”按钮，在工具选项栏设置宽度为 2.5 厘米，高度为 3.5 厘米，分辨率为 300 像素/厘米，如图 2-87 所示，使用“裁剪工具”按钮在照片上选取合适的位置，如图 2-88 所示，单击选项栏的“提交当前裁剪操作”按钮裁剪图片。

图 2-86　打开的素材图片

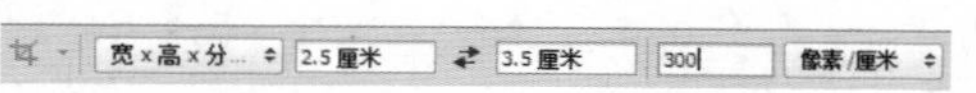

图 2-87　设置裁剪尺寸和分辨率

图 2-88　裁剪图片

（3）选择“魔棒工具”按钮，在工具选项栏单击“添加到选区”按钮，设置“容差”为 32，单击照片背景，制作背景选区，如图 2-89 所示。

（4）设置前景色为红色，按“Alt+Delete”快捷键填充选区，按“Ctrl+D”快捷键取消选区，效果如图 2-90 所示。

贴心提示

在婚纱影楼中，照片尺寸与长度单位的换算关系：

1 寸=2.5cm×3.5cm;

2 寸=3.5cm×5.3cm;

6 寸=10.2cm×15.2cm。

图 2-89　制作背景选区

图 2-90　填充背景

贴心提示

在证件照中，照片的背景可以是纯红色(R255G0B0)，深红色（R220G0B0）和蓝色（R60G140B220）。

（5）执行“图像”→“画布大小”命令，在打开的“画布大小”对话框中，勾选“相对”复选框，调整“宽度”为 0.4 厘米，“高度”为 0.4 厘米，如图 2-91 所示，单击“确定”按钮。按“Ctrl”键，单击图层缩览图，载入照片选区，反选并填充白色，取消选区，扩充 0.4 厘米的白边，效果如图 2-92 所示。

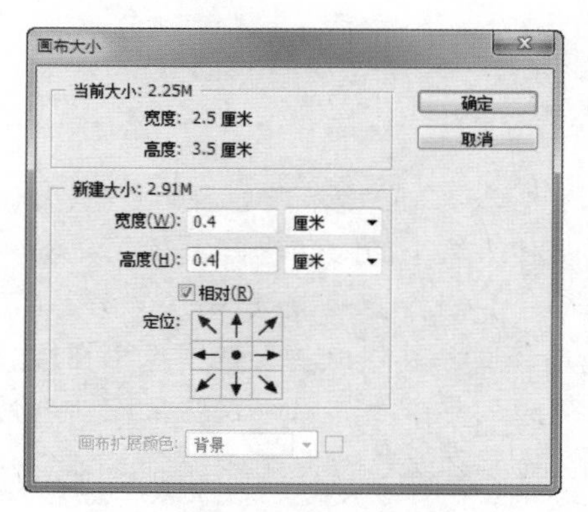

图 2-91　“画布大小”对话框

图 2-92　扩充白边

（6）执行“文件”→“存储”命令，在弹出的“存储为”对话框中以“一寸证件照.psd”

为文件名保存文件。执行“编辑”→“定义图案”命令，打开“图案名称”对话框，输入“证件照.jpg”，如图 2-93 所示，单击“确定”按钮，将裁剪好的照片定义为图案。

（7）执行“文件”→“新建”命令，打开“新建”对话框，设置“名称”为一寸照片，“宽度”为 11.6 厘米，“高度”为 7.8 厘米，“分辨率”为 300 像素/英寸，如图 2-94 所示，单击“确定”按钮，新建一个画布。

图 2-93 “图案名称”对话框

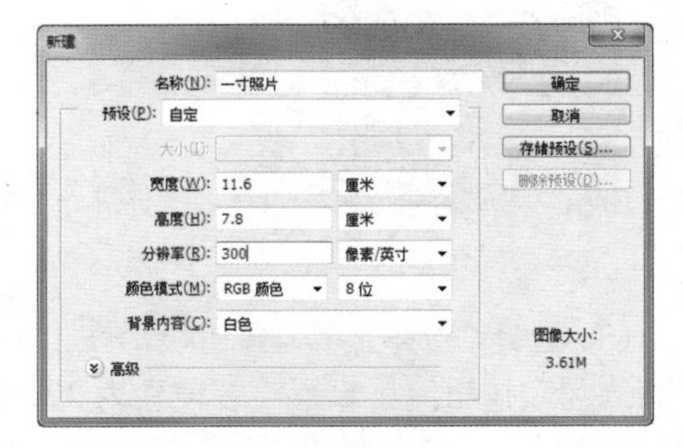

图 2-94 “新建”对话框

（8）执行“编辑”→“填充”命令，打开“填充”对话框，在“使用”下拉列表中选择图案，在“自定图案”中选择前面保存的照片图案，如图 2-95 所示。

（9）单击“确定”按钮，图像最终效果如图 2-96 所示。执行“文件”→“存储”命令，在弹出的“存储为”对话框中以“一寸照片.psd”为文件名保存文件。

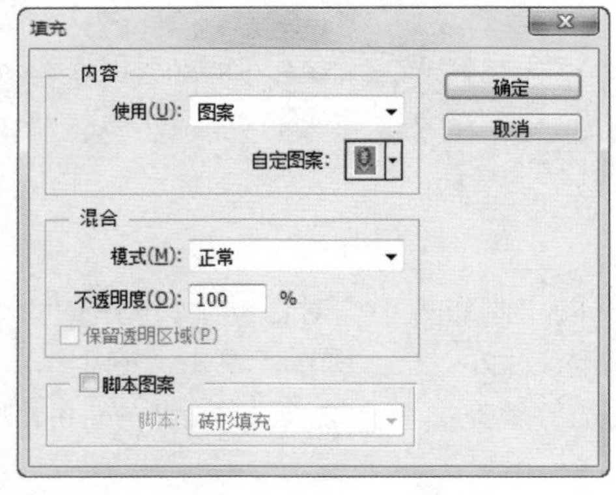

图 2-95 “填充”对话框

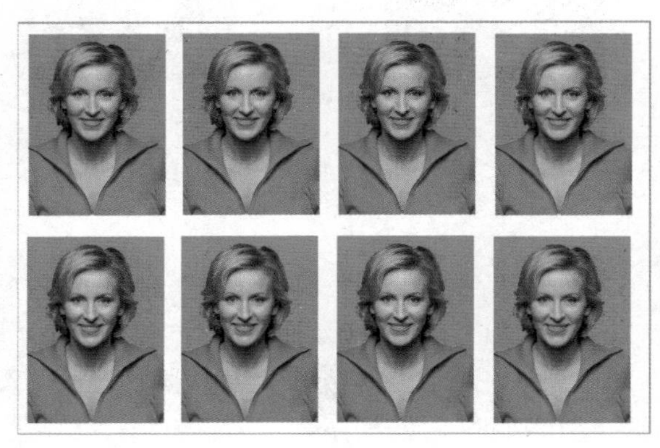

图 2-96 图像最终效果

项目总结

爱美是每个人的天性，尤其是脸部，它是体现美丽的关键。Photoshop 是一款优秀的形象设计软件，它可以对图像上的人物进行美化，比如，美泽肌肤、彩妆脸部、添加饰品及改变脸型等。让“丑女变美女，美女变仙女”，这就是 Photoshop 的神奇之处。灵活运用修图工具可以将人物图像中出现的各种瑕疵和缺陷进行修复，利用色彩及色调的调整命令可以给人物上色，利用液化滤镜可以轻松改变脸型和身材，这是人物形象设计的关键。

后期处理

项目背景及要求

作为影楼的一名修图师，除了需要给有瑕疵的人物进行形象美化外，还需要对有瑕疵的照片进行修复处理工作，比如，照片的扶正、修复、调色等后期处理。要求会灵活使用 Photoshop 的剪裁工具、修图工具及色彩色调的调整命令进行图片的美化工作。

项目分析

图像后期处理包含的种类很多，本项目就以常见的操作为例进行介绍，主要包括：调整倾斜的图像、去除图像上的污渍及修正阴天拍摄的照片。作品同样需要选择一张有问题的图像，然后根据图像情况灵活使用裁剪工具、自由变换及修图工具、色彩色调的调整命令进行修复和调整工作。难点是色彩色调的调整及自由变换的使用。本项目可以分解为以下 3 个任务。

- 任务 1 调整倾斜的图像；
- 任务 2 去除图像上的污渍；
- 任务 3 修正阴天拍摄的照片。

任务 1 调整倾斜的图像

1. 制作技巧

首先运用“自由变换”命令旋转图片，以扶正斜塔，然后运用“剪裁工具”将叠影裁切掉，即可调整倾斜的照片。

2. 效果对比

效果对比如图 2-97 所示。

3. 制作步骤

（1）执行“文件”→“打开”命令，在弹出的“打开”对话框中选择“倾斜照片.jpg”，打开需要扶正的图片，此时的图片效果如图 2-98 所示。

图 2–97 效果对比图

图 2–98 打开的素材图片

（2）将“背景”图层拖至“图层”面板下方的“创建新图层”按钮上，复制出“背景 复制”图层，执行“编辑”→“自由变换”命令，调出自由变换控制框，旋转控制框至如图 2-99 所示的位置，单击选项栏“提交变换”按钮进行确认。

（3）使用“裁剪工具”按钮在画面中调整出如图 2-100 所示的选框，以去除两个图层间的叠影，在选框中双击，确认裁切操作，得到如图 2-101 所示的效果，可以看到倾斜的照片被调整好了。

图 2–99 旋转控制框

图 2–100 调整出选框

图 2–101 调整好的照片

（4）执行“文件”→“存储”命令，在弹出的“存储为”对话框中以“调整倾斜的照片.psd”为文件名保存文件。

知识百宝箱

1. 图像的缩放及旋转

执行“编辑”→“自由变换”命令或按“Ctrl+T”快捷键就会调出变换图像控制框，将鼠标置于控制点上，当光标变为时，按住鼠标进行拖动，可以对图像进行缩放操作；当光标变为时，按住鼠标进行拖动，可以对图像进行旋转。具体操作如下。

图 2–102 打开的素材图片

（1）双击工作区，打开如图 2-102 所示的“芭蕾.jpg”素材图片。

（2）执行“编辑”→“自由变换”命令调出变换图像控制框，如图 2-103 所示。

图 2–103 调出变换图像控制框

（3）鼠标指向对角线控制点，当光标变为时，拖动鼠标即可对图像进行缩放，此时，变换框旁边会显示缩放的尺寸，如图 2-104

所示。

（4）鼠标指向对角线控制点，当光标变为↰时，拖动鼠标即可对图像进行旋转，此时，变换框旁边会提示旋转的角度，如图 2-105 所示，双击图像，确认变换操作。

图 2–104　缩放图片

图 2–105　旋转图片

2. 图像的裁剪

选择工具箱中的“裁剪工具”按钮，此时在图像周围出现矩形裁剪框，裁剪框的四周有 8 个控制点，在控点上拖曳鼠标可以调整裁剪框的大小，裁剪框绘制好后，在裁剪框内双击确认裁剪结果，此时留下裁剪框以内的部分，以外的部分被裁剪掉。具体操作如下。

（1）双击工作区，打开如图 2-106 所示的“童年.jpg”素材图片。

（2）选择“裁剪工具”按钮，此时在图片周围会出现矩形裁剪框，如图 2-107 所示。

图 2–106　打开的素材图片

图 2–107　调出裁剪框

（3）在裁剪框的控点上拖曳鼠标调整裁剪框的大小，如图 2-108 所示。在裁剪框中双击，完成图片的裁剪，效果如图 2-109 所示。

图 2–108　调整裁剪框大小

图 2–109　裁剪效果

3. 图像的透视裁剪

选择工具箱中的“透视裁剪工具”按钮裁剪图像，可以旋转或扭曲裁剪定界框，裁剪后，可以对图像应用透视变换。具体操作如下。

（1）双击工作区，打开如图 2-110 所示的“广场.jpg”素材图片。

（2）选择“透视裁剪工具”按钮，在图像中绘制如图 2-111 所示的裁剪控制框。

图 2–110　素材图片“广场”

图 2–111　绘制裁剪控制框

（3）调整裁剪框的控点位置，获得如图 2-112 所示的透视裁剪框。在裁剪框中双击，完成图片的透视裁剪，效果如图 2-113 所示。

图 2–112　调整裁剪框为透视状

图 2–113　透视裁剪效果

任务 2　去除图像上的污渍

1. 制作技巧

首先运用“磁性套索工具”制作选区，再运用“仿制图章工具”覆盖选区上的污点，然后运用“污点修复画笔工具”修复图像下方的污点，最后灵活运用“修复画笔工具”和“修补工具”修复脸部和衣服上的污点，即可去除整个图像上的污点。

图 2–114　效果对比图

2. 效果对比

效果对比如图 2-114 所示

3. 制作步骤

（1）执行“文件”→“打开”命令，在弹出的“打开”对话框中选择“婚纱照.jpg”，打开一张图片，此时的图片效果如图 2-115 所示。

（2）将“背景”图层拖至“图层”面板下方的“创建新图层”按钮上，复制出“背景复制”图层。选择“多边形套索工具”按钮绘制如图 2-116 所示的选区，再选择“仿制图章工具”按钮，设置“大小”为 50，按住“Alt”键不放，在图像的右上区域单击取样，然后释放“Alt”键，在选区中拖曳鼠标，效果如图 2-117 所示。

图 2-115　打开的素材图片　　图 2-116　在图像上绘制选区　　图 2-117　修复效果

（3）按“Ctrl+D”快捷键取消选区，使用“污点修复画笔工具”按钮，设置画笔大小为 30，在图像下方污点进行修复，如图 2-118 所示，以去除裙子上的污点，效果如图 2-119 所示。

（4）使用“修复画笔工具”按钮，设置画笔大小为 10，按住“Alt”键不放，在脸部污点旁边单击取样，然后释放“Alt”键，在图像的脸部污点处单击，去除脸部污点，对于大块的污渍，可以选择“修补工具”按钮，选中“源”单选按钮，绘制污选中区，将选区移至干净处即可，取消选区，脸部污渍去除效果如图 2-120 所示。

图 2-118　去除下方的污点　　图 2-119　去除污点效果　　图 2-120　脸部去污效果

（5）用同样的方法，灵活使用“修复画笔工具”按钮和“修补工具”按钮，去除图像衣服上的污点，如图 2-121 所示，效果如图 2-122 所示。

图 2-121　去除衣服上的污点　　图 2-122　去除衣服上污点的效果

（6）执行“文件”→“存储”命令，在弹出的“存储为”对话框中以“去除图像的污点.psd”为文件名保存文件。

知识百宝箱

1. 多边形套索工具

“多边形套索工具”可以通过单击创建多边形选区，适合不需要精准选择的图像。创建选区以后，可以对选区内的图像进行各种编辑操作。具体操作如下。

（1）双击工作区，打开如图 2-123 所示的“画作.jpg”素材图片。

（2）使用“多边形套索工具”按钮，设置羽化值为 5 像素，在人物边缘处拖动并单击绘制选区，如图 2-124 所示。当鼠标拖动与起始点重合时单击，创建如图 2-125 所示的选区。

图 2-123　打开素材的图片

图 2-124　绘制选区

图 2-125　创建选区

（3）按“Ctrl+J”快捷键复制选区中的人物生成“图层 1”，如图 2-126 所示，在“图层”面板上就可以看到被抠出来的人物。

（4）选择“图层 1”，按“Ctrl+T”快捷键，调出变换框，调整人物大小并移动至图像左下角处，如图 2-127 所示。

（5）选择“图层 1”，执行“图像”→“调整”→“替换颜色”命令，打开“替换颜色”对话框，如图 2-128 所示，设置“颜色容差”为 135，调整“饱和度”为 10，在“替换”区域单击色块，在弹出的“拾色器”对话框中选择替换后的颜色。

图 2-126　“图层”面板

图 2-127　调整人物大小并移动

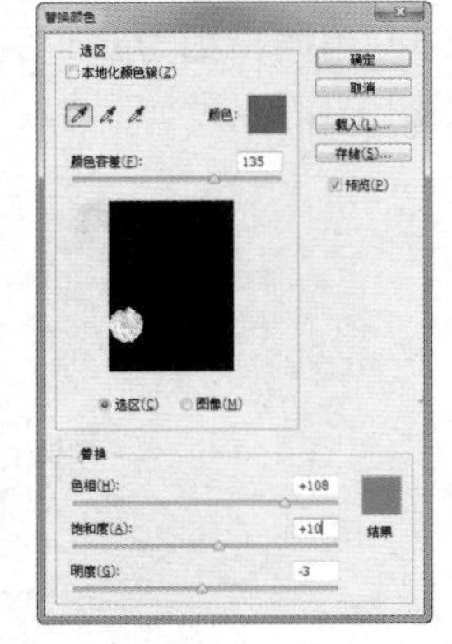

图 2-128　“替换颜色”对话框

（6）单击“确定”按钮，更换“图层 1”头花的颜色，效果如图 2-129 所示。

2. 修补工具

“修补工具”是使用图像中其他区域或图案中的内容来修复选区中的内容，与“修复画笔工具”不同的是，“修补工具”是通过选区来修复图像。具体操作如下。

（1）双击工作区，打开如图 2-130 所示的“文身.jpg”素材图片。

（2）单击“修补工具”按钮，在选项栏上选中“源”单选按钮，在图像花纹处绘制任意形状的选区，如图 2-131 所示。

（3）拖动选区向下移动到没有花纹的区域，释放鼠标后用其他区域的内容修补选区的内容，从而去除了花纹，按“Ctrl+D”快捷键，取消选区，效果如图 2-132 所示。

图 2-129 替换头花的颜色

图 2-130 打开的素材图片

图 2-131 绘制选区

图 2-132 去除花纹

3. 仿制图章工具

“仿制图章工具”可以从图像中取样并将样本应用到其他图像或同一图像的其他部分；另外，“仿制图章工具”还可以用于修复图片的构图，保留图片的边缘和图像。具体操作如下。

（1）双击工作区，打开如图 2-133 所示的“狮子王.jpg”素材图片。

图 2-133 素材图片“狮子王”

图 2-134 素材图片“T 恤”

图 2-135 仿制取样处的图案

（2）单击“仿制图章工具”按钮，在选项栏上设置画笔大小为 90 像素，按住“Alt”键不放，在图像中单击取样，释放“Alt”键。

（3）执行“文件”→“打开”命令，再打开如图 2-134 所示的“T 恤.jpg”素材图片。

（4）在“T 恤”图片的中间进行涂抹，不断向外扩充，仿制出取样处的图案，效果如图 2-135 所示。

任务 3 修正阴天拍摄的照片

1. 制作技巧

首先将图层模式设置为“滤色”，提亮照片，再运用“曲线”命令进一步提亮照片，然后运用“色阶”命令加深明暗的对比，最后运用“可选颜色”命令，将照片的颜色调整为正常颜色，即可修正阴天拍摄的照片。

2. 效果对比

效果对比如图 2-136 所示。

3. 制作步骤

（1）执行“文件”→“打开”命令，在弹出的“打开”对话框中选择“红衣女孩.jpg”，打开一张照片，此时的图片效果如图 2-137 所示。

（2）将“背景”图层拖至“图层”面板下方的“创建新图层”按钮上，复制出“背景 复制”图层。

（3）在“图层”面板的顶部设置图层的混合模式，单击下三角按钮，在弹出的列表中，选择“滤色”，设置图层的混合模式为“滤色”，提亮照片，效果如图 2-138 所示。

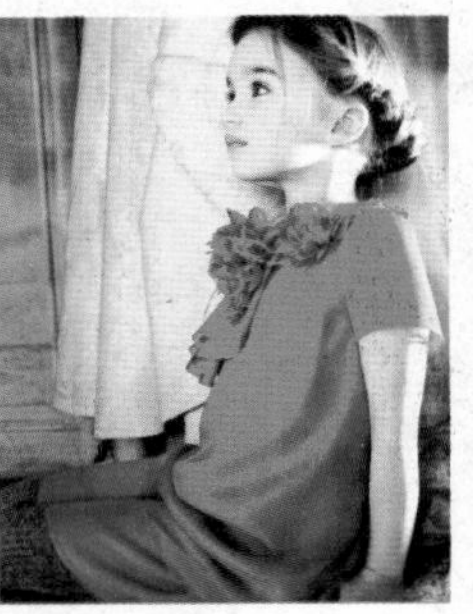

图 2-136 效果对比图

图 2-137 打开的素材图片

图 2-138 混合模式效果

小技巧

复制“背景”图层，然后设置图层的“混合模式”为滤色，这种方法可以提亮照片，非常适合对颜色较暗的照片进行提亮处理。

（4）单击“图层”面板下方的“创建新的填充或调整图层”按钮，在弹出的菜单中选择“曲线”命令，打开“曲线”面板，设置“输入”为 128，“输出”为 146，如图 2-139 所示，此时得到“曲线 1”图层，进一步提亮照片。

（5）单击“图层”面板下方的“创建新的填充或调整图层”按钮，在弹出的菜单中选择“色阶”命令，打开“色阶”面板，设置参数分别为 2，1.00，250，如图 2-140 所示，此时得到“色阶 1”图层，提高了照片的明暗对比度。

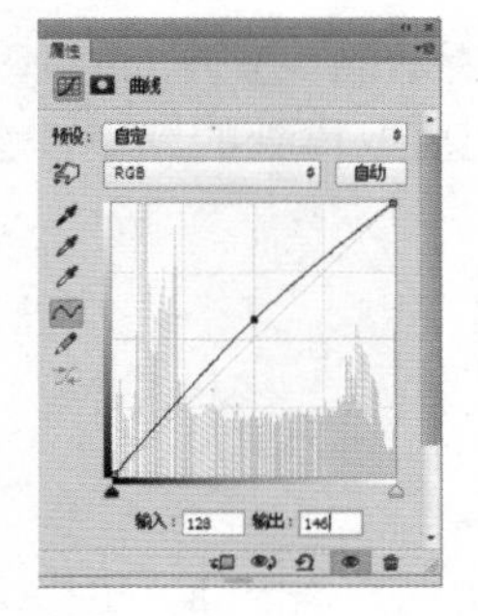

图 2-139 “曲线”面板

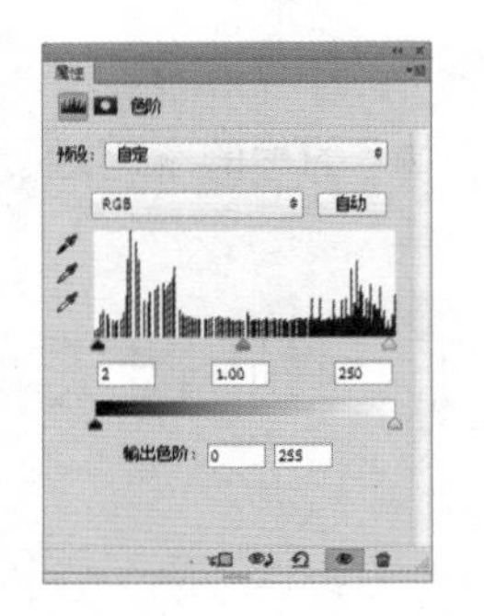

图 2-140 “色阶”面板

（6）单击“图层”面板下方的“创建新的填充或调整图层”按钮，在弹出的菜单中选择“可选颜色”命令，打开“可选颜色”面板，分别对颜色进行微调，使其更自然，如图 2-141 所示。

（7）经过调色后效果如图 2-142 所示。执行“文件”→“存储”命令，在弹出的“存储为”对话框中以“修正阴天拍摄的照片.psd”为文件名保存文件。

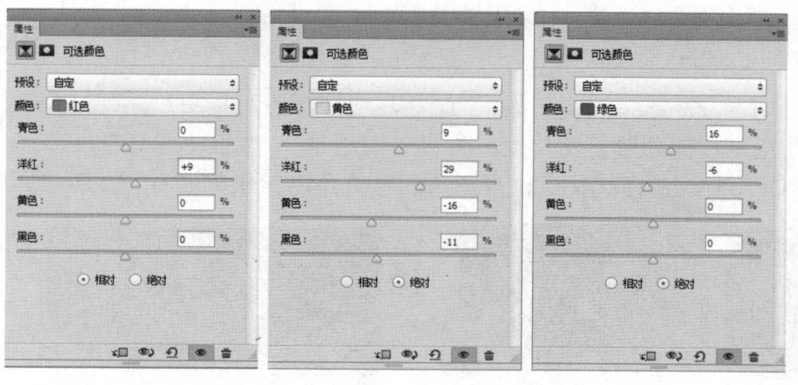

图 2-141　“可选颜色”面板

图 2-142　最后调色的效果

贴心提示

调色在数码照片后期处理中占有非常重要的地位，包括环境调色、冷暖调色等。对于调色类的工具和命令一定要好好掌握，多进行练习。

知识百宝箱

可选颜色

使用“可选颜色”命令可以对限定的颜色区域中各像素的青色、洋红色、黄色以及黑色的油墨进行调整，并且不影响其他的颜色。具体操作如下。

（1）双击工作区，打开如图 2-143 所示的“女孩.jpg”素材图片。

（2）执行“图像”→“调整”→“可选颜色”命令，打开“可选颜色”对话框，设置“颜色”为青色，选中“绝对”单选按钮，如图 2-144 所示，调整图像中蓝色区域的图像颜色。

（3）单击“确定”按钮，此时图像的蓝色区域被调整成紫色，而其他部分的图像颜色没有发生任何变化，如图 2-145 所示。

图 2-143　打开“女孩”图片

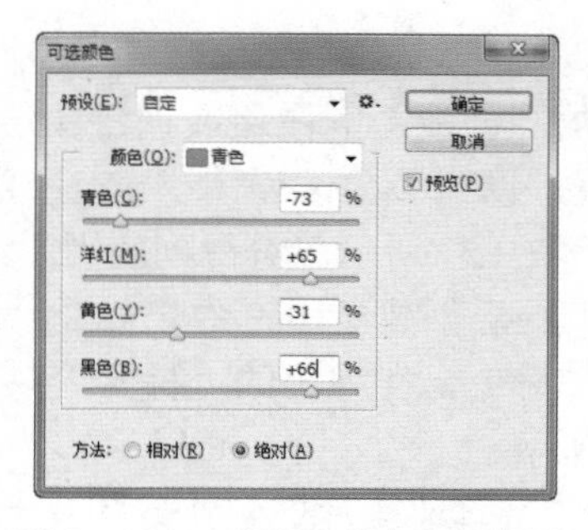

图 2-144　“可选颜色”对话框

图 2-145　调整后的效果

牛刀小试——个性写真“我的宝贝”

制作步骤

（1）执行“文件”→“打开”命令，在弹出的“打开”对话框中选择“背景.jpg”，打开一张绿色的背景图片，如图 2-146 所示。

（2）再次执行“文件”→“打开”命令，在弹出的“打开”对话框中选择“童年 1.jpg”，打开一张儿童照片，如图 2-147 所示。

（3）执行“窗口”→“排列”→“全部垂直拼贴”命令，使打开的两张图片并列排列。使用“移动工具”按钮将儿童照片拖到背景图片上，生成“图层 1”，执行“编辑”→“自由变换”命令，调整儿童照片的大小，并将其移至背景图片的左上角，效果如图 2-148 所示。

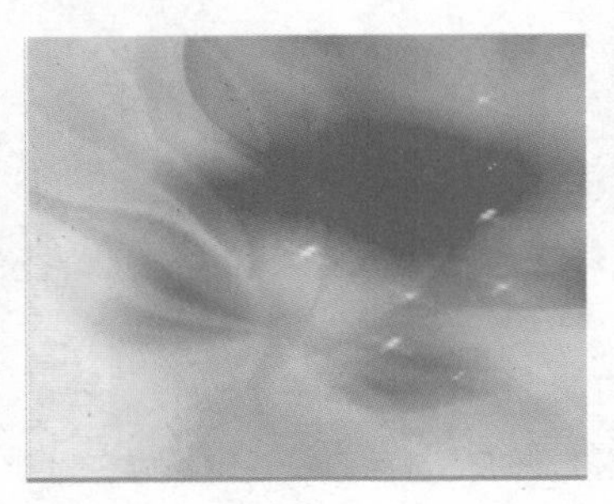

图 2-146　打开背景图片

图 2-147　打开“童年”图片

图 2-148　合成图片

（4）单击“图层”面板底部的“添加图层蒙版”按钮，为“图层 1”添加蒙版，设置前景色为黑色，选择“画笔工具”按钮，在选项栏上设置画笔“大小”为 70 像素，“不透明度”为 80%，在儿童照片的周围背景处进行涂抹，此时的“图层”面板如图 2-149 所示，效果如图 2-150 所示。

图 2-149　“图层”面板

图 2-150　画笔涂抹效果

（5）单击“图层”面板底部的“创建新的图层或调整图层”按钮，在弹出的菜单中选择“曲线”命令，打开“曲线”面板，设置参数，如图 2-151 所示，对照片的颜色进行调整。

（6）此时的“图层”面板如图 2-152 所示。对得到的“曲线 1”图层，执行“图层”→“创建剪贴蒙版”命令，为“曲线 1”图层创建蒙版，效果如图 2-153 所示。

（7）执行“文件”→“打开”命令，在弹出的“打开”对话框中选择“草地.psd”，打开一张背景透明的图片，如图 2-154 所示。

（8）使用“移动工具”按钮将草地图片拖到背景图片上，生成“图层 2”，执行“编辑”→“自由变换”命令，调整草地图片的大小，并将其移至背景图片的右侧，效果如图 2-155 所示。

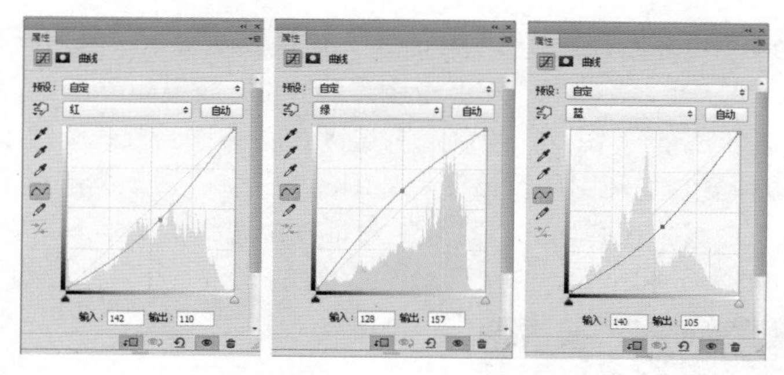

图 2-151 “曲线”面板

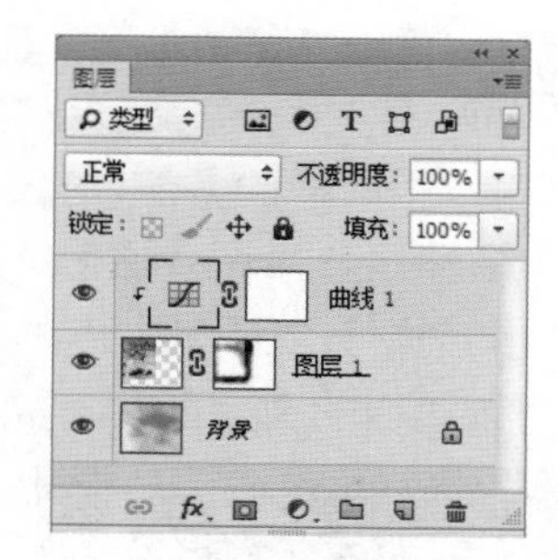

图 2-152 “图层”面板

图 2-153 曲线效果

图 2-154 打开“草地”图片

图 2-155 合成童年图片调整效果

（9）执行“文件”→“打开”命令，在弹出的“打开”对话框中选择“童年 2.jpg”，打开第二张儿童图片，如图 2-156 所示。

（10）使用“椭圆选框工具”按钮在照片内儿童的头部绘制圆形选区，如图 2-157 所示。使用“移动工具”按钮将选区图片拖到背景图片上生成“图层 3”，执行“编辑”→“自由变换”命令，调整选区图片的大小，并将其移至背景图片的右侧，效果如图 2-158 所示。

图 2-156 打开“童年 2”图片

图 2-157 绘制图形选区

图 2-158 合成童年 2 图片

（11）执行“编辑”→“描边”命令，在打开的“描边”对话框中设置“宽度”为 6 像素，“颜色”为白色，如图 2-159 所示，单击“确定”按钮，效果如图 2-160 所示。

（12）执行“编辑”→“变换”→“水平翻转”命令，将图片水平镜像，按“Ctrl+O”组合键，弹出“打开”对话框，选择“花环.psd”，打开一张背景透明的花环图片，如图 2-161 所示。

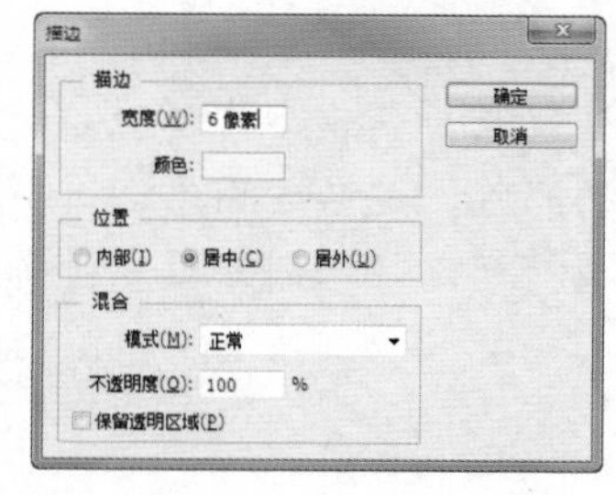

图 2-159 “描边”对话框

图 2-160 描边效果

图 2-161 打开“花环”图片

（13）使用“移动工具”按钮将花环图片拖到背景图片上，生成“图层 4”，执行“编辑”→“自由变换”命令，调整花环图片的大小，并将其移至儿童图片的外侧，效果如图 2-162 所示。

（14）用同样的方法，打开“童年 3.jpg”图片，绘制椭圆选区，将其移至背景图片上，调整大小后移至背景图片右侧，描边并复制花环图层至该图片外侧，效果如图 2-163 所示。

（15）执行“文件”→“打开”命令，在弹出的“打开”对话框中选择“文字.psd”，打开一张背景透明的文字图片，如图 2-164 所示。

图 2-162　合成花环图片

图 2-163　合成童年 3 图片

图 2-164　打开“文字”图片

（16）使用“矩形选框工具”按钮对文字部分绘制矩形选区，使用“移动工具”按钮将文字选区拖到背景图片上，生成“图层 5”，执行“编辑”→“自由变换”命令，调整文字内容的大小，并将其移至背景图片的右下方，效果如图 2-165 所示。

（17）再次使用“矩形选框工具”按钮对文字图片的星星部分绘制矩形选区，使用“移动工具”按钮将星星选区拖到背景图片上，生成“图层 6”，执行“编辑”→“自由变换”命令，调整文字内容的大小，并将其移至背景图片的上方，最终效果如图 2-166 所示。

图 2-165　合成文字效果

图 2-166　最终效果

（18）执行“文件”→“存储”命令，在弹出的“存储为”对话框中以“个性写真‘我的宝贝’.psd”为文件名保存文件。

项目总结

Photoshop 是一款优秀的图像处理软件，在图像的后期处理中有其独特的处理方式，对于那些拍摄水平不高而获得的有问题的照片，灵活运用修图工具、色彩色调的调整、剪切工具及变换工具等辅助工具就可以轻松纠正过来，并且使图像更加精美。

特效设计

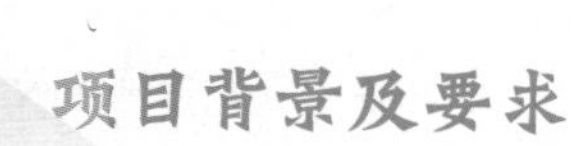

项目背景及要求

作为影楼的一名工艺特效师，常常需要为照片制作各种时尚的特效，使之达到意想不到的艺术效果。要求会灵活使用 Photoshop 的滤镜及色彩色调的调整进行特效制作。

项目分析

照片的特效设计种类很多，本项目就以常见的制作为例进行介绍，主要包括：为照片添加云雾缭绕效果、制作动感背景和制作水墨画效果。作品需要选择一张优美的照片，然后根据照片情况使用不同的滤镜进行特效制作。难点是滤镜的使用。本项目可以分解为以下 3 个任务。

- 任务 1　添加云雾缭绕效果；
- 任务 2　制作动感背景；
- 任务 3　制作水墨画效果。

任务 1　添加云雾缭绕效果

1. 制作技巧

首先运用“色相/饱和度”命令调整图像的明暗度，然后使用“云彩”滤镜制作云彩，再使用图层蒙版制作缭绕效果，最后使用“照片滤镜”调整命令为图像添加色彩，即可为图像添加云雾缭绕的效果。

2. 效果对比

效果对比如图 2-167 所示。

图 2-167　效果对比图

3. 制作步骤

（1）执行“文件”→“打开”命令，在弹出的“打开”对话框中选择“山峰.jpg”，打开一张风景图片，如图 2-168 所示。

（2）将“背景”图层拖至“图层”面板下方的“创建新图层”按钮上，复制出“背景 复制”图层。单击“图层”面板底部的“创建新的图层或调整图层”按钮，在弹出的菜单中选择“色相/饱和度”命令，打开“色相/饱和度”面板，设置参数，如图 2-169 所示，提高图像的亮度，效果如图 2-170 所示。

图 2-168　打开素材图片

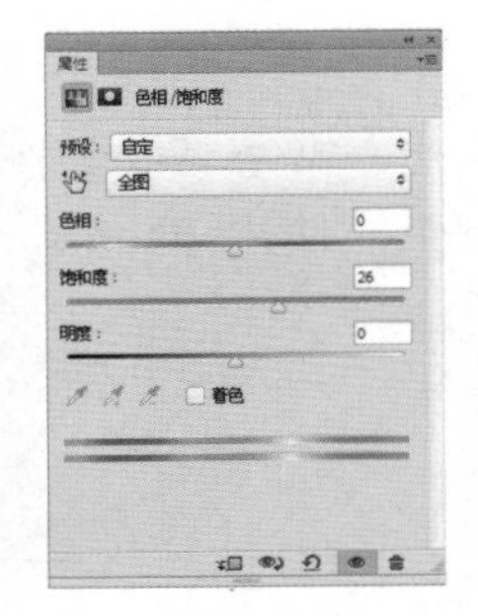

图 2-169　“色相/饱和度”面板

图 2-170　提亮效果

（3）单击“图层”面板下方的“创建新图层”按钮，新建“图层 1”。单击工具箱的“默认前景色和背景色”按钮，恢复默认的前景色和背景色，执行“滤镜”→“渲染”→“云彩”命令，制作云彩效果，如图 2-171 所示。

（4）按“Alt”键并单击“图层”面板下方的“添加图层蒙版”按钮，为“图层 1”添加黑色的蒙版。单击工具箱的“切换前景色和背景色”按钮，交换前景色和背景色，选择“画笔工具”按钮，设置画笔“大小”为 136 像素，“不透明度”为 30%，“流量”为 40%，在图像上进行涂抹，制作缭绕效果，如图 2-172 所示。

图 2-171　制作云彩效果

图 2-172　制作缭绕效果 1

（5）单击“图层”面板下方的“创建新图层”按钮，新建“图层 2”。将“不透明度”设置为 70%，继续使用“画笔工具”按钮涂抹图像前一步制作的缭绕效果的云彩，如图 2-173 所示。

（6）单击“图层”面板下方的“创建新图层”按钮，新建“图层 3”，执行“滤镜”→“渲染”→“云彩”命令，再制作云彩，单击“图层”面板下方的“添加图层蒙版”按钮，为“图层 3”添加蒙版。使用“画笔工具”按钮在图像上进行涂抹，继续缭绕效果的制作，效果如图 2-174 所示。

图 2-173　制作缭绕效果 2

图 2-174　制作缭绕效果 3

（7）设置“图层 3”的图层混合模式为颜色减淡，效果如图 2-175 所示。

（8）单击“图层”面板底部的“创建新的图层或调整图层”按钮，在弹出的菜单中选择“照片滤镜”命令，打开“照片滤镜”面板，设置“滤镜”为深蓝，“浓度”为 30%，如图 2-176 所示，这样可以使图像看起来更加清爽，避免了灰蒙蒙的感觉，效果如图 2-177 所示。

> **贴心提示**
>
> 
>
> 再次添加云彩的目的为了增强云雾的浓密程度，让制作的云彩更自然。

图 2-175　颜色减淡效果

图 2-176　“照片滤镜”面板

图 2-177　照片滤镜效果

（9）执行“文件”→“存储”命令，在弹出的“存储为”对话框中，设置名称为“添加云雾缭绕效果.psd”，格式为“Photoshop（*.PSD;*.PDD）”，单击“保存”按钮，保存图像文件。

知识百宝箱

1. “云彩”滤镜

“云彩”滤镜与“分层云彩”、“光照效果”、“镜头光晕”及“纤维”同属于“渲染”滤镜组，它们可以为图像制作出云彩图案、折射图案及模拟光反射等效果。

“云彩”滤镜是使用介于前景色和背景色之间的随机值生成柔和的云彩图案。具体操作如下。

（1）双击工作区，打开如图 2-178 所示的“水乡.jpg”素材图片。

（2）复制“背景”图层，生成“背景复制”图层，将图层混合模式设置为滤色，提亮图片，使用“亮度/对比度”命令，进一步提高对比度。使用“魔棒工具”按钮 单击天空，制作天空选区，如图 2-179 所示。

图 2-178　打开“水乡”图片

图 2-179　制作天空选区

（3）设置前景色为蓝色，背景色为白色，新建“图层1”，执行“滤镜”→“渲染”→“云彩”命令，制作云彩效果，如图 2-180 所示。（4）按“Ctrl+D”快捷键取消选区，设置图层“不透明度”为 68%，添加蓝天白云效果，如图 2-181 所示。

贴心提示

如果制作的云彩不满意，可以执行“滤镜”→“云彩”命令或按“Ctrl+F”快捷键，重复执行刚才的滤镜命令，对制作的云彩进行调整。

图 2-180　制作云彩

图 2-181　蓝天白云效果

2. “照片滤镜”命令

“照片滤镜”命令与“匹配颜色”、“替换颜色”、“通道混合器”及“阴影/ 高光”等命令同属于高级调色命令，它们可以通过调整图像的色彩，使图像效果更加精美。

使用“照片滤镜”命令，可以调整图像具有暖色调或冷色调，还可以根据需要自定义色调。具体操作如下。

（1）双击工作区，打开如图 2-182 所示的“田园.jpg”素材图片。

（2）执行“图像”→“调整”→“照片滤镜”命令，打开“照片滤镜”对话框，设置“滤镜”为绿，“颜色”为深绿“浓度”为 60%，如图 2-183 所示，调整图像为冷色调。

（3）单击“确定”按钮，此时图像变得清爽淡雅，如图 2-184 所示。

图 2-182　打开素材图片

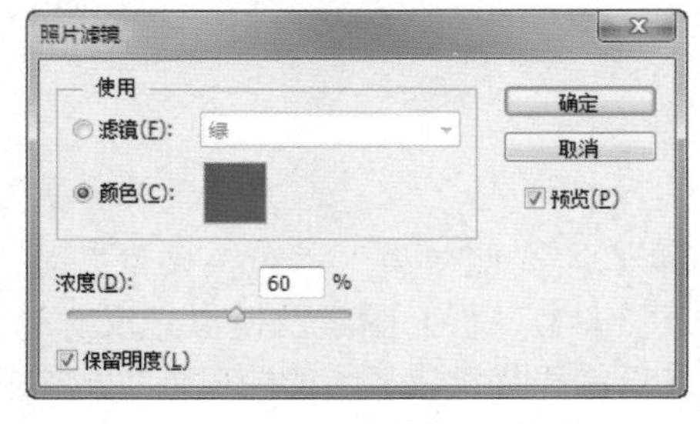

图 2-183　“照片滤镜”对话框

图 2-184　调整效果

任务 2　制作动感背景效果

1. 制作技巧

首先运用“曲线”命令使图像更亮，然后使用“径向模糊”滤镜制作模糊效果，再使用图层蒙版使部分图像清晰，最后使用“色阶”调整命令提高图像的明暗度，即可为图像制作动感背景效果。

2. 效果对比

效果对比如图 2-185 所示。

图 2-185　效果对比图

3. 制作步骤

（1）执行“文件”→“打开”命令，在弹出的“打开”对话框中选择“汽车.jpg”，打开一张汽车行驶的图片，如图 2-186 所示。

（2）将“背景”图层拖至“图层”面板下方的“创建新图层”按钮上，复制出“背景 复制”图层。单击“图层”面板底部的“创建新的图层或调整图层”按钮，在弹出的菜单中选择“曲线”命令，打开“曲线”面板，设置参数，如图 2-187 所示，提高图像的亮度，效果如图 2-188 所示。

图 2-186　打开汽车图片

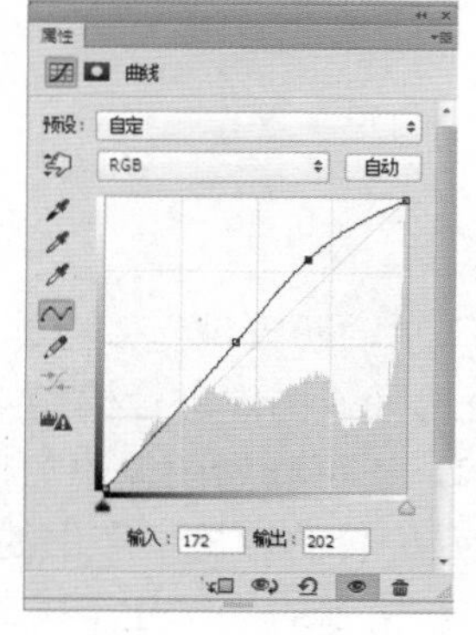

图 2-187　“曲线”面板

图 2-188　提高图像亮度

（3）按下“Ctrl+Shift+Alt+E”快捷键盖印可见图层，得到“图层 1”，执行“滤镜”→“模糊”→“径向模糊”命令，弹出“径向模糊”对话框，设置“数量”为 100，“模糊方法”为缩放，“品质”为好，如图 2-189 所示。单击“确定”按钮，制作模糊效果，如图 2-190 所示。

（4）单击“图层”面板下方的“添加图层蒙版”按钮，为“图层 1”添加蒙版。设置前景色为黑色，选择“画笔工具”按钮，设置画笔大小为 136，“不透明度”为 30%，在车头的位置涂抹，使其图像变得清晰，此时“图层”面板如图 2-191 所示，效果如图 2-192 所示。

（5）单击“图层”面板底部的“创建新的图层或调整图层”按钮，在弹出的菜单中选择“色阶”命令，打开“色阶”面板，设置参数，如图 2-193 所示，提高图像的明暗对比度，图片最终效果如图 2-194 所示。

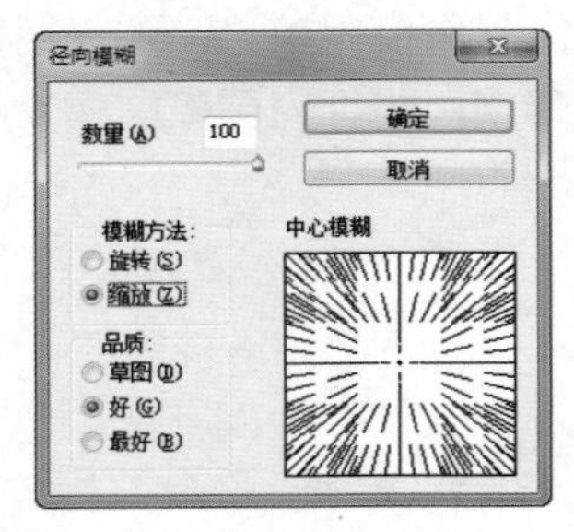

图 2-189 “径向模糊”对话框

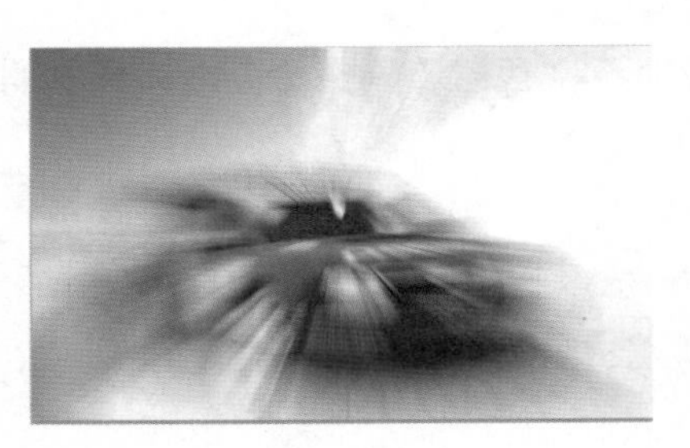

图 2-190 制作的模糊效果

图 2-191 “图层”面板

图 2-192 涂抹效果

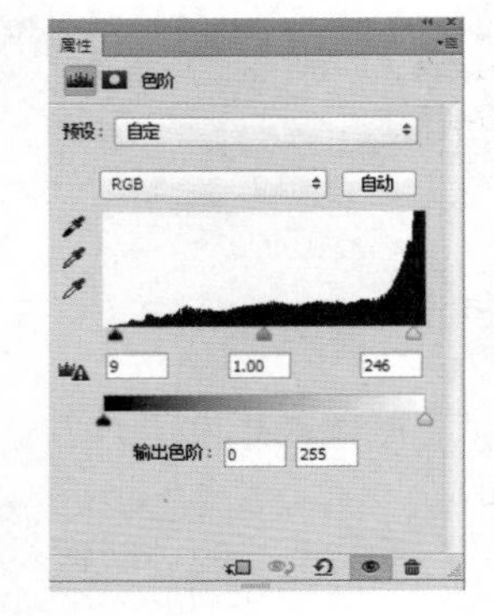

图 2-193 “色阶”面板参数设置

图 2-194 最终效果

（6）执行“文件”→“存储”命令，在弹出的“存储为”对话框中，设置名称为“制作动感背景效果.psd”，格式为“Photoshop（*.PSD;*.PDD）”，单击“保存”按钮，保存图像文件。

知识百宝箱

1. “径向模糊”滤镜

“径向模糊”滤镜与“表面模糊”、“动感模糊”、“方框模糊”及“高斯模糊”等 11 个滤镜同属于“模糊”滤镜组，它们可以对选区或图像进行模糊柔化，产生平滑过渡的效果，也可以去除图像中的杂色，使图像更加柔和，还可以为图像添加动感效果。

“径向模糊”滤镜可以模拟移动或旋转的相机所产生的模糊效果。具体操作如下。

（1）双击工作区，打开如图 2-195 所示的“摩托车手.jpg”素材图片。

（2）复制“背景”图层，生成“背景 复制”图层，执行“滤镜”→“模糊”→“径向模糊”命令，打开“径向模糊”对话框，设置“数量”为 5，“模糊方法”为旋转，“品质”为好，如图 2-196 所示。

（3）单击“确定”按钮，效果如图 2-197 所示。

2. 盖印图层

盖印图层是将之前进行处理的效果以图层的形式复制到另一个图层上，便于用户继续对图像进行编辑。

图 2-185　打开“摩托车手”图片

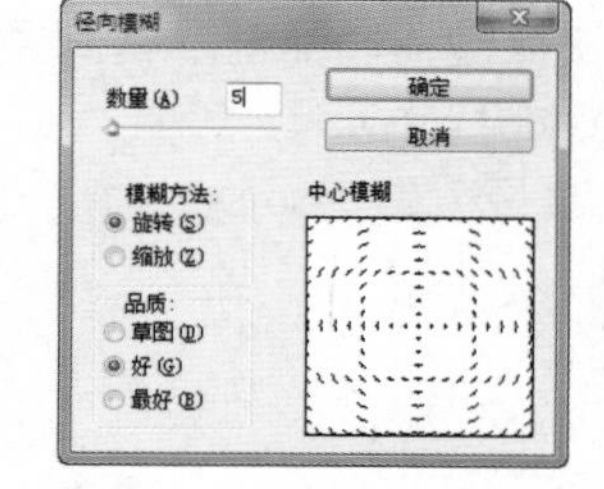

图 2-196　“径向模糊”对话框

图 2-197　径向模糊效果

盖印图层在功能上与合并图层相似，但比合并图层更实用。盖印是重新生成一个新的图层，不会影响之前处理的图层。如果对处理的效果不满意，可以删除盖印图层，之前制作效果的图层依然保留，极大地方便了用户的操作，同时也节省了不少时间。

任务 3　制作水墨画效果

1. 制作技巧

首先运用“色相/饱和度”命令降低图像的饱和度，然后使用“高斯模糊”滤镜使图像模糊，“水彩”滤镜制作水彩画效果，最后多次使用图层混合模式调整图像，即可制作水墨画效果。

2. 效果对比

效果对比如图 2-198 所示。

图 2-198　效果对比图

3. 制作步骤

（1）执行“文件”→“打开”命令，在弹出的“打开”对话框中选择素材“江南水乡.jpg”，打开一张风景图片，如图 1-199 所示。

（2）将“背景”图层拖至“图层”面板下方的“创建新图层”按钮上，复制出“背景 复制”图层。单击“图层”面板底部的“创建新的图层或调整图层”按钮，在弹出的菜单中选择“色相/饱和度”命令，打开“色相/饱和度”面板，设置参数，如图 2-200 所示，降低图像的饱和度，效果如图 2-201 所示。

图 1-199　打开“江南水乡”图片

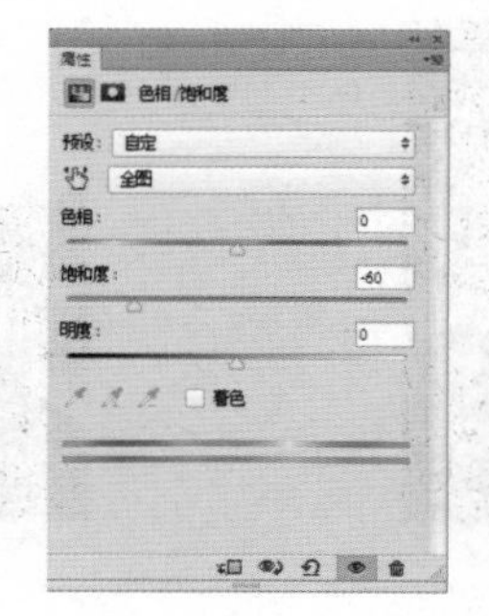

图 2-200　设置“色相/饱和度”面板参数

图 2-201　降低饱和度效果

（3）按下“Ctrl+Shift+Alt+E”快捷键盖印图层，得到“图层 1”，执行“滤镜”→“模糊”→“高斯模糊”命令，打开“高斯模糊”对话框，设置“半径”为 5.0 像素，如图 2-202 所示，单击“确定”按钮，使图像变得模糊，效果如图 2-203 所示。

图 2-202 “高斯模糊”对话框参数设置

图 2-203 模糊效果

（4）设置“图层 1”的混合模式为“变亮”，使图像均匀变亮，如图 2-204 所示。单击“图层”面板底部的“创建新的图层或调整图层”按钮，在弹出的菜单中选择“亮度/对比度”命令，打开“亮度/对比度”面板，设置“对比度”为 66，增加图像的对比度，效果如图 2-205 所示。

图 2-204 变亮效果

图 2-205 增加对比度效果

（5）单击“图层”面板下方的“创建新图层”按钮，新建“图层 2”，设置前景色为黑色，按“Alt+Delete”快捷键填充前景色，设置图层混合模式为“色相”，图层的“不透明度”为 50%，效果如图 2-206 所示。

（6）按下“Ctrl+Shift+Alt+E”快捷键盖印图层，得到“图层 3”，执行“滤镜”→“滤镜库”命令，在打开的“滤镜库”对话框中选择“艺术效果”中的“水彩”，设置“画笔细节”为 14，“阴影强度”为 1，“纹理”为 1，单击“确定”按钮，图像显得更加清晰，效果如图 2-207 所示。

图 2-206 混合模式效果

图 2-207 水彩滤镜效果

（7）单击“图层”面板顶部的下三角按钮，设置图层混合模式为滤色，图层的“不透明度”为 50%，效果如图 2-208 所示。

（8）单击“图层”面板下方的“创建新图层”按钮，新建“图层 4”，设置前景色为 RGB（78，27，108），按“Alt+Delete”快捷键填充前景色，设置图层混合模式为“柔光”，图层的“不透明度”为 50%，为图像添加淡淡的绿色，效果如图 2-209 所示。

图 2-208　滤色效果

图 2-209　添加绿色效果

（9）执行“文件”→“打开”命令，在弹出的“打开”对话框中选择素材“忆江南.jpg”，打开一张文字图片，如图 2-210 所示。

（10）使用“移动工具”按钮将文字图片拖到水乡图片上，生成“图层 5”，执行“编辑”→“自由变换”命令，调整文字内容的大小，并将其移至水乡图片的正上方，图像最终效果如图 2-211 所示。

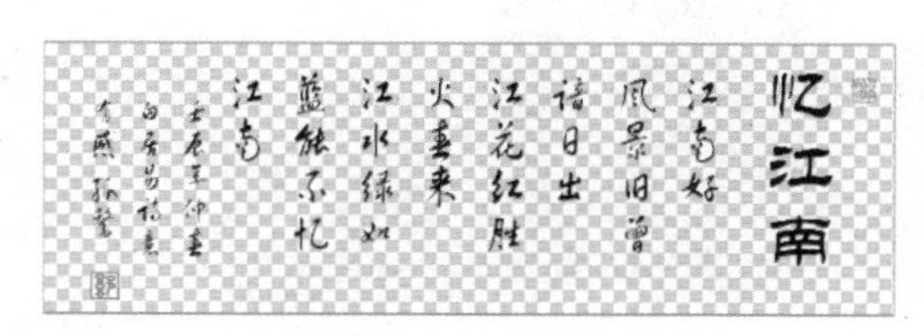

图 2-210　打开文字图片

图 2-211　最终效果

（11）执行“文件”→“存储”命令，在弹出的“存储为”对话框中，设置名称为“制作水墨画效果.psd”，单击“保存”按钮，保存图像文件。

知识百宝箱

1. “水彩”滤镜

“水彩”滤镜与“壁画”、“彩色铅笔”、“粗糙蜡笔”及“底纹效果”等 15 个滤镜同属于“艺术效果”滤镜组，它们可以为图像制作绘画或艺术效果。

“水彩”滤镜以水彩的风格绘制图像，使用蘸了水和颜料的中号画笔绘制简化了的图像细节，使图像颜色饱满。具体操作如下。

（1）双击工作区，打开如图 2-212 所示的“小女孩.jpg”素材图片。

（2）复制“背景”图层，生成“背景 复制”图层，执行“滤镜”→“滤镜库”命令，打开“滤镜库”对话框，单击“艺术效果”下三角，选择“水彩”，设置参数，如图 2-213 所示。

（3）单击“确定”按钮，效果如图 2-214 所示。

图 2-212　打开“小女孩”图片

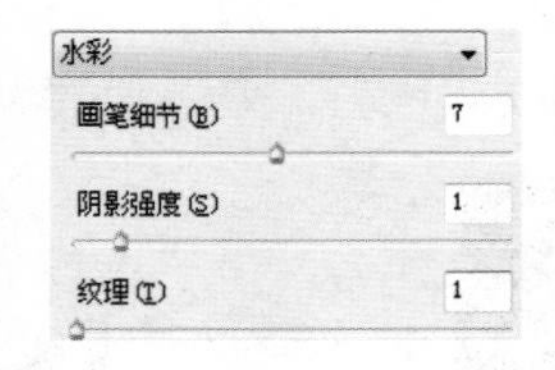

图 2-213　“水彩”参数设置

图 2-214　水彩效果

2. “高斯模糊”滤镜

前面介绍过“高斯模糊”滤镜属于“模糊”滤镜组。“高斯模糊”滤镜通过控制模糊半径来对图像进行模糊效果处理，它可以为图像添加低频细节，从而产生一种朦胧的效果。具体操作如下。

（1）双击工作区，打开如图 2-212 所示的“小女孩.jpg”素材图片。

（2）复制“背景”图层，生成“背景 复制”图层，执行“滤镜”→“模糊”→“高斯模糊”命令，打开“高斯模糊”对话框，设置“半径”为 5 像素，如图 2-215 所示。

（3）单击“确定”按钮，效果如图 2-216 所示。

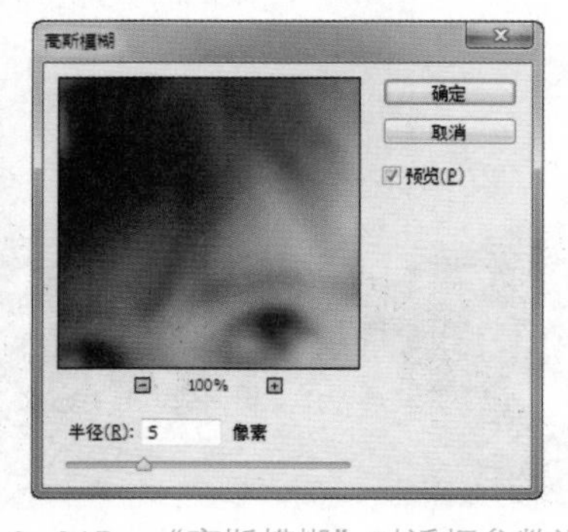

图 2-215　“高斯模糊”对话框参数设置

图 2-216　高斯模糊效果

3. 数码照片的输入输出

（1）数码照片的输入。由于数码照片最初是存储在相机、存储卡或已经冲洗成像，若要对它们进行后期图像处理，就需要将其存放在计算机上才能进行。对于相机里的照片需要用数据线将相机和计算机的 USB 接口进行连接，打开存放照片的文件夹，利用“复制”/“粘贴”命令即可输入照片；对于存储卡上的照片，首先要将存储卡插到读卡器中，然后将读卡器的 USB 口与计算机的 USB 接口用数据线连接后，打开存放照片的文件夹，利用“复制”/“粘贴”命令即可输入照片；对于已经冲洗成像的照片，就要使用扫描仪重新获取图像并存储在计算机中。

（2）数码照片的输出。数码照片的输出有 3 个途径：高质量打印、网络共享以及光盘刻录。这里只介绍纸质的输出方式。

首先，照片在 Photoshop 中后期处理完成后，将图像颜色模式由 RGB 模式改为 CMYK 模式，分辨率由 72 像素改为 150 像素以上，然后连接上打印机，将相纸光面朝上放置在打印机里，用“剪切工具”将照片剪切成所需尺寸，另存为一张图片；再新建一个 A4（297mm×210mm）尺寸的图像文件，把保存的图片打开并拖放到新建的 A4 图像文件里，排列好位置，执行“文件”→“打印”命令，选择“打印质量”为高质量，单击“确认”按钮即可打印。

贴心提示

打印彩色照片建议使用 EPSON R390 喷墨的打印机，它稳定性好，可以处理家庭日常照片的打印工作。相纸建议采用 EPSON 彩色照片打印纸，小量的一般用 A4（297mm×210mm）的相纸。

4. 相纸的种类和尺寸

都说“没有规矩不成方圆”，在数码印刷行业，对于相纸的类型和尺寸都有一定的行业要求，尤其是尺寸上，要求非常苛刻。

（1）相纸的种类。相纸的种类有很多，从品牌上分，进口的相纸有日本的富士、三菱和柯尼；美国的柯达；德国的爱克发。国产的乐凯相纸，包括普通相纸（背面字黑色）、金相纸（背面字金色）和数码金相纸（背面字金色）。另外，从纸质上分，有光面纸、珠面纸、细绒面纸和粗绒面纸。

（2）相纸的尺寸。由于照片的尺寸为英寸，而 1 英寸=2.54cm。通常拍摄的照片尺寸不是标准的，一般是按照计算机屏幕的分辨率来设定的，基本上是 4∶3 的比例，而标准照片的尺寸比例却不相同，比如，5 寸照片的尺寸比例是 10∶7，6 寸照片的尺寸比例是 3∶2，因此需要在冲印或打印前用“裁剪工具”对照片进行裁剪加工。常用的相纸尺寸见表 2-1。

表 2-1　常用的相纸尺寸

常用相纸规格（单位：英寸）	尺寸换算（单位：cm）	分辨率（单位：像素）
一寸	2.5cm×3.5cm	413×295 像素
二寸	3.5cm×5.3cm	626×413 像素
五寸	12.7 cm×8.9 cm	1200×840 像素
六寸	10.2cm×15.2cm	1024×768 像素
十二寸	30.5 cm×20.3 cm	2500×2000 像素
十五寸	38.1 cm×25.4 cm	3000×2000 像素
身份证大头照	3.3 cm×2.2 cm	390×260 像素
小 2 寸（护照）	4.8 cm×3.3cm	567×390 像素

牛刀小试——制作个性相框

制作步骤

（1）执行“文件”→“打开”命令，在弹出的“打开”对话框中选择素材“中学生.jpg”，打开一张人物素材图片，如图 2-217 所示。

（2）单击“图层”面板下方的“创建新的填充和调整图层”按钮，在弹出的快捷菜单中选择“色彩平衡”命令，打开“色彩平衡”面板，设置参数分别为 16，-10，-22，将图像的红色、洋红及蓝色像素增强，如图 2-218 所示，此时效果如图 2-219 所示。

（3）按“Ctrl+Shift+Alt+E”快捷键盖印当前图层并生成“图层 1”，如图 2-220 所示。

（4）执行“滤镜”→“模糊”→“高斯模糊”命令，设置半径为 2 像素，给图像添加柔化效果，如图 2-221 所示，单击“确定”按钮，效果如图 2-222 所示。

（5）在“图层”面板上设置“图层 1”的混合模式为“柔光”，“不透明度”为 70%，如图 2-223 所示，效果如图 2-224 所示。

图 2-217　打开中学生图片

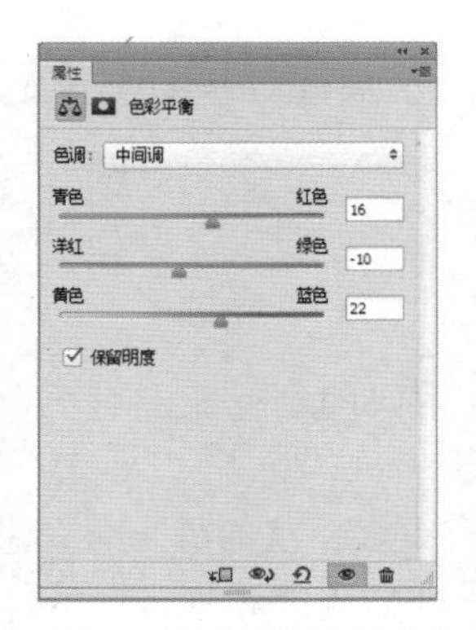

图 2-218　设置“色彩平衡”参数

图 2-219　色彩平衡效果

图 2-220　盖印图层

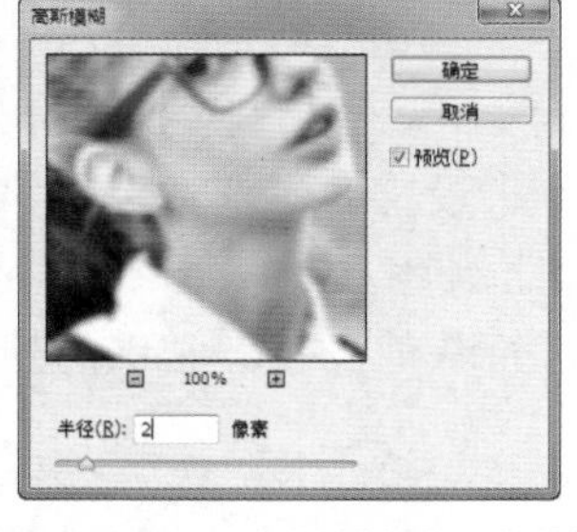

图 2-221　“高斯模糊”对话框

图 2-222　高斯模糊效果

（6）单击“图层”面板下方的“创建新的填充和调整图层”按钮，在弹出的快捷菜单中选择“照片滤镜”命令，打开“照片滤镜”面板，设置“滤镜”为青，“颜色”为 RGB（29，236，248)，“浓度”为 8%，如图 2-225 所示，效果如图 2-226 所示。

图 2-223　“图层”面板

图 2-224　柔光效果

图 2-225　设置“照片滤镜”参数

（7）按“Ctrl+Shift+Alt+E”快捷键盖印“图层 1”，生成“图层 2”，如图 2-227 所示。

（8）使用“矩形选框工具”按钮，拖动鼠标绘制矩形选区，确定相框图像区域，如图 2-228 所示。

图 2-226　照片滤镜效果

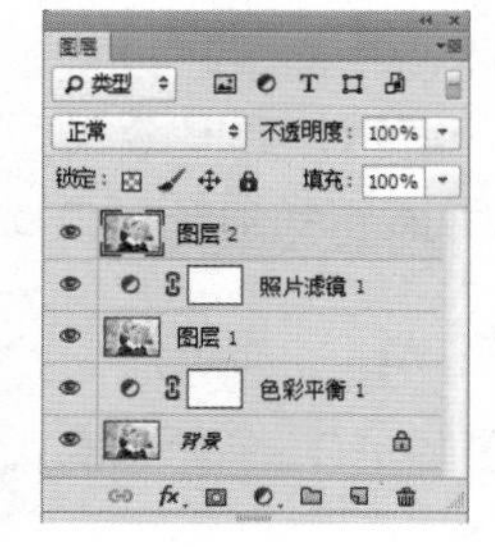

图 2-227　生成“图层 2”

图 2-228　绘制选区

（9）执行“选择”→“修改”→“平滑”命令，打开“平滑选区”对话框，设置“取样半径”为30像素，如图2-229所示，单击“确定”按钮，效果如图2-230所示。

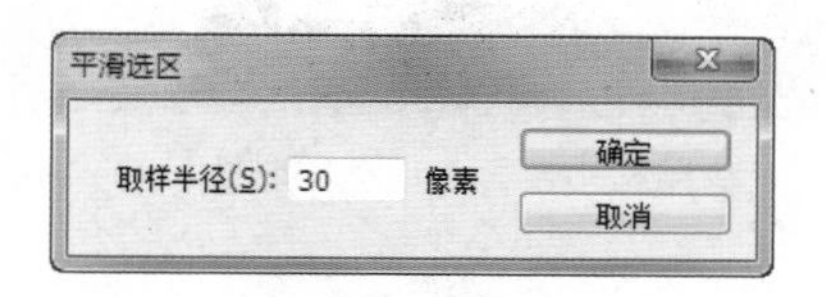

图2-229 设置“平滑选区”对话框参数

图2-230 平滑选区效果

（10）单击工具箱底部的“以快速蒙版模式编辑”按钮，进入快速蒙版状态，如图2-231所示。

（11）执行“滤镜”→“模糊”→“高斯模糊”命令，打开“高斯模糊”对话框，设置“半径”为20像素，单击“确定”按钮，效果如图2-232所示。

图2-231 进入快速蒙版状态

图2-232 高斯模糊效果

（12）执行“滤镜”→“像素化”→“彩色半调”命令，打开“彩色半调”对话框，设置“最大半径”为10像素，其他参数默认，如图2-233所示，单击“确定”按钮，效果如图2-234所示。

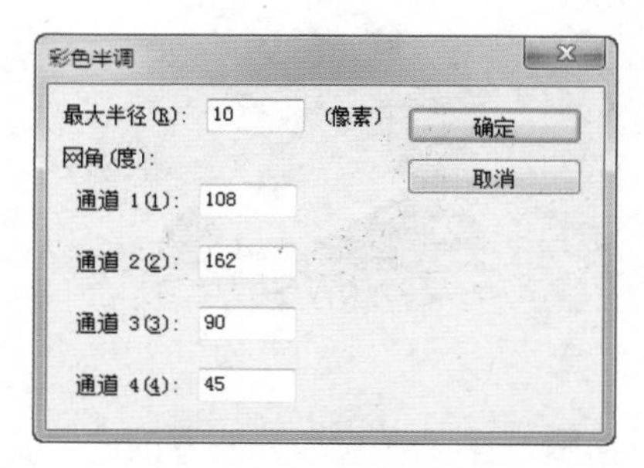

图2-233 设置“彩色半调”对话框参数

图2-234 彩色半调效果

（13）执行“滤镜”→“滤镜库”命令，打开“滤镜库”对话框，单击“画笔描边”前面的展开按钮，在展开的滤镜中选择“强化的边缘”，设置“边缘宽度”为1，“边缘亮度”为6，“平滑度”为3，如图2-235所示，单击“确定”按钮，效果如图2-236所示。

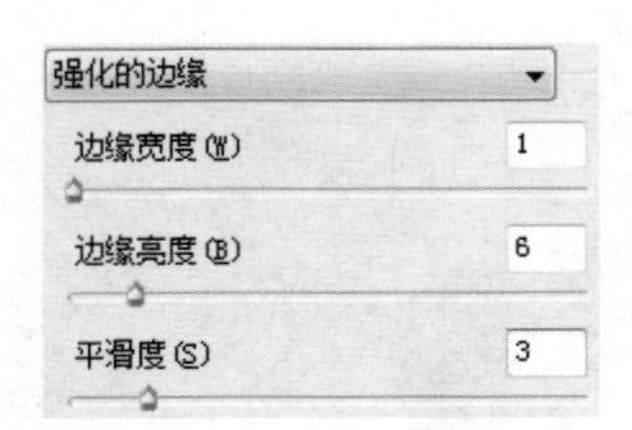

图 2-235 设置“强化的边缘”参数

图 2-236 强化边缘效果

（14）连续执行“滤镜”→“锐化”→“锐化”命令 3 次，效果如图 2-237 所示。

（15）单击工具箱底部的“以标准模式编辑”按钮，退出快速蒙版状态并自动生成选区，效果如图 2-238 所示。

图 2-237 锐化效果

图 2-238 退出快速蒙版状态并自动生成选区

（16）按“Ctrl+J”快捷键复制选区生成“图层 3”，然后按“Alt”键单击“图层 3”前面的“指示图层可见性”按钮，隐藏“图层 3”以外的所有图层，如图 2-239 所示，效果如图 2-240 所示。

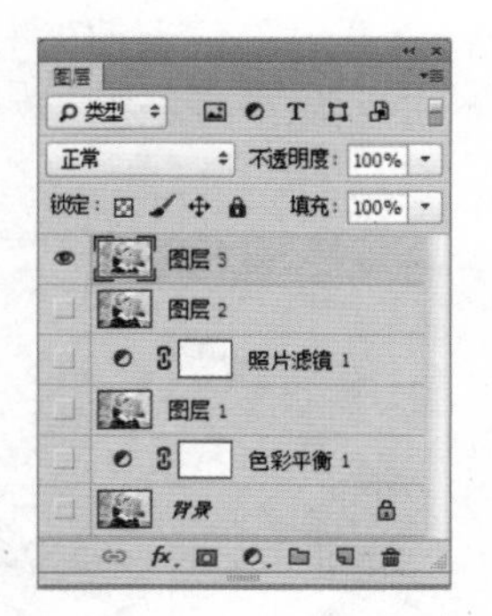

图 2-239 复制并隐藏图层

图 2-240 复制并隐藏图层效果

（17）单击“图层”面板下方的“创建新图层”按钮，在“图层 3”上方创建“图层 4”。将“图层 4”调至“图层 3”下方，设置前景色为棕色 RGB（107，61，25），按“Alt+Delete”快捷键填充前景色，效果如图 2-241 所示。

（18）选择“图层 3”，单击“图层”面板下方的“添加图层样式”按钮，在弹出的菜单中选择“投影”选项，打开“图层样式”对话框，设置“角度”为 30 度，“距离”为 10 像素，“大小”为 3 像素，如图 2-242 所示。

图 2-241　填充前景色效果

图 2-242　设置“图层样式”对话框之投影参数

（19）勾选“内发光”复选框，设置“大小”为 60 像素，如图 2-243 所示，

（20）勾选“描边”复选框，设置“大小”为 2 像素，“填充类型”为红橙白线性渐变，如图 2-244 所示。

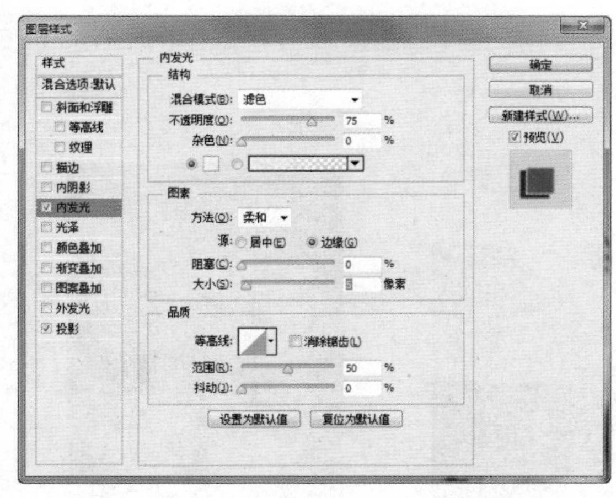

图 2-243　设置“图层样式”对话框之内发光参数

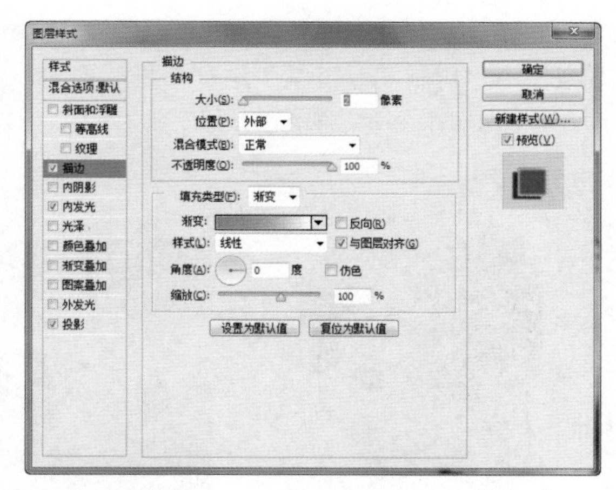

图 2-244　设置“图层样式”对话框之描边参数

（21）单击“确定”按钮，效果如图 2-245 所示。

图 2-245　相框最终效果

项目总结

影楼是一个为客户创造摄影艺术的行业。在迅速发展的数码时代，制作美妙的艺术照片效果是提高强大竞争优势的重要条件。灵活和正确运用 Photoshop 提供的滤镜功能就可以达到这个效果。

职业技能训练

1．试为如图 2-246 所示的生活照润色，给人物进行淡妆设计。

操作提示：先运用“色相/饱和度”和“色阶”命令给嘴唇上色，运用“画笔工具”绘制眼影，然后利用图层混合模式添加腮红即可实现淡妆效果。

2．外出旅游时照相纪念是在所难免的。但由于景区游客很多，照片往往会有多余的人存在，在照片的后期处理中需要使用 Photoshop 中的工具去除多余的人。现有如图 2-247 所示的照片试着做一下。

操作提示：对于小片区域使用“修复画笔工具”或“修补工具”进行修复操作，对于大片区域使用“仿制图章工具”进行修复操作。

3．为如图 2-248 所示的风景图片利用“滤镜”添加飞舞的雪花效果。

图 2-246　生活照

图 2-247　去除多余的人

图 2-248　风景图片

操作提示：首先利用“色阶”命令将图片调暗，然后利用“点状化”滤镜制作雪花，利用“动感模糊”滤镜制作飞舞效果，最后利用“滤色”图层模式和添加图层蒙版制作雪花虚实效果即可。

图文制作篇

项目1　Logo设计
项目2　卡片设计
项目3　折页设计

图文制作是平面设计领域一项重要的应用，现在的大街小巷遍布图文制作门店，它给人们的日常生活和工作带来了便利。Photoshop 在图文制作方面是一款不可或缺的工具，常常用来设计和制作公司的 Logo 、个性名片及贵宾卡等卡片作品和各类服务行业的宣传折页等。目前有关图文制作的岗位有：打字员、图形设计制作员、图文排版师、喷绘制作师、营销策划师、印刷输出师等。

能力目标

1. 能用路径工具绘制矢量图形。
2. 能运用文字工具进行特殊文字的制作。
3. 能进行标志的创意设计。
4. 能设计制作名片、贵宾卡及优惠卡等卡片。
5. 能进行常见宣传页的设计制作。

知识目标

1. 了解常见卡片的制作流程和方法。
2. 了解常见折页的制作方法和行业要求。
3. 掌握 Logo 的设计及制作方法。
4. 掌握特效字的设计及制作方法。

岗位目标

1. 会与客户进行沟通及确定方案。
2. 会使用 Photoshop 进行标志、各类卡片及折页的设计制作。

Logo 设计

项目背景及要求

Logo 是一种象征的图形，它是用最精炼、最浓缩的视觉形象传达信息的工具。现实生活中，Logo 主要分为商标、企业标志、机构标志、服务性标志和活动标志等。Logo 是简洁明了的图形符，含有丰富的信息并具有较强的视觉冲击力。现为六叶草文化传媒公司设计制作企业 Logo，要求通过设计，使其具有特殊的传播功能，让人过目不忘。项目参考效果如图 3-1 所示。

图 3-1　项目参考图

项目分析

首先，利用“椭圆工具”、“转换点工具”及“钢笔工具”绘制单叶草，填充渐变色并进行图层样式设置，然后合成六叶草，最后输入文字。标志以绿色为主色调，代表企业蒸蒸日上，配以黄色，给视觉上的冲击力。本项目可以分解为以下 3 个任务。

- 任务 1　设计一叶草；
- 任务 2　制作六叶草；
- 任务 3　制作文字效果。

操作步骤 START

任务 1　设计一叶草

（1）执行“文件”→“新建”命令，打开“新建”对话框，设置“名称”为叶子，“宽度”为 6 厘米，“高度”为 8 厘米，“分辨率”为 150 像素/英寸，其他参数默认，如图 3-2 所示。

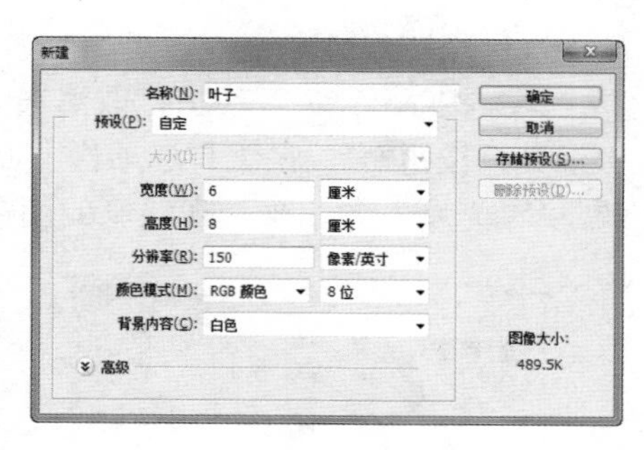

图 3-2　设置“新建”对话框参数

（2）单击“确定”按钮，新建空白图像文件。选择“椭圆工具”按钮，单击工具选项栏的选择工具模式 路径 右侧的三角形按钮，在弹出的列表中选择“路径”，在图像编辑窗口上方绘制一个大小适合的椭圆形路径，如图 3-3 所示，此时弹出“实时形状属性”面板，如图 3-4 所示，用于设置所绘制的路径大小及位置。

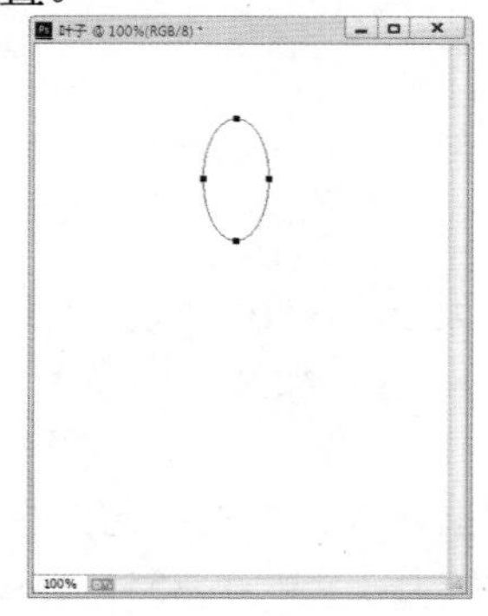

图 3-3　绘制椭圆形路径

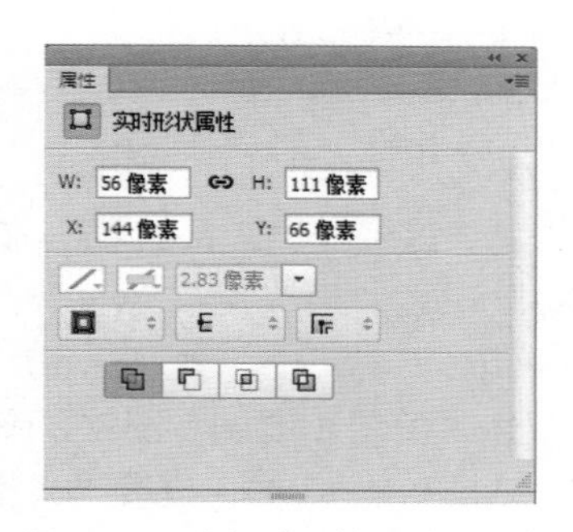

图 3-4　“实时形状属性”面板

（3）选择“转换点工具”按钮，将鼠标移至椭圆形路径的上方锚点，此时鼠标指针呈形状，如图 3-5 所示。单击将该平滑点转换为尖突点，用同样的方法将下方平滑点也转换为尖突点，如图 3-6 所示。

（4）执行“窗口”→“路径”命令，打开“路径”面板，单击面板下方的“将路径作为选区载入”按钮，将路径转换为选区，如图 3-7 所示。

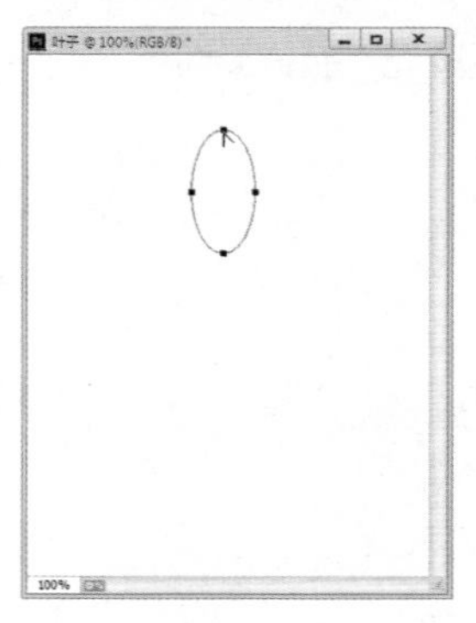

图 3-5　转换锚点

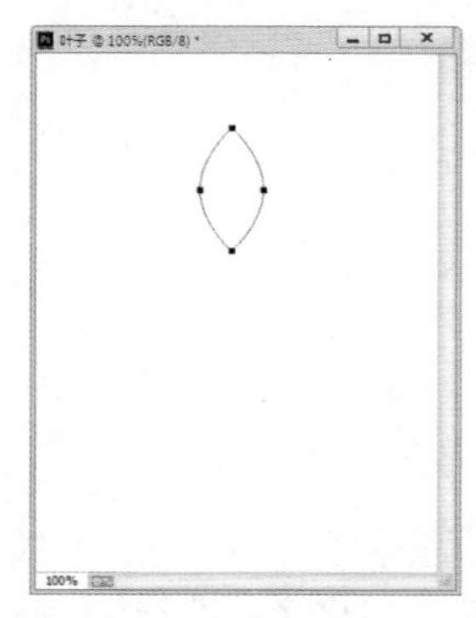

图 3-6　转换锚点效果

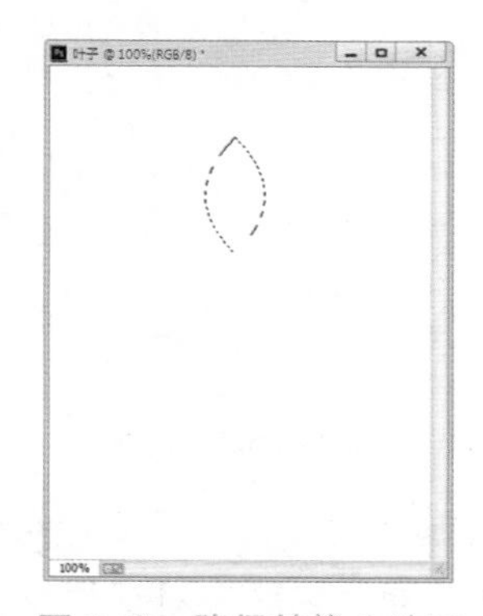

图 3-7　路径转换为选区

（5）单击“图层”面板下方的“创建新图层”按钮，新建“图层 1”图层，选择“渐变工具”按钮，单击工具选项栏的“线性渐变”按钮，并单击“点按可编辑渐变”按钮，打开“渐变编辑器”对话框，设置从左到右色块分别为 RGB（245，255，199），RGB（209，242，27）和 RGB（0，145，28），如图 3-8 所示，单击“确定”按钮，将鼠标由左下向右上拖动为选区填充线性渐变，效果如图 3-9 所示。

（6）按“Ctrl+D”快捷键取消选区，复制“图层 1”，得到“图层 1 复制”图层，选择“加深工具”按钮，在工具选项栏上设置“大小”为 30 像素，“硬度”为 10%，“范围”为中间调，“曝光度”为 50%，在绘制的图像上进行涂抹，加深图像颜色，效果如图 3-10 所示。

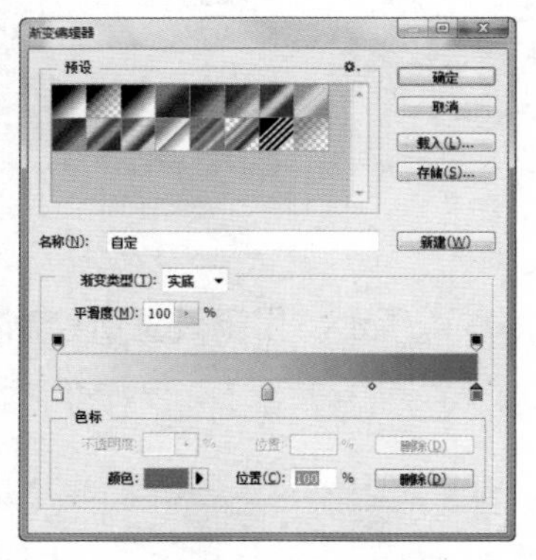

图 3–8 “渐变编辑器”对话框

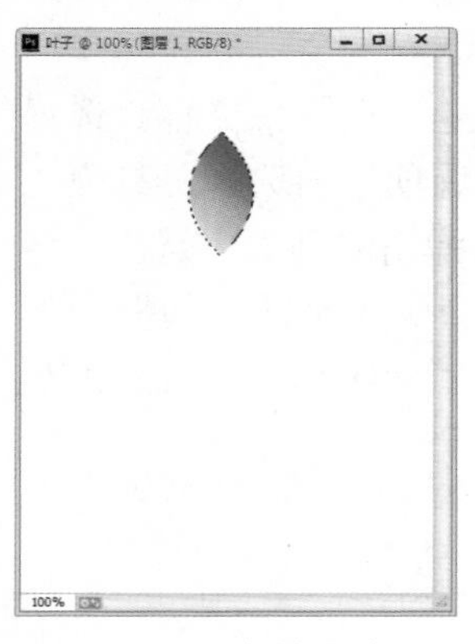

图 3–9 渐变填充效果

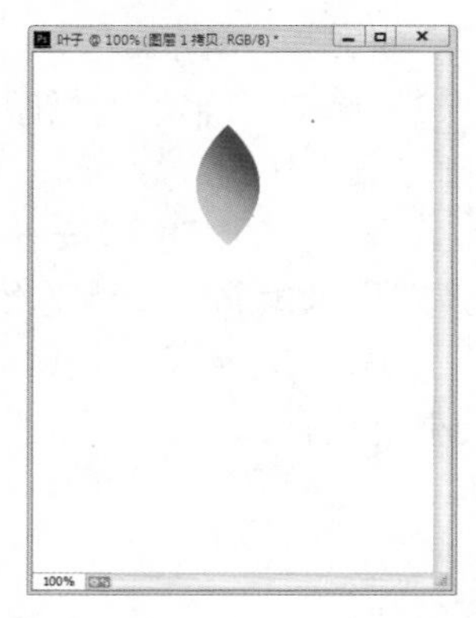

图 3–10 加深图像颜色

（7）选择“减淡工具”按钮，在工具选项栏上设置“大小”为 20 像素，“硬度”为 10%，“范围”为中间调，“曝光度”为 50%，在绘制的图像的右下角进行涂抹，提高图像亮度，效果如图 3-11 所示。

（8）双击“图层 1 复制”图层，弹出“图层样式”对话框，设置“外发光”的“发光颜色”为 RGB（255，255，190），设置“光泽”的“效果颜色”为 RGB（253，255，239），单击“确定”按钮，效果如图 3-12 所示。

（9）选择“钢笔工具”按钮，单击工具选项栏的选择工具模式 路径 ，在弹出的列表中选择“路径”，在图像的右上方绘制一个闭合路径，如图 3-13 所示。

图 3–11 提高图像亮度

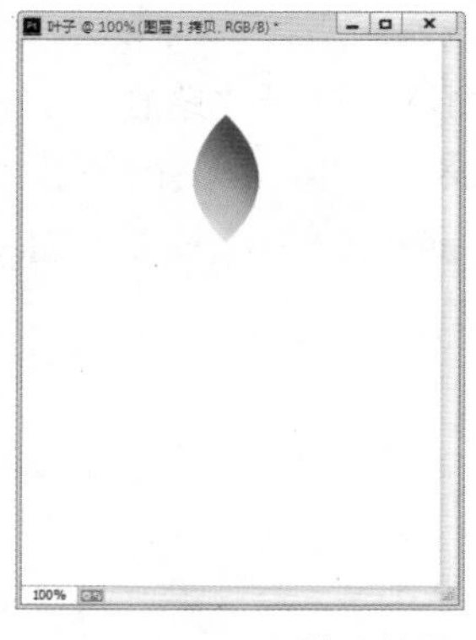

图 3–12 图层样式效果

图 3–13 绘制闭合路径

（10）按“Ctrl+Enter”快捷键，将路径转换为选区，如图 3-14 所示。按“Shift+F6”快捷键，打开“羽化选区”对话框，设置“羽化半径”为 3 像素，如图 3-15 所示，单击“确定”

按钮，羽化选区，效果如图 3-16 所示。

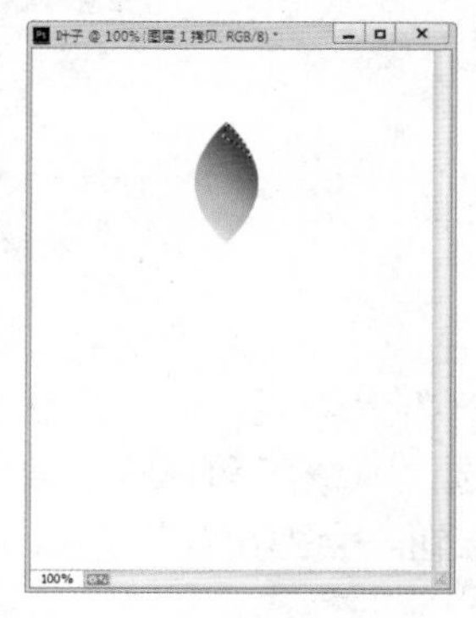

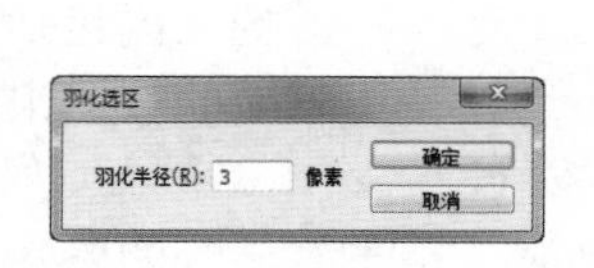

图 3-14 路径转换为选区　图 3-15 “羽化选区”对话框　图 3-16 羽化选区效果

（11）单击“图层”面板下方的“创建新图层”按钮，新建“图层 2”图层，为选区填充淡黄色，按“Ctrl+D”快捷键取消选区，效果如图 3-17 所示。

（12）设置“图层 2”图层的混合模式为“叠加”，“不透明度”为 30%，效果如图 3-18 所示，此时“图层”面板如图 3-19 所示。

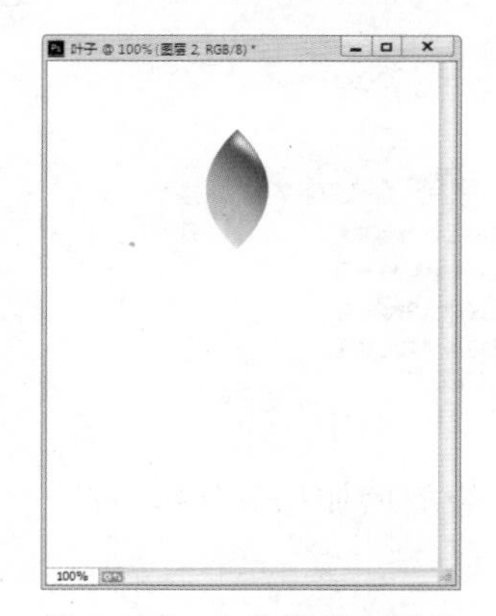

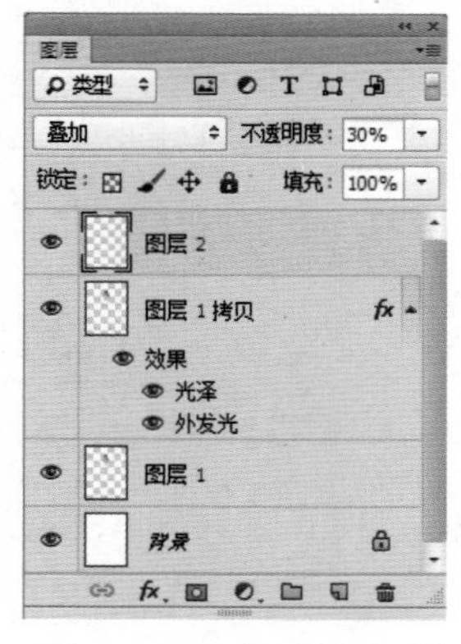

图 3-17 为选区填充颜色　图 3-18 图层效果　图 3-19 “图层”面板

知识百宝箱

1. 路径

“路径”是指用户勾绘出来的，由一系列点连接起来的线段或曲线。可以沿着这些线段或曲线填充颜色，或者描边，从而绘制出图像。路径功能是 Photoshop 矢量设计功能的充分体现，此外，路径还可以转换成选取范围。

2. 钢笔工具

“钢笔工具”按钮是建立路径的基本工具，使用该工具可创建直线路径和曲线路径。在绘制路径线条时，可以配合该工具的工具选项栏进行操作。选中“钢笔工具”后，选项栏上将显示有关该工具的选项，如图 3-20 所示。

图 3-20 “钢笔工具”选项栏

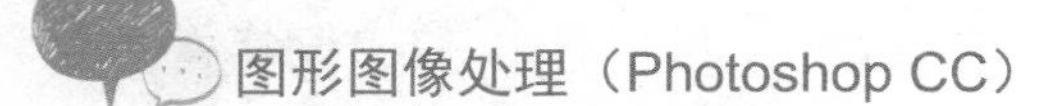

（1）选择工具模式，用于设置钢笔工具的工作模式。单击将弹出列表，如图 3-21 所示。

图 3-21　工具模式列表

若选择“形状”创建路径时，会在绘制出路径的同时，建立一个形状图层，即路径内的区域将被填入前景色。

若选择“路径”创建路径时，只能绘制出工作路径，而不会同时创建一个形状图层。

若选择“像素”创建路径，则直接在路径内的区域填入前景色。

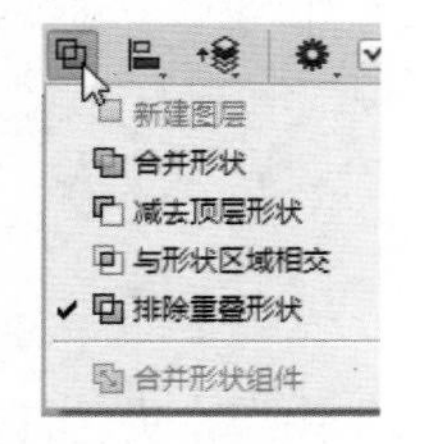

图 3-22　路径操作下拉列表

（2）建立：该选项区包括“选区”、“蒙版”和“形状”3 个按钮，通过使用对应的按钮来创建选区、蒙版和形状。

（3）路径操作按钮：单击该按钮，会弹出如图 3-22 所示的下拉列表，用于对绘制的路径进行相应的操作。

（4）路径对齐方式按钮：单击该按钮，会弹出如图 3-23 所示的下拉列表，用于选择相应的选项对齐所绘制的路径。

（5）路径排列方式按钮：单击该按钮，会弹出如图 3-24 所示的下拉列表，用于排列所绘制的路径。

图 3-23　路径对齐方式下拉列表　　图 3-24　路径排列方式下拉列表

（6）自动添加/删除：勾选该复选框，则钢笔工具就具有了智能增加和删除锚点的功能。

小技巧

确定锚点的位置时，如果按住“Shift”键，则可按 45° 角水平或垂直的方向绘制路径。

3. “钢笔工具”的使用

在曲线改变方向的位置添加一个锚点，然后拖动构成曲线形状的方向线。方向线的长度和斜度决定了曲线的形状。

（1）拖动曲线中的第 1 个点，如图 3-25 所示。

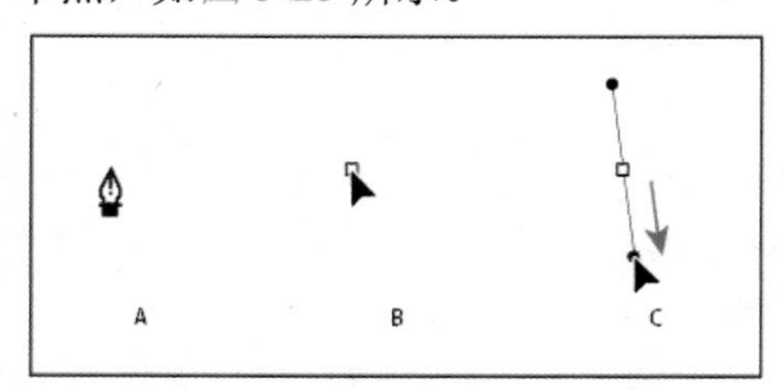

A. 定位“钢笔”工具；B. 开始拖动（鼠标按钮按下）；C. 拖动以延长方向线

图 3-25　绘制曲线中的第一个点

（2）绘制曲线中的第 2 个点，若要创建 C 形曲线，请向前一条方向线的相反方向拖动。若要创建 S 形曲线，请按照与前一条方向线相同的方向拖动，如图 3-26 所示。

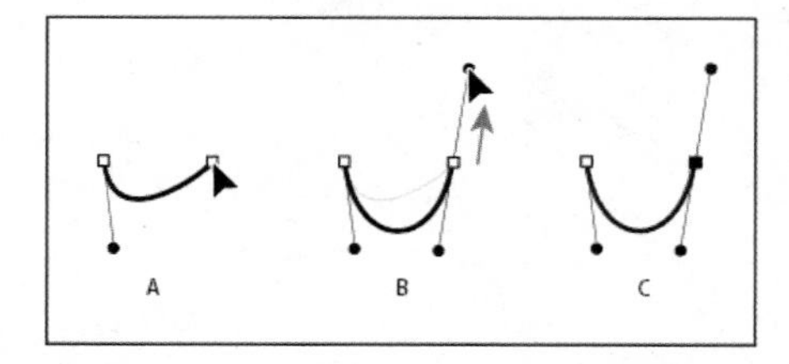

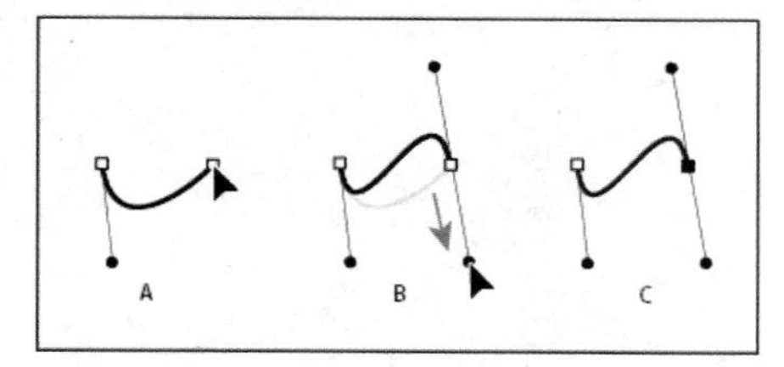

图 3–26　绘制曲线中的第 2 个点

（3）绘制 M 形曲线。在定义好第 2 个锚点后，不用到工具栏切换工具，将鼠标移动到第 2 个方向线手柄上，按住“Alt”键即可暂时切换到“转换点工具”按钮进行调整；而按住“Ctrl”键将暂时切换到“直接选择工具”按钮，可以用来移动锚点位置，松开“Alt”或“Ctrl”键立即恢复成“钢笔工具”按钮，可以继续绘制，如图 3-27 所示。

（4）绘制心形图形。绘制完后按住“Ctrl”键在路径外任意位置单击，即可完成绘制。如果没有先按住“Alt”键就连接起点，将无法单独调整方向线，此时再按下“Alt”键可单独调整，如图 3-28 所示。

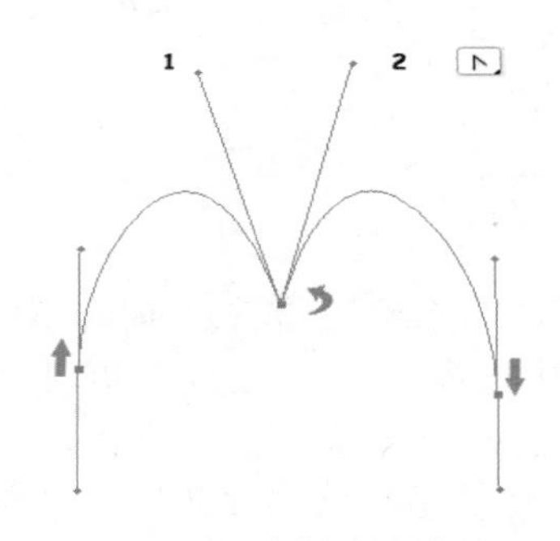

图 3–27　绘制 M 形曲线

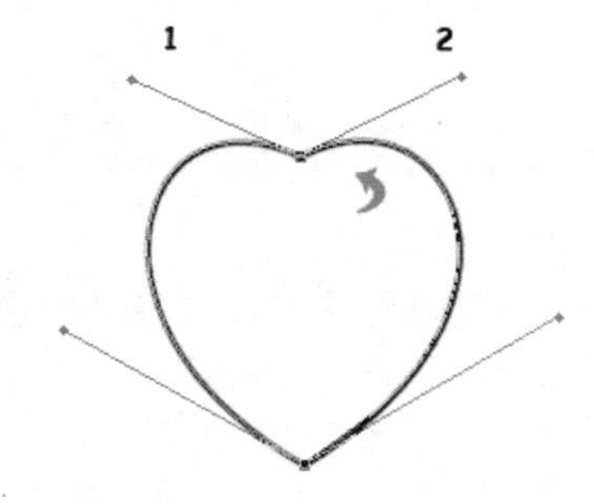

图 3–28　绘制心形图形

（5）增加锚点或者减少锚点。对于一条已经绘制完毕的路径，有时候需要在其上追加锚点（也有可能是在中途意外终止绘制）或是减少锚点。首先应将路径显示出来，可从“路径”面板查找并单击路径，然后可以在原路径上增加或是减少锚点。

任务 2　制作六叶草

（1）分别复制“图层 1 复制”和“图层 2”图层，并合并复制的图层，重命名为“叶草 1”，“图层”面板如图 3-29 所示。

（2）复制“叶草 1”图层，得到“叶草 1 复制”图层，执行“编辑”→“自由变换”命令，调出变换控制框，将中心控制点移至正下方合适的位置作为旋转中心，如图 3-30 所示。

（3）在工具选项栏上设置“旋转”为 60 度，此时图像随之进行相应角度的旋转，如图 3-31 所示，单击工具选项栏的“提交变换”按钮，确认图像旋转结果，效果如图 3-32 所示。

（4）连续按“Ctrl+Shift+Alt+T”快捷键 4 次，将上述旋转图像复制 4 次，制作出六叶草图案，效果如图 3-33 所示。

图 3-29 “图层”面板

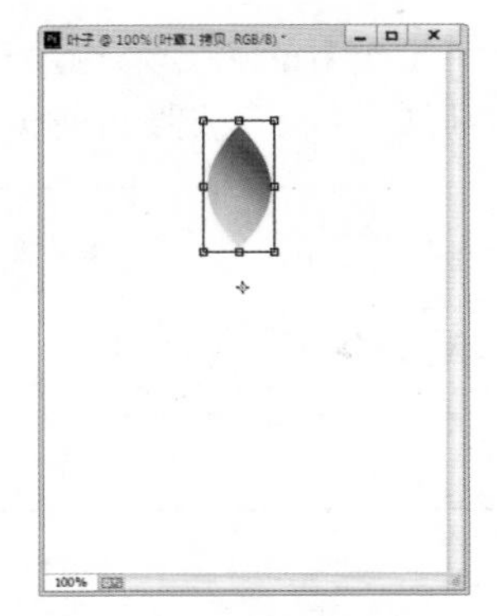

图 3-30 调整中心控制点

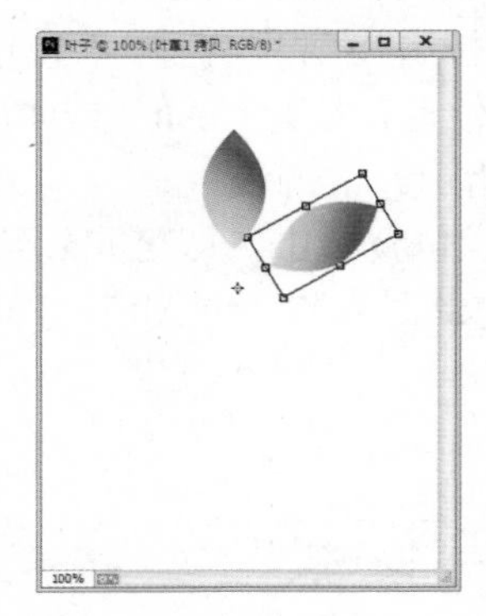

图 3-31 旋转图像

图 3-32 旋转效果

图 3-33 六叶草图案

（5）新建“图层 3”图层，选择“自定义形状工具”按钮，单击工具选项栏的选择工具模式按钮 路径 右侧的三角形按钮，在弹出的列表中选择“路径”选项，单击“形状”选项的下拉按钮形状：，在弹出的“自定形状拾色器”中选择靶心，如图 3-34 所示。

（6）在图像中间绘制靶心路径，按“Ctrl+Enter”快捷键，将路径转换为选区，为选区填充 RGB（7，108，23），效果如图 3-35 所示。

图 3-34 “自定形状”拾色器

图 3-35 绘制靶心图案效果

知识百宝箱

自定形状工具

“自定形状工具”按钮可以用来绘制 Photoshop 预设的路径或形状图层。单击“形状”

选项右侧的下拉按钮，将打开预设的“自定形状”拾色器，如图 3-36 所示。

在面板中选取所需要的图形，然后在画布中拖曳鼠标，即可绘制相应的图形。单击该面板右侧的按钮，将弹出下拉菜单，在此可以设置、选择或添加所需的形状。

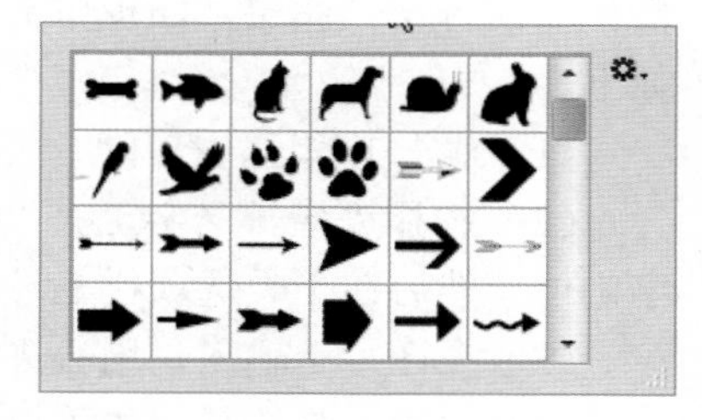

图 3-36 “自定形状”拾色器

任务 3 制作文字效果

（1）选择“横排文字工具”按钮，在工具选项栏设置“字体”为长城广告体，18 点，黑色，在图像编辑窗口的下方单击并拖曳，绘制一个虚线的文本框，如图 3-37 所示。

（2）在光标闪烁处输入“六叶草文化传媒”，按“Enter”键换行，设置“大小”为 10 点，输入“LIUYECAOWENHUACHUANMEI”，单击工具选项栏的“提交所有当前编辑”按钮，完成文字输入，如图 3-38 所示。

（3）单击工具选项栏“切换字符与段落面板”按钮，在弹出的“段落”面板中单击“居中对齐文本”按钮，将文字居中对齐，效果如图 3-39 所示，至此，公司 Logo 设计制作完成。

图 3-37 绘制文本框

图 3-38 输入文字

图 3-39 文字居中效果

（4）执行“文件”→“存储为”命令，将图像文件以“企业 Logo.psd”为文件名重新进行保存。

知识百宝箱

一、文字工具

Photoshop 中的“文字工具”包括“横排文字工具”按钮、“直排文字工具”按钮、“横排文字蒙版工具”按钮和“直排文字蒙版工具”按钮4 种。默认情况下，“文字工具”使用的是“横排文字工具”。

1. 横排文字工具

“横排文字工具”按钮可以向图像创建横向格式的文字。在画布中单击，就可以输入文字，当文字输入完后，得到横向排列的文本，单击“横排文字工具”选项栏右侧的按钮完成

操作，同时在“图层”面板中会产生一个文字图层。具体操作如下。

（1）双击工作区，打开如图 3-40 所示的“心.jpg”素材图片。

（2）选择“横排文字工具”T，在素材图片中单击进行文字定位，然后在工具选项栏上设置如图 3-41 所示的参数。

（3）在图片上输入“用心去聆听”，如图 3-42 所示。

（4）单击工具选项栏的“提交所有当前编辑”按钮✔进行确认，此时“图层”面板如图 3-43 所示，效果如图 3-44 所示。

图 3-40　打开“心”图片

图 3-41　文字工具选项栏参数设置

图 3-42　输入文字

图 3-43　“图层”面板

图 3-44　文字效果

2. 直排文字工具

“直排文字工具”按钮IT可以向图像创建垂直格式的文字。其创建方法及参数设置方法与横排文字的方法相同，只是得到的文本是竖向排列的。

二、文字的输入

1. 输入段落文字

段落文字是一种以段落文字定界框来确定文字的位置与换行情况的文字，当用户改变段落文字定界框时，定界框中的文字会根据定界框的位置自动换行。具体操作如下。

（1）双击工作区，打开如图 3-45 所示的素材图片“吻.psd”。选择“横排文字工具”按钮T，在图片右上方拖曳出虚线文本框，文本框四周有 8 个控制柄，虚线矩形框内有一个中心标记，如图 3-46 所示。

图 3-45　打开“吻”素材图片

图 3-46　拖曳出文本框

（2）在工具选项栏设置字体为楷体，字号为 30 点，颜色为白色，输入段落文本“那些未曾说出的想念，多么希望这种感觉，闭上双眼瞬间凝结，冷藏保鲜没有期限，只愿到下一个世纪再溶解。有种感动记忆都是关于你，这种爱不可代替。”，如图 3-47 所示。

（3）单击工具选项栏的“提交所有当前编辑”按钮，结束文本的输入。

（4）单击工具选项栏“切换字符与段落面板”按钮，在打开的“字符”面板中设置字体大小为 36，行距为 48。在“段落”面板中设置首行缩进为 66 点，效果如图 3-48 所示。

图 3-47 输入文本

图 3-48 文本效果

2. 输入选区文字

在一些广告图片上经常会看到特殊排列的文字，既新颖又实现了好的视觉效果。具体操作如下。

（1）双击工作区，打开如图 3-49 所示的素材图片“蛋.psd”。选择“横排文字蒙版工具”按钮，将鼠标指针移至图像编辑窗口中合适的位置，单击确认文本输入点，此时，图像背景呈淡红色显示，如图 3-50 所示。

图 3-49 打开“蛋”素材图片

图 3-50 确认文本输入点

（2）在工具选项栏中设置字体为长城广告体，字体大小为 30 点，在文本输入点处输入“秘密的永恒的爱”，此时输入的文字是实体显示，如图 3-51 所示。按“Ctrl+Enter”快捷键确认输入，即可创建文字选区，如图 3-52 所示。

图 3-51 输入文字

图 3-52 创建文字选区

（3）单击“图层”面板的“创建新图层”按钮，新建“图层 1”图层，执行“编辑”→

“填充”命令，打开“填充”对话框，如图 3-53 所示，为选区填充黄色，按“Ctrl+D”快捷键取消选区，效果如图 3-54 所示。

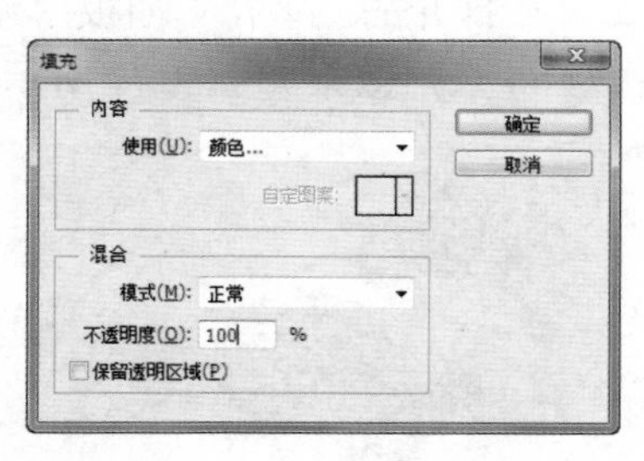

图 3–53 “填充”对话框

图 3–54 文字效果

牛刀小试——制作特效字

一幅好的平面设计作品，文字设计占据着重要的位置，它包括流畅简洁的语言、独具风格的造型，以赋予作品视觉上的美感。图文制作部也常常接到制作特效文字的工作，常用于广告、门头、标识牌上的使用。

操作步骤 START

（1）执行“文件”→“打开”命令，打开 “背景.jpg”素材图片，如图 3-55 所示。

（2）选择“横排文字工具”按钮T，单击图像编辑窗口合适的位置，在工具选项栏设置字体为方正隶书简体，字体大小为 200 点，字体颜色为蓝色，输入文字“水晶之恋”，如图 3-56 所示。

（3）单击工具选项栏的“提交当前所有编辑”按钮✔，确定输入，选择“移动工具”，根据需要适当地调整文字的位置，如图 3-57 所示。

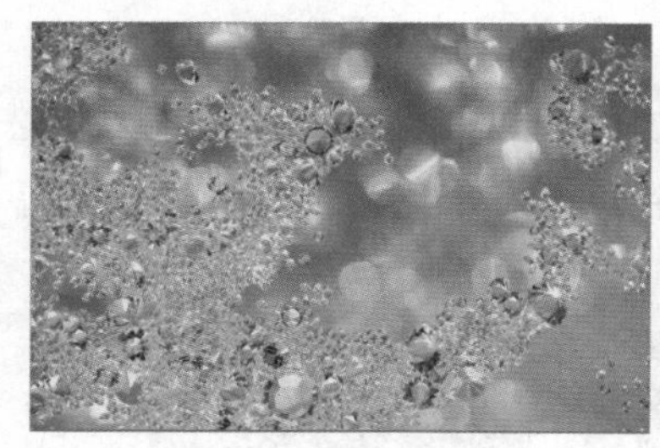
图 3–55 打开“背景”图片

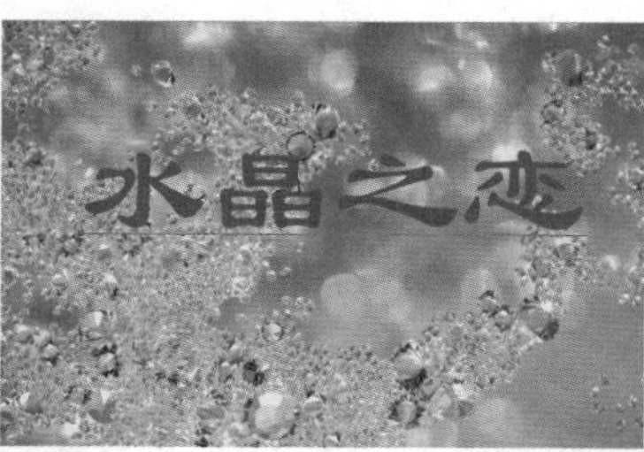

图 3–56 输入文字

图 3–57 调整文字位置

（4）单击“图层”面板底部的“添加图层样式”按钮fx，在弹出的列表中选择“投影”选项，打开“图层样式”对话框，设置“不透明度”为 30%，“距离”为 5 像素，“大小”为 20 像素，如图 3-58 所示。

（5）勾选“内发光”复选框，设置“不透明度”为 80%，“大小”为 32 像素，发光颜色为 RGB（4，45，199），如图 3-59 所示。

（6）勾选“斜面和浮雕”复选框，单击“光泽等高线”图标，弹出“等高线编辑器”对话框，在“映射”列表框中添加 9 个节点，设置“输入”和“输出”分别为 0、36；16、13；25、45；38、6；51、44；54、71；78、81；85、98；100、100，如图 3-60 所示。

（7）单击“确定”按钮，返回“图层样式”对话框，设置“大小”为 16 像素，“软化”为 2 像素，角度为 120 度，阴影模式为 RGB（0，15，124），如图 3-61 所示。

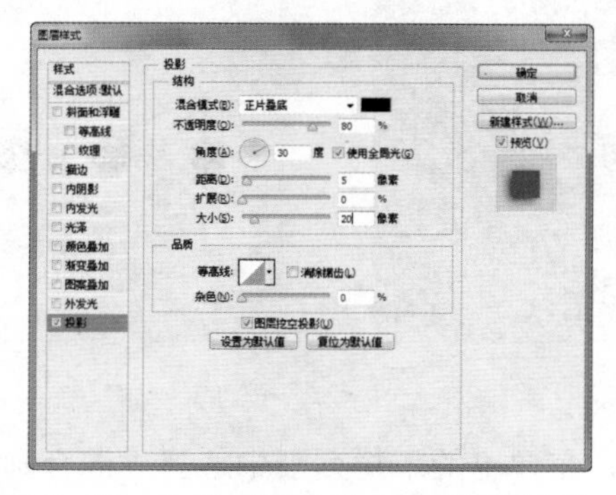

图 3–58　设置“图层样式”对话框参数

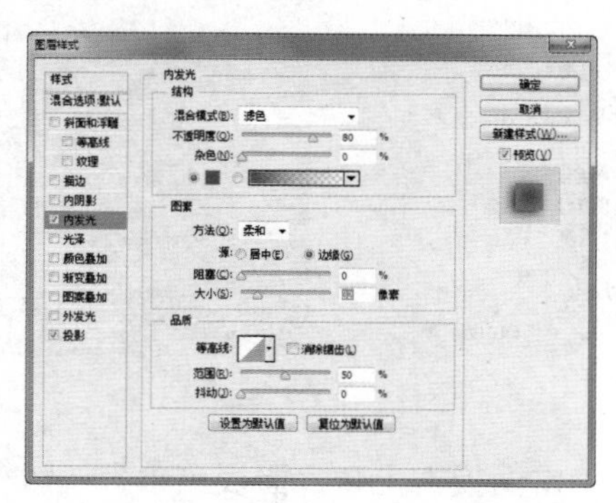

图 3–59　设置“内发光”样式

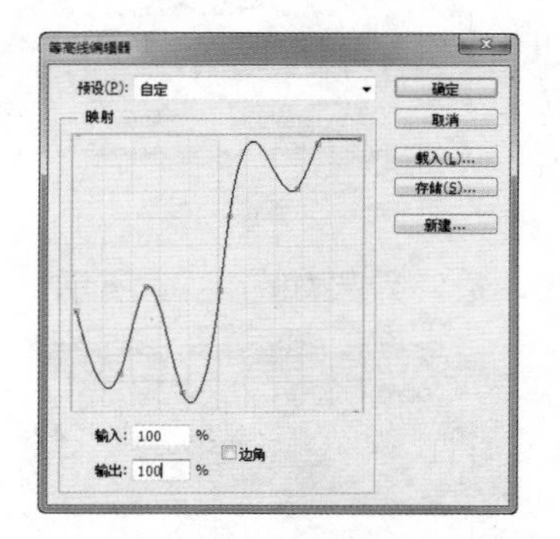

图 3–60　“等高线编辑器”对话框

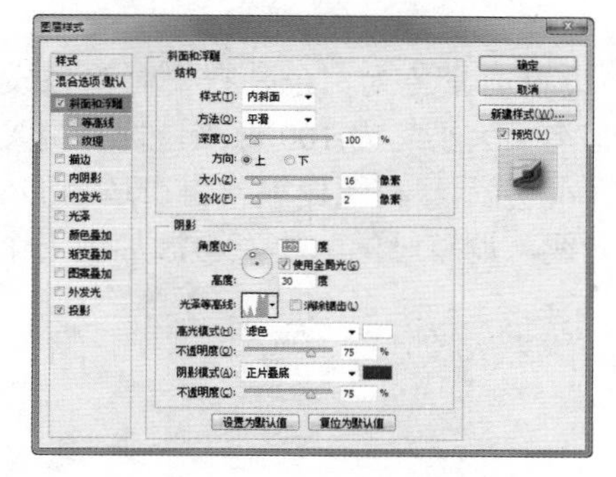

图 3–61　设置“斜面和浮雕”样式

（8）勾选“等高线”复选框，进行等高线设置。单击“点按可打开‘等高线’拾色器”按钮，打开“等高线”拾色器，选择“锥形-反转”选项，如图 3-62 所示。

（9）勾选“颜色叠加”复选框，设置混合模式为 RGB（0，150，255），如图 3-63 所示。

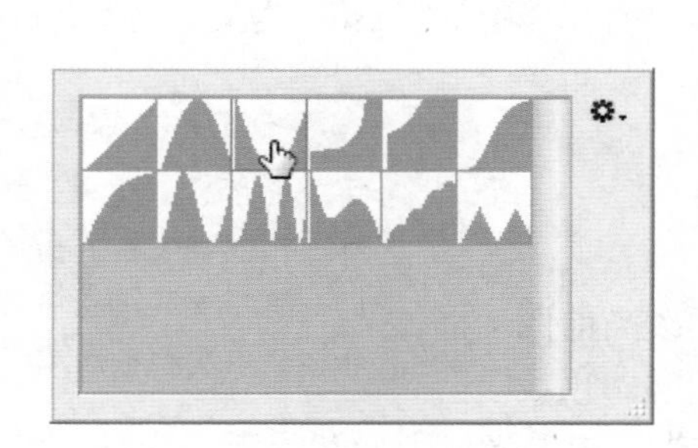

图 3–62　“等高线”拾色器

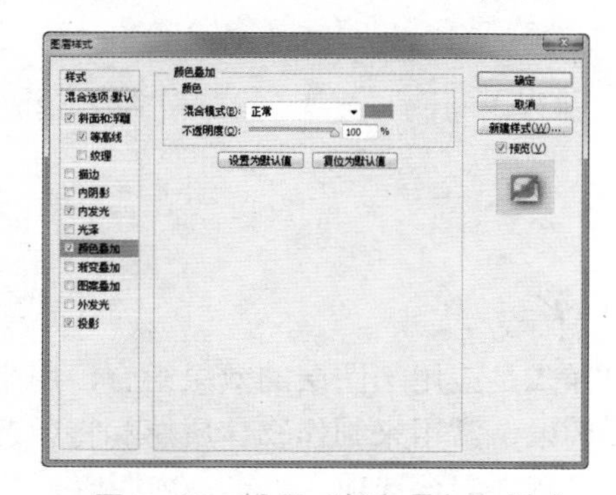

图 3–63　设置“颜色叠加”样式

（10）单击“确定”按钮，即可为文字添加各种图层样式，此时“图层”面板如图 3-64 所示，效果如图 3-65 所示。

（11）单击“图层”面板下边的“创建新图层”按钮，新建“图层 1”，选择“画笔工具”

按钮，在工具选项栏单击“点按可打开‘画笔预设’选取器”按钮，打开“画笔预设”选取器，如图 3-66 所示。

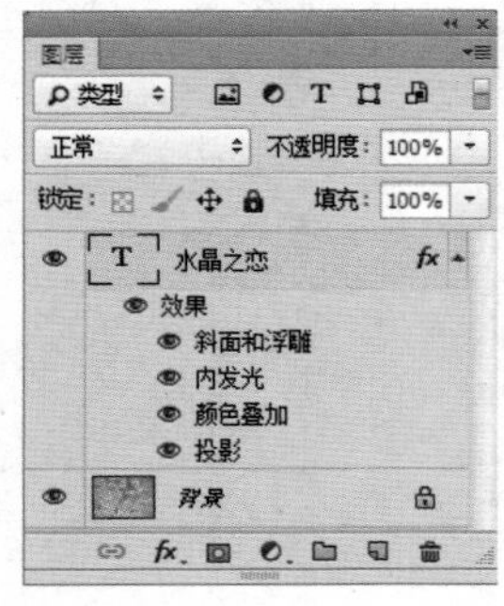

图 3-64 “图层”面板

图 3-65 添加图层样式效果

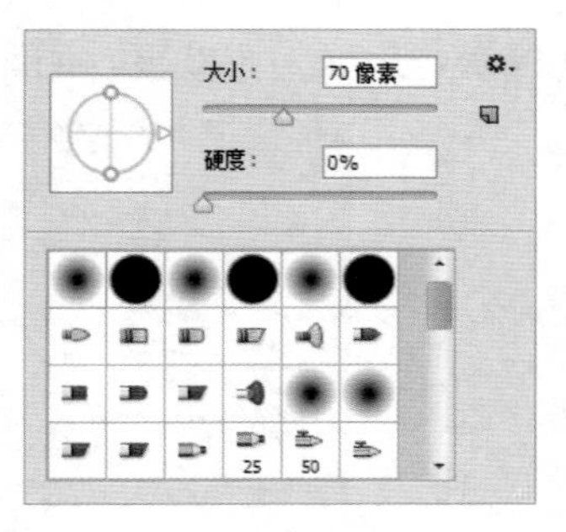

图 3-66 “画笔预设”选取器

（12）单击面板右上角“面板菜单”按钮，在弹出的下拉列表中选择“混合画笔”选项，弹出如图 3-67 所示的提示框，单击“确定”按钮，添加混合画笔。

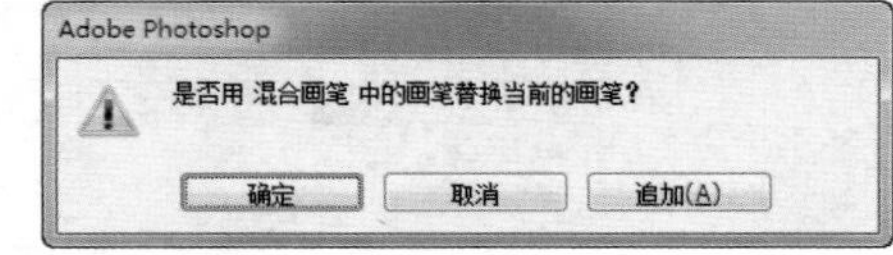

图 3-67 提示框

（13）设置前景色为白色，在“画笔预设”选取器中，设置画笔“大小”为 100 像素，选择交叉排线 4 画笔，如图 3-68 所示，在图像编辑窗口适当的位置单击，添加反射光线，调整画笔大小，再添加若干个反射光线，最终效果如图 3-69 所示。

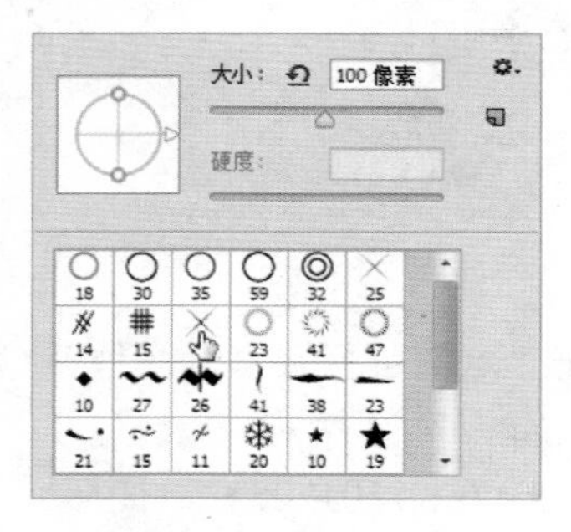

图 3-68 设置画笔参数

图 3-69 文字最终效果

（14）执行“文件”→“存储为”命令，将图像文件以“特效字.psd”为文件名重新进行保存。

知识百宝箱

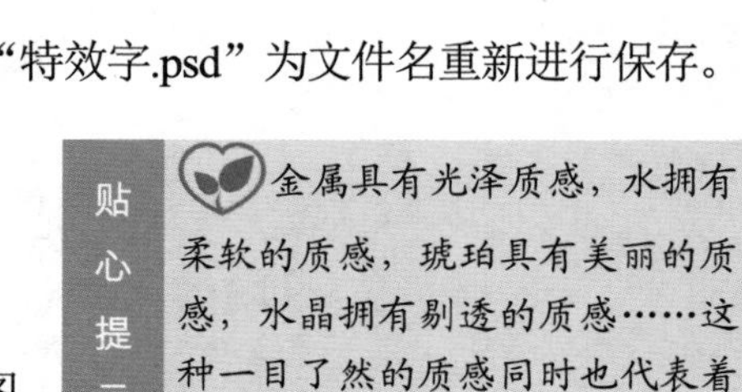

贴心提示

金属具有光泽质感，水拥有柔软的质感，琥珀具有美丽的质感，水晶拥有剔透的质感……这种一目了然的质感同时也代表着物体的本质和特性。

图层样式

图层样式是应用于图层的效果组合，用来更改当前图层的外观效果，常用来制作物体质感和特效艺术字。预设的图层样式有：混合选项、投影、内阴影、外发光、内发光、斜面和浮雕、光泽、颜色叠加、渐变叠加、图案叠加、描边。

在“图层”面板中单击下方的“添加图层样式”按钮，在弹出的列表中选择添加的样式，如图 3-70 所示；或双击图层，打开如图 3-71 所示的“图层样式”对话框，可以设置图层样式。

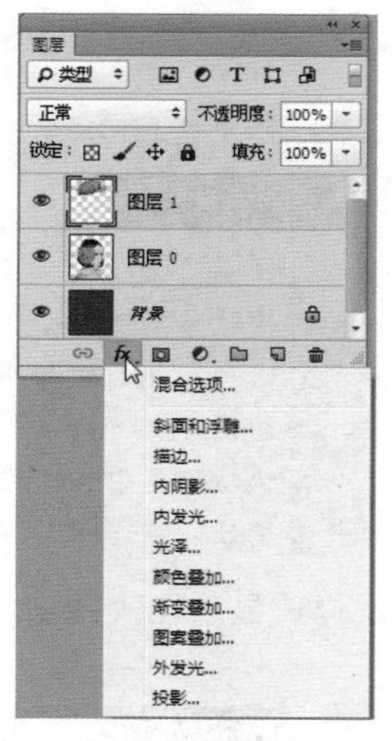

图 3-70　图层样式列表

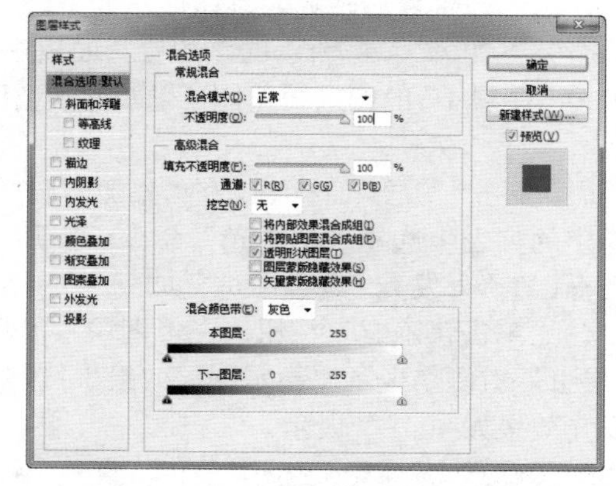

图 3-71　“图层样式”对话框

1. “投影”图层样式

“投影”图层样式是根据图像的边线应用阴影效果，设置类似漂浮在图像上的立体效果。为图层设置“投影”样式后，可根据设置参数的大小来表现不同风格的视觉效果。具体操作如下。

（1）在如图 3-70 所示的“图层”面板中，按“Ctrl”键单击“图层 0”的图层缩览图，载入人物选区，如图 3-72 所示。

图 3-72　载入人物选区

（2）单击“图层”面板下方的“添加图层样式”按钮 fx，在弹出的列表中选择“投影”命令，打开“图层样式”对话框，在“投影”选项中进行如图 3-73 所示参数设置。

（3）单击“确定”按钮，在“图层”面板中可以看到“图层 0”右侧出现了“指示图层效果”按钮 fx，添加的图层样式显示在“图层 0”的下方，如图 3-74 所示，效果如图 3-75 所示。

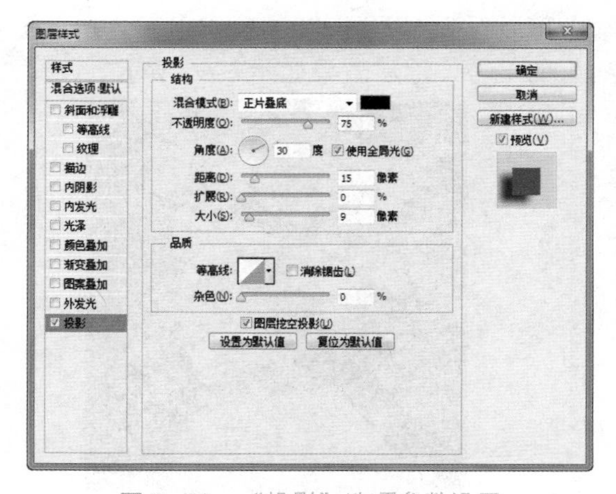

图 3-73　“投影”选项参数设置

图 3-74　添加了样式的“图层”面板

图 3-75　投影样式效果

2. “外发光”图层样式

“外发光”图层样式可以为图像边缘添加朦胧发光效果，使图像产生梦幻感觉。具体操作如下。

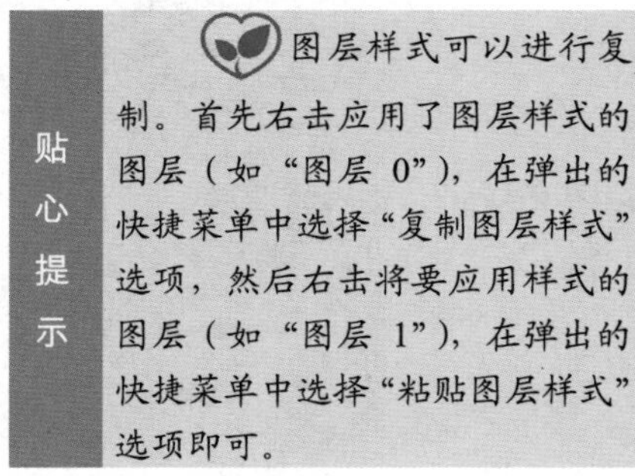
贴心提示

图层样式可以进行复制。首先右击应用了图层样式的图层（如“图层 0”），在弹出的快捷菜单中选择“复制图层样式”选项，然后右击将要应用样式的图层（如“图层 1”），在弹出的快捷菜单中选择“粘贴图层样式”选项即可。

（1）在如图 3-70 所示的“图层”面板中，按“Ctrl”键单击“图层 1”的图层缩览图，载入帽子选区，如图 3-76 所示。

（2）单击“图层”面板下方的“添加图层样式”按钮fx，在弹出的列表中选择“外发光”命令，打开“图层样式”对话框，在“外发光”选项中进行如图 3-77 所示参数设置。

（3）单击“确定”按钮，在“图层”面板中可以看到“图层 1”右侧出现了“指示图层效果”按钮fx，添加的图层样式显示在“图层 1”的下方，外发光效果如图 3-78 所示。

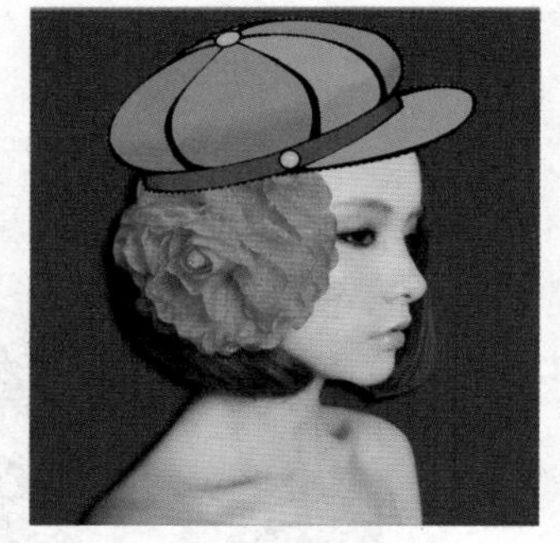
图 3–76　载入帽子选区

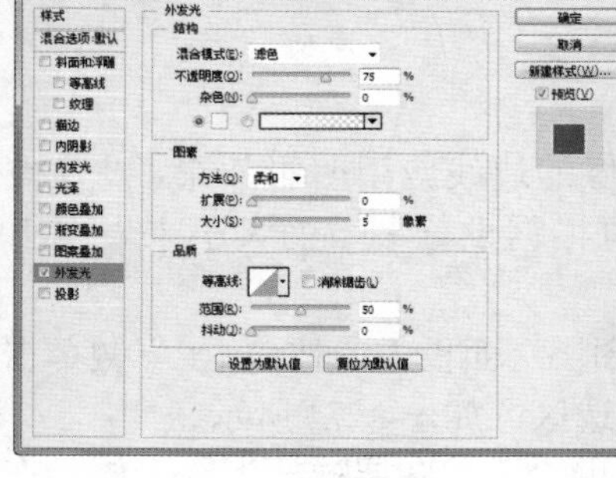
图 3–77　设置“外发光”选项参数

图 3–78　外发光样式效果

3. “斜面和浮雕”图层样式

“斜面和浮雕”图层样式可以为图像添加类似浮雕的立体效果，选择不同的浮雕样式将会产生不同的风格效果。具体操作如下。

（1）在如图 4-70 所示的“图层”面板中，按“Ctrl”键单击“图层 1”的图层缩览图，载入帽子选区，如图 3-76 所示。

（2）单击“图层”面板下方的“添加图层样式”按钮fx，在弹出的列表中选择“斜面和浮雕”命令，打开“图层样式”对话框，在“斜面和浮雕”选项中进行如图 3-79 所示参数设置。

（3）单击“确定”按钮，在“图层”面板中可以看到“图层 1”右侧出现了“指示图层效果”按钮fx，添加的图层样式显示在“图层 1”的下方，浮雕效果如图 3-80 所示。

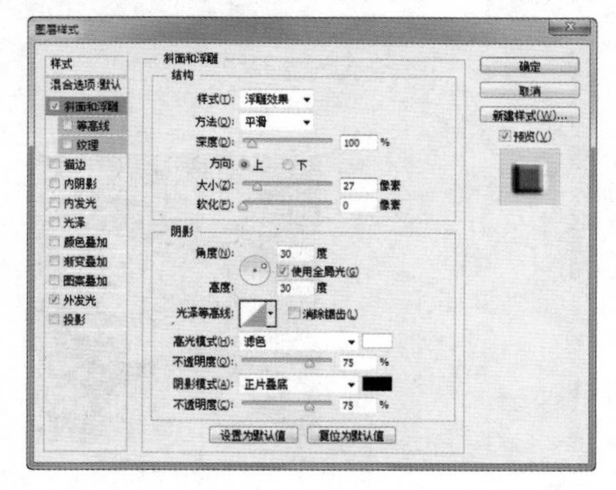
图 3–79　设置“斜面和浮雕”选项参数

图 3–80　浮雕效果

4. “渐变叠加”图层样式

“渐变叠加”图层样式可以为图像添加多彩的颜色效果，让普通的图像具有艺术效果。具体操作如下。

（1）双击工作区，打开如图 3-81 所示的“背景.jpg”素材图片。按“Ctrl+J”快捷键复制背景图像生成“图层 1”，“图层”面板如图 3-82 所示。

图 3-81 打开“背景”图片

图 3-82 “图层”面板

（2）单击“图层”面板下方的“添加图层样式”按钮 fx，在弹出的列表中选择“渐变叠加”命令，打开“图层样式”对话框，在“渐变叠加”选项中进行如图 3-83 所示参数设置。

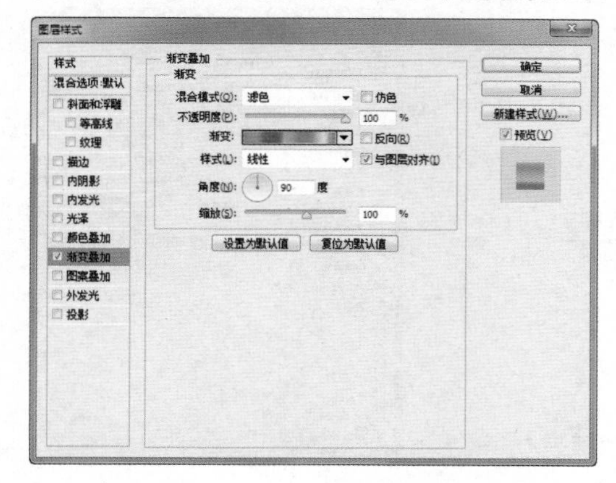

图 3-83 “渐变叠加”选项参数设置

（3）单击“确定”按钮，在“图层”面板中可以看到“图层 1”右侧出现了“指示图层效果”按钮 fx，添加的图层样式显示在“图层 1”的下方，如图 3-84 所示，渐变叠加效果如图 3-85 所示。

图 3-84 添加的图层样式

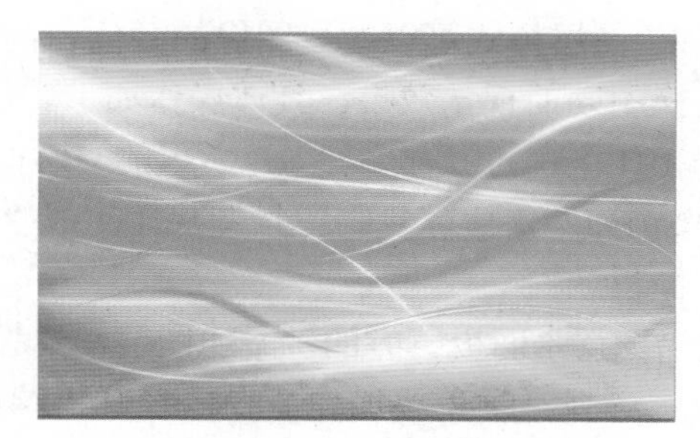

图 3-85 渐变叠加样式效果

5. “光泽”图层样式

“光泽”图层样式可以为图像添加光泽感，使图像效果更真实。具体操作如下。

（1）双击工作区，打开如图 3-86 所示的“紫花.jpg”素材图片。

（2）使用“魔棒工具”单击白色背景区域，制作白色选区，执行“选择”→“反向”命令，制作花朵选区，如图 3-87 所示。

图 3-86　打开“紫花”图片

图 3-87　制作花朵选区

（3）按“Ctrl+J”快捷键复制选区的花朵，生成“图层 1”，此时“图层”面板如图 3-88 所示。

（4）单击“图层”面板下方的“添加图层样式”按钮，在弹出的列表中选择“光泽”命令，打开“图层样式”对话框，在“光泽”选项中进行如图 3-89 所示参数设置。

图 3-88　“图层”面板

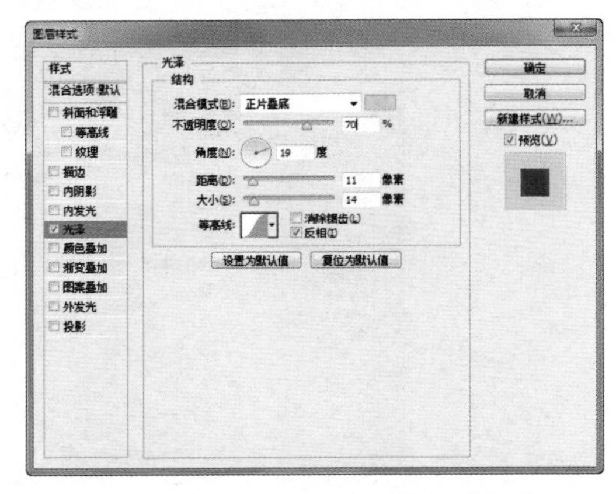

图 3-89　设置“光泽”选项参数

（5）单击“确定”按钮，在“图层”面板中可以看到“图层 1”右侧出现了“指示图层效果”按钮，添加的图层样式显示在“图层 1”的下方，光泽样式效果如图 3-90 所示。

6. “颜色叠加”图层样式

“颜色叠加”图层样式可以改变图像的颜色和色调，使图像根据需求变换不同的视觉效果。具体操作如下。

（1）双击工作区，打开如图 3-91 所示的“时尚.jpg”素材图片。按“Ctrl+J”快捷键复制背景图片，生成“图层 1”，此时“图层”面板如图 3-92 所示。

（2）单击“图层”面板下方的“添加图层样式”按钮，在弹出的列表中选择“颜色叠加”命令，打开“图层样式”对话框，在“颜色叠加”选项中进行如图 3-93 所示参数设置。

图 3-90　光泽样式效果

（3）单击“确定”按钮，在“图层”面板中可以看到“图层 1”右侧出现了“指示图层效果”按钮，添加的图层样式显示在“图层 1”的下方，颜色叠加效果如图 3-94 所示，图片被添加了红色调，有种印象派的感觉。

图 3-91　打开“时尚”图片

图 3-92　“图层”面板

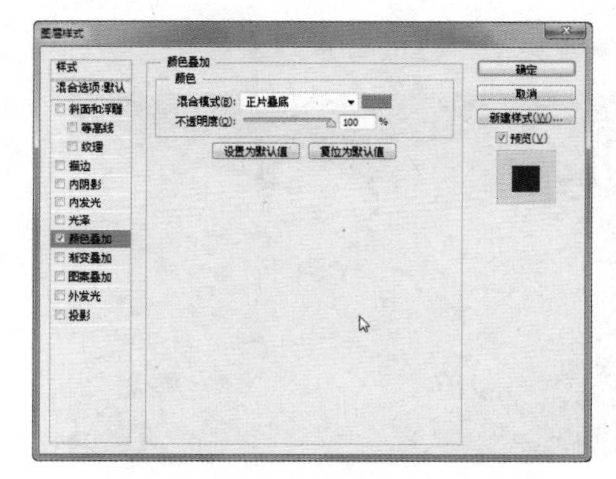

图 3-93　设置“颜色叠加”选项参数

图 3-94　颜色叠加效果

7. “图案叠加”图层样式

“图案叠加”图层样式可以快速为图像叠加不同的图案效果，叠加的图案可以是 Photoshop 自带的，也可以是用户自定义的。具体操作如下。

（1）双击工作区，打开如图 3-95 所示的“美丽.jpg”素材图片。使用“魔棒工具”按钮单击米色背景，生成背景选区，如图 3-96 所示。

图 3-95　打开“美丽”图片

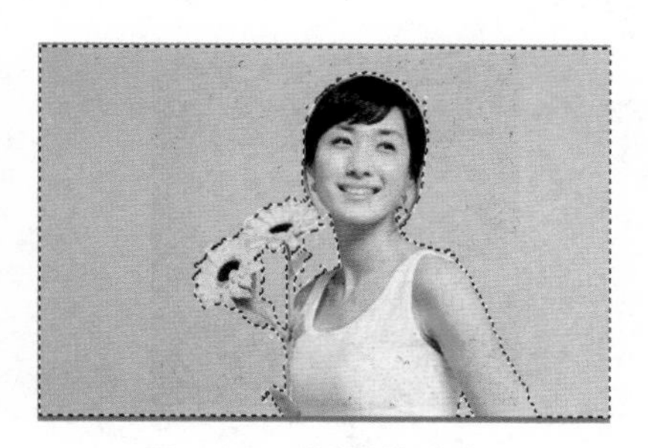

图 3-96　制作背景选区

（2）按“Ctrl+J”快捷键复制选区内容，生成“图层 1”，此时“图层”面板如图 3-97 所示。

（3）单击“图层”面板下方的“添加图层样式”按钮，在弹出的列表中选择“图案叠加”命令，打开“图层样式”对话框，在“图案叠加”选项中进行如图 3-98 所示参数设置。

图 3-97 “图层”面板

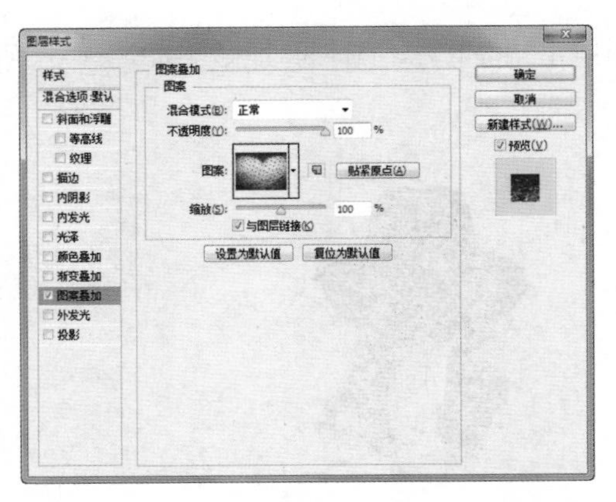

图 3-98 设置“图案叠加”选项参数

（4）单击“确定”按钮，在“图层”面板中可以看到“图层 1”右侧出现了“指示图层效果”按钮fx，添加的图层样式显示在“图层 1”的下方，如图 3-99 所示，图案叠加效果如图 3-100 所示，图片背景被添加了图案，产生了更加丰富的背景效果。

图 3-99 添加了图层样式的“图层”面板

图 3-100 图案叠加效果

8. “描边”图层样式

“描边”图层样式可以为图像边缘增加一层线条，通过设置不同的参数制作出风格迥异的描边效果。具体操作如下。

（1）双击工作区，打开如图 3-101 所示的“五彩花.jpg”素材图片。使用“魔棒工具”按钮单击花朵，生成花朵选区，如图 3-102 所示。

图 3-101 打开“五彩花”图片

图 3-102 制作花朵选区

（2）按“Ctrl+J”快捷键复制选区内容，生成“图层 1”，单击“图层”面板下方的“添加图层样式”按钮fx，在弹出的列表中选择“描边”命令，打开“图层样式”对话框，在“描边”选项中进行如图 3-103 所示参数设置。

（3）单击“确定”按钮，在图层面板中可以看到“图层 1”右侧出现了“指示图层效果”按钮fx，添加的图层样式显示在“图层 1”的下方，描边效果如图 3-104 所示。

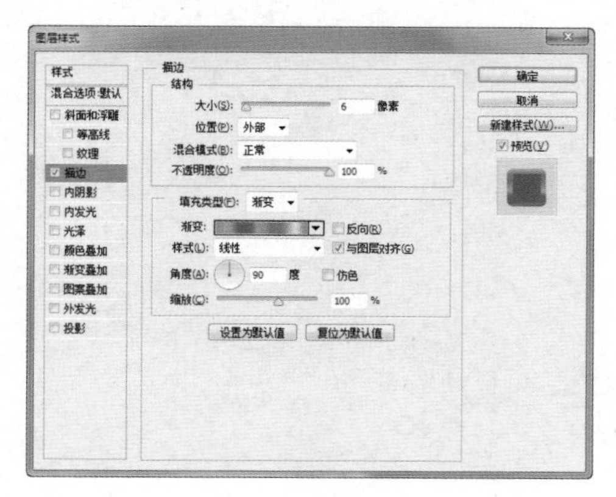

图 3–103　“描边”选项参数设置

图 3–104　描边效果

项目总结

本项目以 Logo 设计和特效文字设计为主线，介绍了 Photoshop 在企业标志方面和特殊文字方面的设计和制作。在这方面使用最多的是路径、图层样式及滤镜。在许多平面设计作品中，Logo 和特效字的作用不可忽视，它们往往起到画龙点睛的作用。

卡片设计

项目背景及要求

随着商品经济社会的发展，各类卡片广泛应用于商务活动中，这些卡片在自我展示、推销各类产品的同时还起着展示、宣传企业的作用。人们在遍布大街小巷的图文制作部就可以轻松制作名片和各种 VIP 卡片。现为上海六叶草文化传媒公司的员工设计制作名片，要求文字简明扼要、字体层次分明、信息传递明确、风格新颖独特。项目参考效果如图 3-105 所示。

图 3-105　员工名片参考效果

项目分析

首先，使用“圆角矩形工具”和“转换点工具”制作名片外形，然后添加名片元素完成名片背景的制作，最后利用“横排文字工具”输入文字方案。本项目可以分解为以下 3 个任务。

- 任务 1　制作名片外形；
- 任务 2　添加名片元素；
- 任务 3　输入文字方案。

START

任务 1　制作名片外形

（1）执行“文件”→“新建”命令，打开“新建”对话框，输入名称“名片”，设定“宽度”为 92 毫米，“高度”为 56 毫米，“分辨率”为 300 像素 / 英寸，“颜色模式”为 CMYK 颜色，“背景内容”为背景色，如图 3-106 所示。

（2）单击“确定”按钮，选择“圆角矩形工具”按钮，在工具选项栏中选择工具模式为“形状”，填充设置为白色，单击，在弹出的“创建圆角矩形”对话框中，设置“宽度”为 90 毫米，“高度”为 54 毫米，设置“半径”左上为 80 像素，右上为 0 像素，左下为 0 像素，右下为 80 像素，勾选“从中心”复选框，如图 3-107 所示。

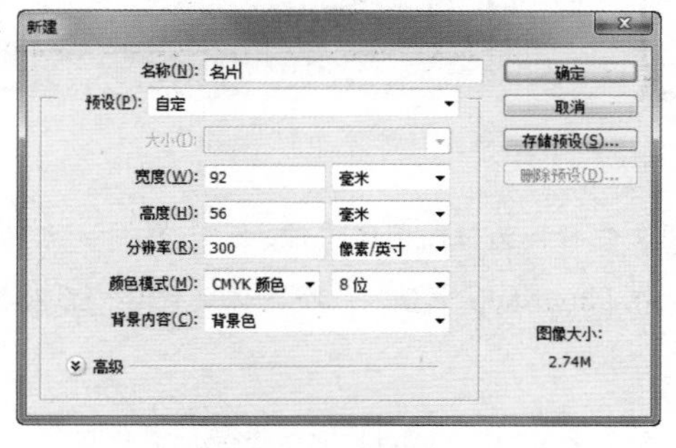

图 3–106　“新建”对话框

图 3–107　“创建圆角矩形”对话框

（3）单击“确定”按钮，即可绘制一个指定大小的圆角矩形，生成“圆角矩形 1”图层。使用“移动工具”按钮，将圆角矩形移至图像编辑窗口中心位置，效果如图 3-108 所示。

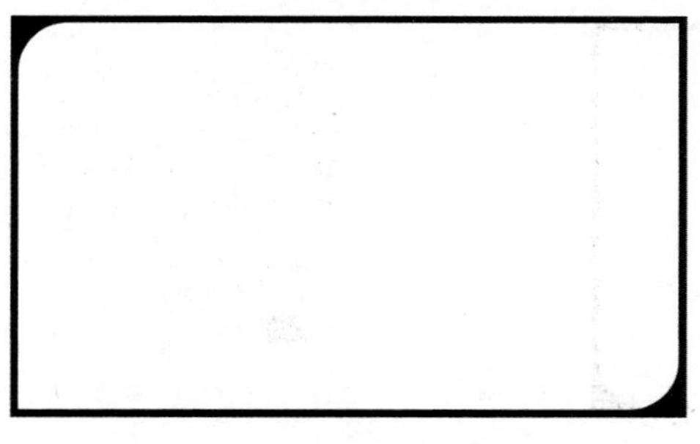

图 3–108　绘制圆角矩形

贴心提示　国内标准名片设计尺寸为 92 mm × 56 mm（四边各含 1mm 出血位，出血是指裁切修边留的余地），标准成品名片大小为 90 mm × 54 mm，这也是国内最常用的名片尺寸。

任务 2　添加名片元素

（1）执行“文件”→“置入”命令，打开“置入”对话框，选择需要置入的文件“花边.png”，如图 3-109 所示。

（2）单击“置入”按钮，将所选文件置于图像编辑窗口中，生成“花边”图层，如图 3-110 所示，效果如图 3-111 所示。

（3）根据需要，调整置入图像的大小、位置和旋转角度，调整效果如图 3-112 所示。

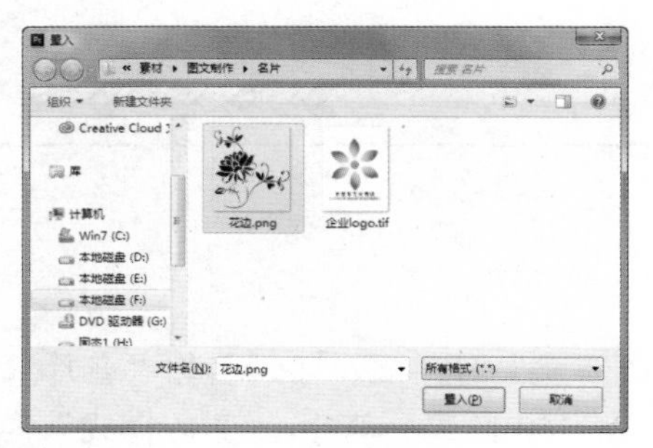

图 3-109 “置入”对话框

图 3-110 “花边”图层

图 3-111 置入图像效果

图 3-112 调整效果

贴心提示

“置入”命令主要用于将矢量图像文件转换为位图图像文件。另外，该命令也可以置入 EPS、AI、PDP 和 PDF 等格式的图像文件。在 Photoshop 中置入一个图像文件后，系统将自动创建一个新的图层且为智能对象。

（4）将鼠标指针指向图像编辑窗口，右击，在弹出的快捷菜单中选择“置入”命令，即可将图像置入并确认其变换效果，如图 3-113 所示。

（5）在“图层”面板中，将“花边”图层作为当前图层，右击，在弹出的快捷菜单中选择“栅格化图层”命令，将该矢量图层转换为普通图层，锁定该图层的透明像素，如图 3-114 所示。

图 3-113 置入调整的图像

图 3-114 锁定透明像素

（6）选择“渐变工具”按钮，单击工具选项栏的“线性渐变”按钮，再单击“点按可编辑渐变”按钮，打开“渐变编辑器”对话框，分别设置颜色依次为 RGB（245，245，180）、RGB（176，242，27）、RGB（218，247，60）和 RGB（0，102，10），如图 3-115 所示。

（7）单击“确定”按钮，使用“渐变工具”按钮由右上向左下画一条直线，线性渐变的图像，效果如图 3-116 所示。

（8）执行“图层”→“创建剪贴蒙版”命令，为图像创建剪贴蒙版，效果如图 3-117 所示。

（9）执行“文件”→“打开”命令，弹出“打开”对话框，将“企业 Logo”素材文件打开，如图 3-118 所示。

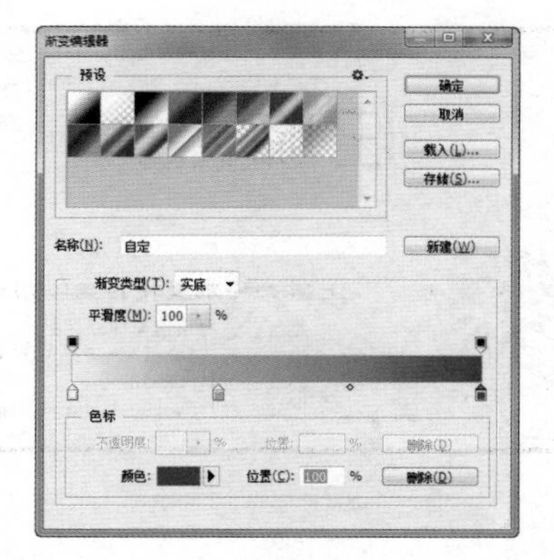

图 3-115 “渐变编辑器”对话框

图 3-116 线性渐变图像效果

图 3-117 剪贴蒙版效果

图 3-118 打开“企业 Logo”素材

（10）使用“移动工具”按钮，将打开的素材图片拖曳至图像编辑窗口中，按“Ctrl+T”快捷键调整图片的大小和位置，按“Enter”键确认变换，效果如图 3-119 所示。

图 3-119 调整图像大小和位置

贴心提示

打开的图像一般为普通图层，而置入的图像则为矢量图层，在 Photoshop 中一般无法对矢量图像进行编辑，因此，需要将矢量图层栅格化后转换成普通图层，才能对图像进行相应的编辑操作。

任务 3 输入文字方案

（1）选择“横排文字工具”按钮T，在工具选项栏中设置“字体”为隶书，“大小”为 24 点，“颜色”为黑色，在图像编辑窗口适当的位置处单击确认插入点，输入文本“汪峰”，按“Ctrl+Enter”组合键确认输入，效果如图 3-120 所示。

（2）用同样的方法，使用“横排文字工具”按钮T，在工具选项栏设置文字的属性，然后在图像编辑窗口适当的位置处输入其他的文字，最终效果如图 3-121 所示。

图 3-120　输入文字图　　　　图 3-121　文字最终效果

（3）合并图层，按“Ctrl+S”快捷键保存文件为“名片.psd”。

知识百宝箱

> **贴心提示**　常见的名片用纸是300克铜版纸，其特点是纸面非常光洁平整，平滑度高，光泽度好，色彩饱和度较高，印制出来的名片色泽比较鲜亮。

名片简介

名片作为交流工具的一种，我们通常都是随身携带。为了保护好名片，大多数人还会用名片盒装好，当与别人交换名片后，就将对方的名片保存起来。

名片除标准尺寸92mm×56 mm外，如图3-122所示，还有90 mm×108 mm、90 mm×50 mm，90 mm×100 mm 3 种，其中，90 mm×108 mm是国内常见的折卡名片尺寸，而90 mm×50 mm是欧美公司常用的名片尺寸，90 mm×100 mm是欧美歌手常用的折卡名片尺寸。

图 3-122　名片标准尺寸

牛刀小试——制作 VIP 贵宾卡

本作品面向美容行业，以女性为主，因此卡片以玫瑰红色为主，配以花草和女性头像，表现女性的柔美。

Photoshop 中会员卡的标准尺寸为 88.5mm×57mm，四边含 1.5mm 的出血位，一般将正面和背面分两个文件存放。颜色模式为 CMYK 模式。会员卡是用 PVC 的材料做的，也叫 PVC 会员卡。

操作步骤

START

（1）执行“文件”→“新建”命令，打开“新建”对话框，输入“名称”VIP贵宾卡，“宽度”为88.5，“高度”为57mm，“分辨率”为300像素/英寸，“颜色模式”为CMYK颜色，“背景内容”为白色，如图3-123所示。

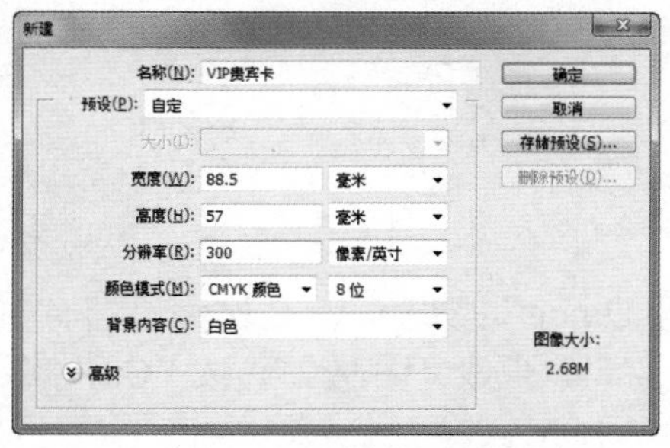

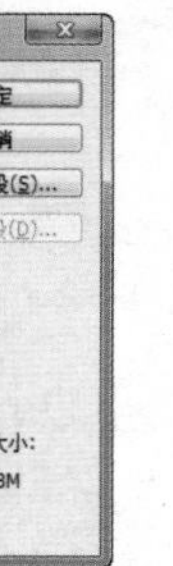

图3-123 “新建”对话框

（2）单击“确定”按钮，新建图像文件。选择“圆角矩形工具”按钮，在工具选项栏中选择工具模式为“路径”，单击，在弹出的“创建圆角矩形”对话框中，设置“宽度”为85.5毫米，“高度”为54毫米，设置4个角的“半径”值均为30像素，如图3-124所示。

（3）单击“确定”按钮，绘制一个指定大小的圆角矩形路径，选择“路径选择工具”按钮将绘制的路径移至图像窗口的中心位置处，如图3-125所示。

图3-124 “创建圆角矩形”对话框

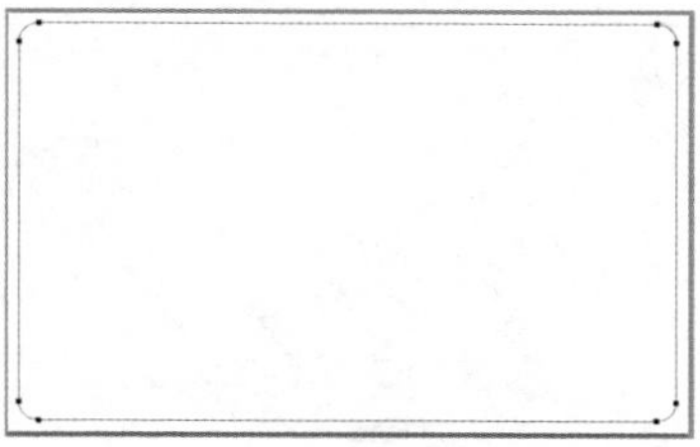

图3-125 绘制圆角矩形路径

（4）按“Ctrl+Enter”快捷键，将绘制的路径转换为选区。新建“图层1”图层，选择“渐变工具”按钮，在工具选项栏中单击“线性渐变”按钮，单击“点按可编辑渐变”按钮，打开“渐变编辑器”对话框，从左到右设置色标颜色分别为CMYK（8，82，0，0）、CMYK（7，64，0，0），如图3-126所示，单击“确定”按钮，由上到下进行线性渐变，效果如图3-127所示。

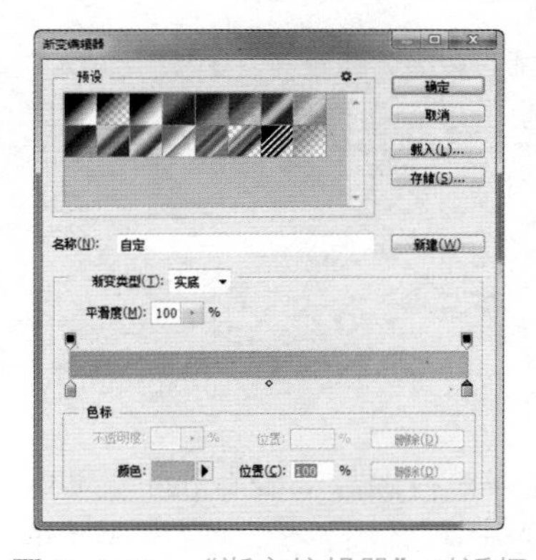

图3-126 “渐变编辑器”对话框

图3-127 填充选区

（5）按“Ctrl+D”快捷键取消选区，单击“图层”面板下方的“创建新的填充或调整图层”按钮，在弹出的下拉菜单中选择“色相/饱和度”选项，新建“色相/饱和度1”调整图层，弹出“色相/饱和度”面板，设置“饱和度”为70，如图3-128所示，以提高图像饱和度，效果如图 3-129 所示。

图 3–128 “色相/饱和度”面板

图 3–129 提高饱和度效果

（6）执行“文件”→“打开”命令，打开素材图片“花边.png”，如图 3-130 所示。

（7）选择“移动工具”按钮，将素材图片移至图像窗口，生成“图层 2”，按“Ctrl+T”快捷键调出变换框，调整素材的大小和位置，效果如图 3-131 所示。

图 3–130 打开 “花边”图片

图 3–131 调整素材效果

（8）选择“魔棒工具”按钮，单击“花边”素材图片的花瓣，创建花瓣选区，如图 3-132 所示，选择“移动工具”按钮将选区内容移至图像窗口，生成“图层 3”图层，连续复制“图层 3”图层 9 次，按“Ctrl+T”快捷键调出变换框，调整复制的花瓣的大小和位置，效果如图 3-133 所示。

图 3–132 创建花瓣选区

图 3–133 复制并调整花瓣

（9）按“Ctrl+O”快捷键，弹出“打开”对话框，打开素材图片“少女.psd”，如图 3-134 所示，使用“移动工具”按钮将素材图片拖曳至图像编辑窗口，按“Ctrl+T”快捷键，调整素材图片的大小和位置，单击工具选项栏的“提交变换”按钮✔，确认变换，效果如图 3-135 所示。

（10）双击编辑窗口，弹出“打开”对话框，打开素材图片“点缀.psd”，如图 3-136 所示，使用“移动工具”按钮将素材图片拖曳至图像编辑窗口并按“Ctrl+T”快捷键调出变换框，调整素材大小和位置，按“Enter”键确认变换，效果如图 3-137 所示。

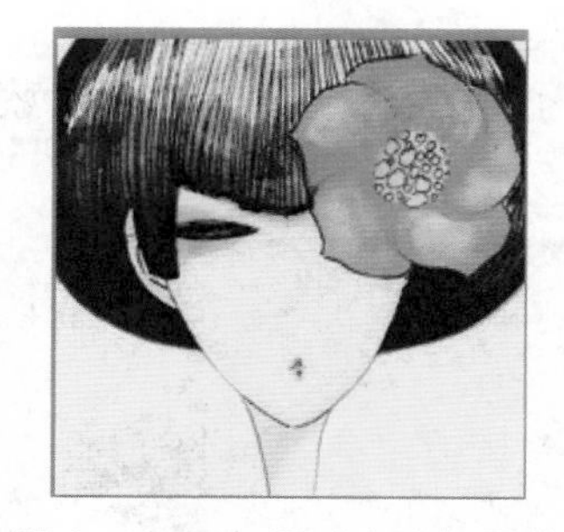

图 3–134　打开“少女”图片

图 3–135　调整“少女”素材效果

图 3–136　打开“点缀”图片

图 3–137　添加“点缀”素材

（11）选择“横排文字工具”按钮T，在工具选项栏设置“字体”为 Times New Roman，“大小”为 48 点，“颜色”为白色，在图像空白处单击，输入“VIP”，执行“编辑”→“变换”→“斜切”命令，将文字向右倾斜，单击工具选项栏的“提交变换”按钮✔，确认变换，效果如图 3-138 所示。

（12）选择“横排文字工具”按钮T，在工具选项栏设置“字体”为长城广告体，“大小”为 14 点，“颜色”为白色，在“VIP”右下角输入“贵宾卡”，更换“字体”为长城中行书体，“大小”为 12 点，在图像右上角处单击，输入“海伦国际美容 SPA 中心”及拼音缩写，效果如图 3-139 所示。

图 3–138　输入并斜切文字

图 3–139　输入另外的文字

（13）选择“横排文字工具”按钮T，在工具选项栏设置“字体”为黑体，“大小”为 8 点，“颜色”为淡黄色，在卡片的左下角输入卡号“NO.168823618713688”，添加“斜面和浮雕”图层样式，在打开的“斜面和浮雕”对话框中，设置“样式”为浮雕效果，“大小”为 6，效果如图 3-140 所示。

（14）合并除“背景”图层外的所有图层，执行“文件”→“存储”命令，将制作好的卡片保存为“VIP 贵宾卡正面.psd”文件。

（15）单击“背景”图层，使用“渐变工具”按钮为“背景”图层填充蓝黄蓝的线性渐变色，如图 3-141 所示。

图 3-140　卡号效果

图 3-141　填充背景效果

（16）按“Ctrl+O”快捷键，弹出“打开”对话框，打开素材图片“卡片背面.psd”，如图 3-142 所示，使用“移动工具”按钮将素材图片拖曳至图像编辑窗口，生成“图层 3”图层，按“Ctrl+T”快捷键，调整素材图片的大小和位置，单击工具选项栏的“提交变换”按钮，确认变换，效果如图 3-143 所示。

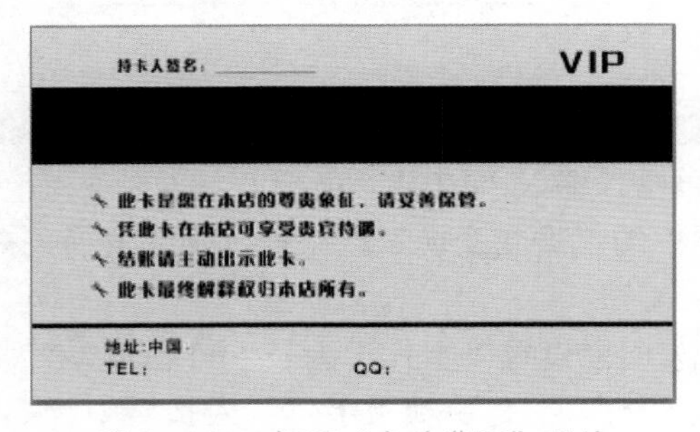

图 3-142　打开“卡片背面”图片

图 3-143　调整“卡片背面”图片的大小和位置

（17）为“图层 3”图层添加“投影”图层样式，设置“角度”为 45°，“距离”为 10 像素，“大小”为 8 像素，效果如图 3-144 所示。

（18）单击卡片正面所在图层“图层 2”，使用“移动工具”按钮将其移至卡片背面所在图层的上方，按“Ctrl+T”快捷键调出变换框，调整卡片正面的大小及位置，按“Enter”键确认变换，效果如图 3-145 所示。

图 3-144　投影样式效果

图 3-145　调整卡片正面

（19）在“图层”面板中选择“图层 3”图层，右击，在弹出的快捷菜单中选择“复制图层样式”命令，然后选择“图层 2”，右击，在弹出的快捷菜单中选择“粘贴图层样式”命令，此时“图层”面板如图 3-146 所示，效果如图 3-147 所示。

图 3-146 “图层”面板

图 3-147 贵宾卡效果

（20）执行“文件”→“存储为”命令，将文件保存为“VIP 贵宾卡.psd”。

项目总结

本项目以名片设计和贵宾卡设计等卡片产品为主线，介绍了 Photoshop 在商务卡片方面的设计和制作。在设计卡片时，素材的收集和制作非常重要，在制作卡片时，一定要根据行业规范和标准进行。卡片是现代经济信息社会的身份识别卡，它是人们在商务活动中沟通交流的一种形式，也是商场、美容中心、健身场所、饭店等消费场所的会员认证方式，用途非常广泛。凡是需要身份识别的地方都会应用到这些卡片产品。

项目 3 折页设计

项目背景及要求

随着市场经济的发展，为了扩大企业、商品的知名度，推售产品和加强购买者对商品的了解，各类宣传折页应运而生。各图文制作部门经常会承接为各类展销会、洽谈会制作折页的项目，很多产品的说明书也是采用折页形式。宣传折页是一种以传媒为基础的纸制的宣传流动广告，是一种常用的平面设计产品。现为台湾上岛咖啡设计制作一款三折页，供客户查看，以宣传该产品。要求文字简明扼要、图片层次分明、信息传递明确、风格新颖独特。项目参考效果如图 3-148 所示。

图 3-148　上岛咖啡折页参考效果

项目分析

首先，使用参考线划分页面区域，使用“矩形选框工具”绘制图形，然后添加相应的素材，最后利用“横排文字工具”输入文字方案并对文字进行相应的调整。本项目可以分解为以下 3 个任务。

- 任务 1　划分三折页区域；
- 任务 2　添加折页元素；
- 任务 3　输入文字方案。

操作步骤 START

任务 1　划分三折页区域

（1）执行“文件”→“新建”命令，打开“新建”对话框，输入“名称”为三折页，设定“宽度”为 291 毫米，“高度”为 216 毫米，“分辨率”为 300 像素 / 英寸，“颜色模式”为 CMYK 颜色，“背景内容”为白色，如图 3-149 所示。

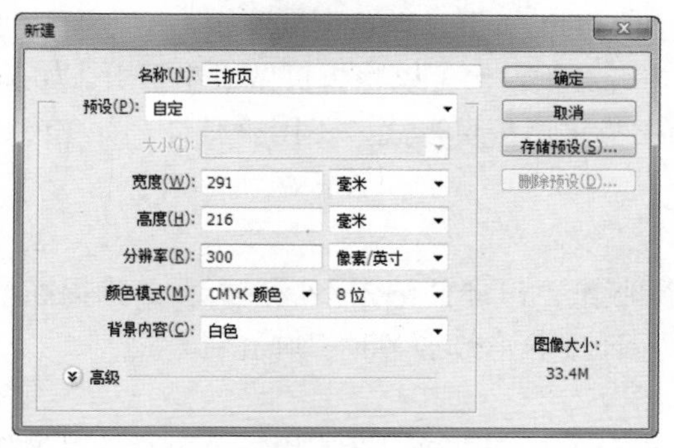

图 3-149　“新建”对话框

贴心提示　三折页标准尺寸为 285mm × 210 mm，成品尺寸为 285 × 210 mm，把 285 mm 分成 3 份就是 210 × 95 × 3 mm（3 个 95 拼起来），实际建立文件的时候是 291 × 216 mm，包括 3 mm 的出血。

（2）单击“确定”按钮，执行“视图”→“标尺”命令，打开标尺。在 X 轴标尺处拖出 2 条参考线作为出血线，在 Y 轴标尺处拖出 4 条参考线分别作为出血线和区域线，如图 3-150 所示。

（3）选择“矩形选框工具”按钮，在图像编辑窗口左侧区域沿参考线边缘绘制矩形选区，设置前景色为 CMYK（12，28，6，0），按“Alt+Delete”快捷键填充选区，按“Ctrl+D”快捷键取消选区。用相同的方法，在中间区沿参考线边缘绘制矩形选区，填充 CMYK（74，100，35，1）颜色，取消选区，在右侧区域沿参考线边缘绘制矩形选区，使用“渐变工具”按钮，在工具选项栏单击“径向渐变”按钮，打开“渐变编辑器”对话框，设置由 CMYK（25，80，20，0）色到 CMYK（74，100，35，1）色的渐变，取消选区，效果如图 3-151 所示。

图 3-150　绘制参考线

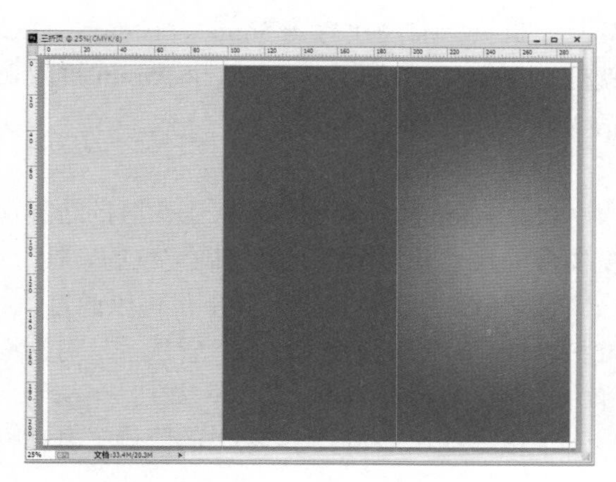

图 3-151　绘制矩形选区并填充颜色

知识百宝箱

1．宣传折页简介

（1）什么是宣传折页

宣传折页是指四色印刷机彩色印刷的单张彩页，一般是为扩大影响力而做的一种纸面宣传材料，它是一种以传媒为基础的纸制的宣传流动广告，简称折页。

（2）折页的类型

折页一般有二折页、三折页、四折页、五折页、六折页等类型，其中三折页是使用最多的一种。特殊情况下，如果机器折不了页可以加入手工折页。当总页数不多，不方便装订时就可以做成折页；为提高设计美化效果，或便于内容分类，也可以将折页做成小折页，如 16K 的三折页；为适应环保要求，现在很多简易说明书都采用折页形式，不用骑马订，如 EPSON 打印机、SONY 数码相机的简易说明书。

（3）折页的纸张要求

印刷时，折页常采用 128～210g/m^2 的铜版纸，过厚的纸张不适宜折页，为提高产品的档次，也可以双面覆膜。另外，首页纸也可以设计成异形或加各种“啤孔”。

（4）折页的特点

折页具有针对性、独立性和整体性的特点，在工商界被广泛应用，主要是针对展销会、洽谈会，或对购买货物的消费者进行邮寄、分发、赠送，以扩大企业、商品的知名度、推销产品和加强购买者对商品了解，强化了广告的效用。

（5）折页的折法

折页的折法有风琴摺、普通折、特殊折、对门折、底图折、海报折、平行折及卷轴折 8 种折法，它们各具特色，应根据实际情况选择折叠的方法。

（6）常用折页的尺寸

折页中常用的有二折页和三折页，它们的尺寸如下。

二折页的标准尺寸有两种，一种是 420mm×285mm，成品尺寸是 210mm×285mm；另一种是 190mm×210mm，折好后是 95mm×210mm。

三折页标准尺寸为 285mm×210mm，成品尺寸为 285mm×210mm，把 285mm 分成 3 份就是 210mm×95mm×3，即 3 个 95mm 拼起来，实际建立文件时是 291mm×216mm，这里包括 3mm 的出血。

2．标尺

Photoshop 的标尺被放置在工作区的边界，横向为 X 轴标尺，纵向为 Y 轴标尺，是用来衡量图像的尺寸并对图像元素精确定位的。标尺的打开和关闭可通过执行“视图”→“标尺”命令或按“Ctrl+R”快捷键，其单位可以通过执行“编辑”→“首选项”→“单位和标尺”命令或按“Ctrl+K”快捷键，打开“首选项”对话框，在此对话框中设置标尺的“单位”、“列尺子”和为“新文档预设分辨率”等，如图 3-152 所示。

现根据标尺来裁剪 19×12 的图像，具体操作如下。

（1）执行“文件”→“打开”命令，打开“风景.jpg”图片，如图 3-153 所示。

（2）按“Ctrl+R”快捷键打开标尺，将鼠标移动到工作区左上角水平标尺和垂直标尺交汇处的矩形框内，拖动鼠标到图像的左上角处，重新定位原点位置。

（3）当释放鼠标后标尺的原点（0）被定位在图像的左上角，如图 3-154 所示，这样就可以直接查看图像的宽度和高度了。

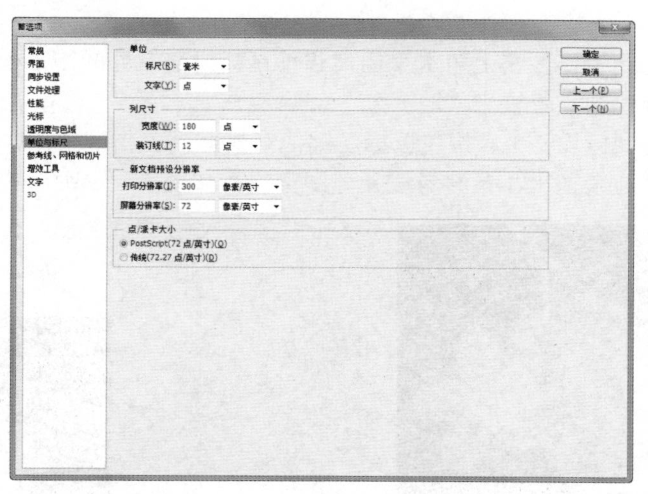

图 3-152 “首选项”对话框

图 3-153 打开“风景”图片

图 3-154 定位原点

（4）单击“裁剪工具”按钮，依据标尺上显示的数值，将图像裁剪成 19×12 的图像，如图 3-155 所示。

（5）单击工具选项栏的“提交当前裁剪操作”按钮✔完成裁剪，如图 3-156 所示。

图 3-155 裁剪图像

图 3-156 裁剪图像效果

3. 参考线

Photoshop 中参考线的作用是帮助用户快速而准确地对图像的整体或部分区域进行定位。双击参考线可以在打开的“首选项”对话框中设置参考线的颜色和样式。具体操作如下。

（1）按“Ctrl +O”快捷键打开“鲜花.jpg”图片，如图 3-157 所示。按“Ctrl+R”快捷键打开标尺并将鼠标移动到工作区左上角水平标尺和垂直标尺交汇处的矩形框内，拖动鼠标到图像的左上角处，重新定位原点位置。

（2）将鼠标移动到标尺栏上，按住鼠标左键拖动鼠标到工作区中，这样就可以拖出一条参考线。使用相同方法连续拖出 4 条参考线并分别定位在如图 3-158 所示的位置上。

图 3–157　打开“鲜花”图片

图 3–158　拖出参考线

小技巧

在拖动参考线时，按“Alt”键可在水平参考线和垂直参考线之间进行切换，比如，按住“Alt”键，单击当前的水平参考线，则可以将其变为一条垂直参考线，反之亦然。

（3）使用“矩形选框工具”按钮在图像中沿参考线边缘绘制矩形选区，如图 3-159 所示。

（4）按“Ctrl+;”快捷键隐藏参考线，得到如图 3-160 所示的精确大小的选区。

图 3–159　沿参考线边缘绘制选区

图 3–160　获得精确大小的选区

4. 智能参考线

智能参考线可以帮助用户对齐形状、切片和选区。当用户绘制形状、创建选区或切片时，智能参考线会自动出现。如果需要可以隐藏智能参考线。具体操作如下。

（1）双击工作区，在弹出的“打开”对话框中打开“自然风光.jpg”素材图片，按“Ctrl+R”

快捷键打开标尺并将鼠标移动到工作区左上角水平标尺和垂直标尺交汇处的矩形框内，拖动鼠标到图像的左上角处，重新定位原点位置。

（2）执行“视图”→“新建参考线”命令或按“Alt+V+E”快捷键，打开“新建参考线”对话框，如图 3-161 所示。

（3）分别设置在图像中添加水平为 10cm 和垂直为 16cm 的参考线，得到如图 3-162 所示的位置。

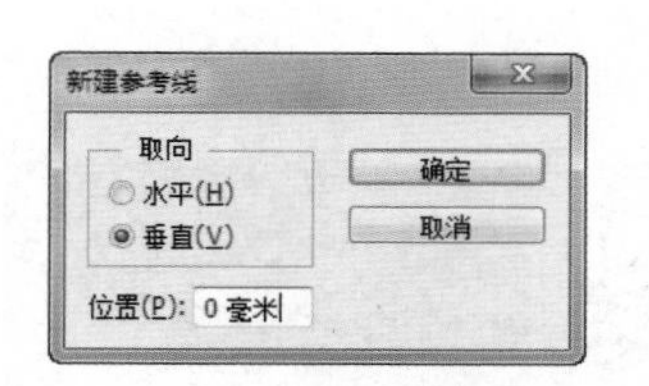

图 3–161　“新建参考线”对话框

图 3–162　新建指定的参考线

任务 2　添加折页元素

（1）执行“文件”→“打开”命令，打开素材图片“大厅 1.jpg”，如图 3-163 所示。选择“移动工具”按钮，将素材图片拖入图像编辑窗口，生成“图层 1”图层，按“Ctrl+T”快捷键调出变换框，调整图片大小和位置，按“Enter”键确认变换。

图 3–163　打开“大厅 1”图片

（2）单击“图层”面板底部的“创建新的填充或调整图层”按钮，在弹出的列表中选择“亮度/对比度”选项，弹出“亮度/对比度”面板，设置如图 3-164 所示的参数，效果如图 3-165 所示。

图 3–164　设置“亮度/对比度”面板参数

图 3–165　添加素材图片及调整效果

（3）用同样的方法打开素材图片“大厅 2.jpg”，如图 3-166 所示。选择“移动工具”按钮，将素材图片拖入图像编辑窗口，生成“图层 2”图层，按“Ctrl+T”快捷键调出变换框，调整图片大小和位置。

（4）执行“编辑”→“描边”命令，打开“描边”对话框，设置“宽度”为 9 像素，“颜色”为 CMYK（5，17，2，0），如图 3-167 所示，效果如图 3-168 所示。

（5）双击编辑区，弹出打开对话框，依次打开素材图片“咖啡.jpg”和“卡通咖啡.png”，使用“移动工具”按钮▶✢，依次将素材图片拖入图像编辑窗口，调整图片大小和位置，效果如图 3-169 所示。

图 3–166　打开“大厅 2”图片

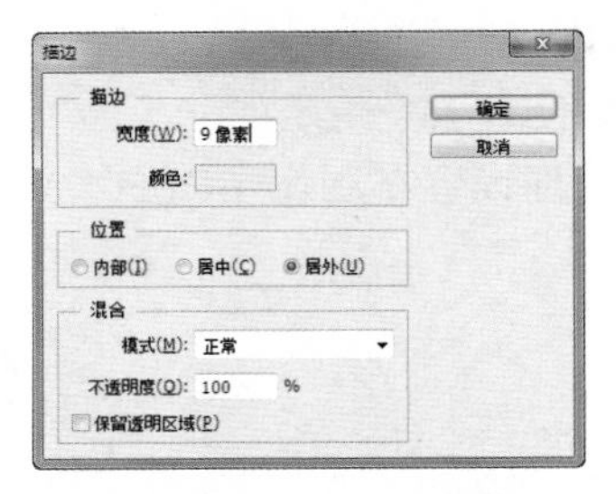

图 3–167　设置“描边”对话框参数

图 3–168　描边效果

图 3–169　添加素材图片及调整效果

（6）单击“图层”面板底部“创建新图层”按钮，新建“图层 5”，选择“矩形选框工具”按钮，在图像编辑窗口左下角绘制矩形选区，设置前景色为 CMYK（74，100，35，1），填充前景色，按“Ctrl+D”快捷键取消选区；按“Ctrl”键，单击“图层 4”图层缩览图，载入选区，填充前景色，取消选区，效果如图 3-170 所示。

（7）双击编辑区，弹出打开对话框，打开素材图片“卡咖.png”，使用“移动工具”按钮▶✢，将素材图片拖入图像编辑窗口中间区域，并调整图片大小和位置。

（8）双击编辑区，弹出“打开”对话框，打开“花边.png”，使用“移动工具”按钮▶✢，将选区内容拖入图像编辑窗口中间区域，生成“图层 7”，调整图片大小和位置，旋转图片，执行“编辑”→“变换”→“水平翻转”命令，水平镜像素材，按“Ctrl”键，单击“图层 7”的图层缩览图，载入选区，填充色为 CMYK（16，83，10，0）色，取消选区，效果如图 3-171 所示。

图 3–170　绘制矩形选区及填充效果

图 3–171　添加中间区域元素

（9）执行“文件”→“打开”命令，弹出“打开”对话框，打开素材图片“Logo.jpg”，使用“移动工具”按钮▶✢，将素材图片拖入图像编辑窗口右边区域，生成“图层 8”，双击该图层，打开“图层样式”对话框，为“Logo”图片添加“大小”为10像素，“颜色”为CMYK（5.17.2.0）的描边，效果如图3-172所示。

（10）执行“文件”→“打开”命令，打开素材图片“咖啡豆.jpg”，使用“移动工具”按钮，将素材图片移至图像编辑窗口右下角区域，生成“图层9”，调整图片大小和位置。单击“图层”面板底部“添加图层蒙版”按钮，为该图层添加图层蒙版，选择“渐变工具”按钮，从上到下对蒙版进行由黑到白线性渐变，制作渐变蒙版，效果如图3-173所示。

图3–172　添加描边效果

图3–173　添加蒙版效果

（11）执行“文件”→“打开”命令，依次打开素材图片“咖啡.png”和“标语.jpg”，使用“移动工具”按钮，将素材图片分别移至图像编辑窗口右下角区域和左下角区域，调整图片大小和位置，效果如图3-174所示。折页元素添加完毕。

任务3　输入文字方案

图3–174　调整图片大小和位置

（1）选择“横排文字工具”按钮，在图像编辑窗口左侧区域拖动鼠标绘制文本框，在工具选项栏设置“字体”为宋体，“大小”为10点，“颜色”为CMYK（37，90，15，1），输入“上岛咖啡曼哈顿店，延续台湾总店时尚、细致、简约的风格，每一处细致用心，尽显欧美风范。”，按“Enter”键换行，继续输入“包房内设电视、电脑、棋牌等，并设有网络书吧区及现代办公设备；有超级豪华包房，尽显品质生活典范。”。

（2）单击“图层”面板底部“创建新图层”按钮，新建“图层12”，选择“椭圆选框工具”按钮，设置“羽化”为10像素，在图像编辑窗口中间部分绘制椭圆选区，填充CMYK（5，17，2，0）色，取消选区，再次选择“椭圆选框工具”按钮，设置“羽化”为0像素，在刚才绘制的椭圆形里面绘制椭圆选区，填充中间的背景色，取消选区。

（3）选择“横排文字工具”按钮，在工具选项栏设置“字体”为长城中行书体，“大小”为18点，“颜色”为CMYK（11，27，91，0），在椭圆路径里面边缘处单击，输入“我不在家里就在上岛我不在上岛，就在去上岛的路上……”，效果如图3-175所示。

（4）选择“横排文字工具”按钮，在工具选项栏设置“字体”为长城广告体，“大小”为48点，“颜色”为CMYK（11，10，84，0），在图像编辑窗口右侧输入“上岛咖啡”，单击工具选项栏的“创建文字变形”按钮，打开“变形文字”对话框，设置“样式”为扇形，“弯曲”为33%，如图3-176所示，单击“确定”按钮，创建变形文字。为该文字添加“外发光”及“投影”图层样式。

图 3–175　部分文字方案效果

图 3–176　“变形文字”对话框

（5）选择“横排文字工具”按钮T，在工具选项栏设置“字体”为 Informal Roman，“大小”为 22 点，输入拼音，添加“投影”及“外发光”图层样式，效果如图 3-177 所示。

（6）执行“视图”→“显示”→“参考线”命令，隐藏参考线，按“Ctrl+R”快捷键关闭标尺，最终效果如图 3-178 所示。

图 3–177　添加其他文字效果

图 3–178　三折页最终效果

（7）执行“文件”→“存储”命令，将制作好的三折页以“三折页.psd”为文件名保存。

牛刀小试——制作 POP 招贴

POP 招贴是指悬挂在大街小巷的户外宣传广告，其特点是画面大、应用范围广泛、艺术表现力丰富、视觉效果强烈。作为商家，到图文制作部很容易就能制作出 POP 招贴。

操作步骤　START

（1）执行“文件”→“新建”命令，打开“新建”对话框设置如图 3-179 所示参数，单击“确定”按钮。

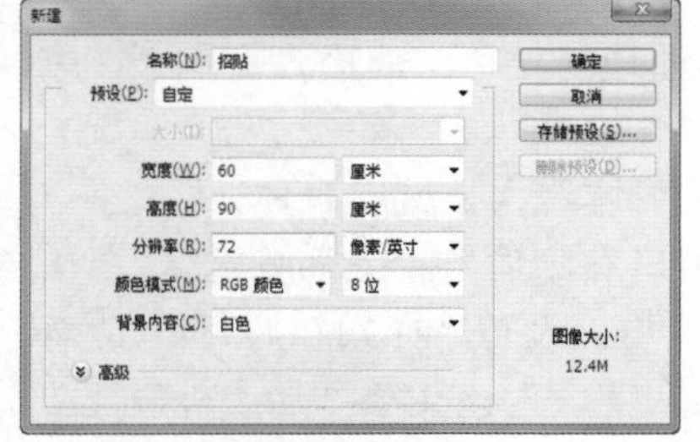

图 3–179　“新建”对话框

（2）单击工具箱“设置前景色”按钮■，打开“拾色器（前景色）”对话框，设置前景色为 RGB（255，222，169），按“Alt+Delete”快捷键给背景填充前景色。

（3）选择“椭圆选框工具”按钮，绘制一个椭圆形选区。设置前景色为 RGB（255，237，199），按“Alt+Delete”快捷键给选区填充前景色，如图 3-180 所示。按“Ctrl+D”快捷键取消选区。

（4）打开素材文件“口号.jpg”，使用“魔棒工具”按钮将文字抠出，拖动到背景文件中，并调整好文字的尺寸和位置，如图 3-181 所示。

（5）用同样的方法，将西餐、中餐的图片素材添加到文件中，如图 3-182 所示。

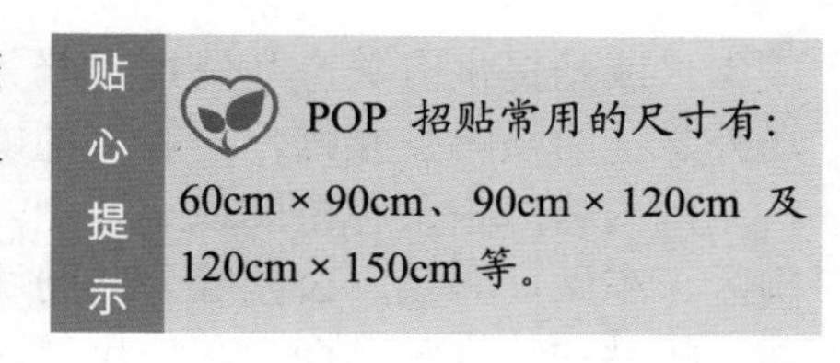

图 3-180　填充前景色

图 3-181　添加“口号”文字

图 3-182　添加图片素材

（6）选择“横排文字工具”按钮，在工具选项栏设置“字体”为黑体，“大小”为 260 点，“颜色”为黑色，输入文字“中餐”、“西餐”；同样，设置“字体”为黑体，“大小”为 120 点，“颜色”为黑色，输入文字“赠送小菜哦～～”。使用“移动工具”按钮调整文字的位置，效果如图 3-183 所示。

（7）设置前景色为 RGB（255，102，0），使用“矩形选框工具”按钮绘制一个矩形选区，填充前景色；使用“椭圆选框工具”按钮绘制一个椭圆选区，并填充白色。

（8）使用“移动工具”按钮，选中刚才绘制的两个图形，按“Alt”键拖动鼠标复制一份，并调整好图形的位置。

（9）在“图层”面板中，调整各图层的叠加顺序，使步骤（7）所绘图形衬在中餐和西餐图片的下方。最终效果如图 3-184 所示。

图 3-183　调整文字位置

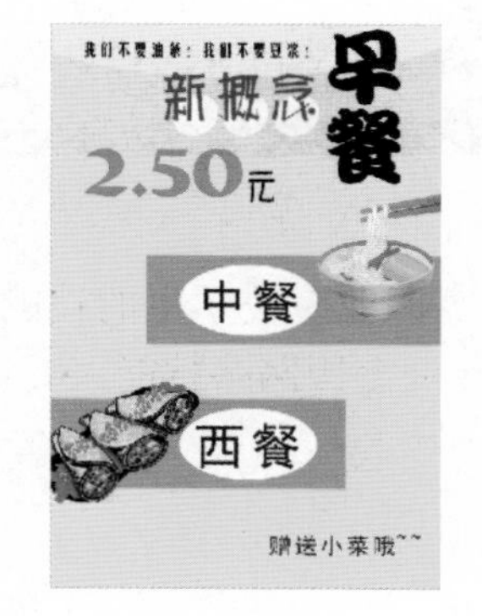

图 3-184　招贴最终效果

知识百宝箱

POP 招贴简介

POP 是“购买点的广告”一词的缩写。凡是那些在商场建筑物内外所有能帮助促销产品的广告，或是提供有关产品情报、服务、指示、引导等的标识，都可以叫为 POP 广告。比如商场外悬挂的横幅及竖幅标语等，都以友好的姿态向客户提供有关产品的信息。

国内将海报又称招贴或宣传画，属于户外广告，分布在大街小巷、影剧院、展览会、商业闹区、车站、码头、公园等公共场所，国外也称招贴为“瞬间”的街头艺术。

招贴的特点是画面大、应用范围广泛、艺术表现力丰富、视觉效果强烈。

招贴常用的尺寸有：60cm×90cm、90cm×120cm 及 120cm×150cm 等。

制作招贴时一般都会覆膜，有亚膜和亮膜之分，其中亮膜采用更多一些。招贴的尺寸可以根据实际场地的需求灵活设定。

项目总结

本项目以折页设计和招贴设计这些市面上十分普遍的平面设计作品为主线，介绍了 Photoshop 在折页及招贴等宣传广告上的应用。这些产品的设计关键是素材的获取，制作时多采用图像合成辅以羽化、蒙版、图层调整等手段进行制作。在制作时一定要遵循行业标准，按照行业标准尺寸进行制作，这样才能设计和制作出符合企业需求的作品。

职业技能训练

1. 春天到了，试着给旅行社制作一张 90cm×60cm 的宣传招贴，参考效果如图 3-185 所示。

2. 旅游旺季到了，绵竹某旅游风景区为宣传“天然泥池”的功效，吸引游客，需要制作一份三折页，要求画面简洁，温馨大方。参考效果如图 3-186 所示。

图 3–185　宣传招贴参考效果

图 3–186　三折页参考效果

3. 为提高职业院校学生的技能操作水平，全国每年都会举行不同专业的技能大赛。现为计算机网络专业全国网络技能大赛设计制作如图 3-187 所示的 Logo。

图 3–187　网络技能大赛 Logo

广告设计篇

项目1　海报设计

项目2　展板设计

项目3　包装设计

广告设计是平面设计的重要应用，它是根据产品的内容而进行的广告宣传的总体设计工作，是一项极具艺术性和商业性的设计。而 Photoshop 又是广告设计领域的主力工具，是完成平面广告作品必不可少的设计软件。

广告设计不仅要在视觉上给人一种美的享受，更要向广大的消费者转达一种信息、一种理念。无论是各种类型的广告海报、报刊杂志、邮品传单，还是市场上经常看到的广告招贴、包装及封面装帧，Photoshop 都能大显身手。目前有关广告设计的岗位有：广告设计师、广告设计操作员、制图师、杂志美编、美术编辑、封面包装设计师、商业策划师、印刷输出师等。

能力目标

1. 能设计制作海报等墙体类广告。
2. 能设计制作展板等支架类广告。
3. 能进行常见商品的包装设计。
4. 能独立输出设计作品。

知识目标

1. 掌握图层的相关知识和基本操作。
2. 掌握不同选区的制作方法。
3. 掌握渐变工具的使用。
4. 掌握作品的印前处理流程及基本的印刷出版知识。

岗位目标

1. 能够与客户进行沟通及确定作品设计方案。
2. 能够进行海报、展板、产品包装的设计与制作。

海报设计

项目背景及要求

“我爱运动”俱乐部是一家致力于发展全民运动的俱乐部，它会定期地举办各种比赛。作为一名俱乐部的企宣人员，常常需要给各种比赛进行宣传造势。现在俱乐部想在元旦举办一场“篮球赛”，需要一份有关这方面的海报。俱乐部将其交给了广告公司来完成，要求作品能够体现积极向上的运动精神。项目参考效果如图 4-1 所示。

图 4-1　项目参考效果

“海报”又称招贴或宣传画，具有画面大、内容广泛、表现力丰富、远视效果显著等特点。本作品需要多张素材图片，根据海报主题要求灵活使用“魔棒工具”抠选出所需素材，再灵活使用选区工具组根据所选素材绘制装饰背景，最后使用“图层”给图像和文字添加效果。难点是图层模式的使用。本项目可以分解为以下 3 个任务。

- 任务 1　制作海报背景；
- 任务 2　添加篮球、球框及人物剪影；
- 任务 3　制作文字效果。

操作步骤 START

任务1 制作海报背景

（1）执行“文件”→“新建”命令，在弹出的“新建”对话框中设置参数，如图 4-2 所示。

（2）单击“确定”按钮，然后单击工具箱的“设置前景色”按钮■，打开“拾色器（前景色）”对话框，设置颜色参数，如图 4-3 所示，按“Alt+Delete”快捷键给背景填充前景色。

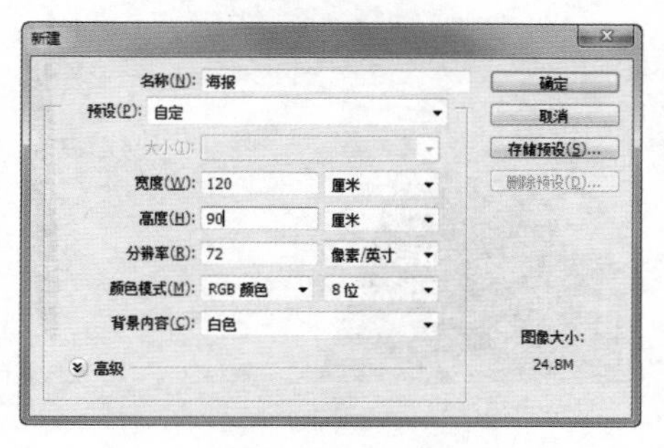

图 4–2 设置“新建”对话框参数

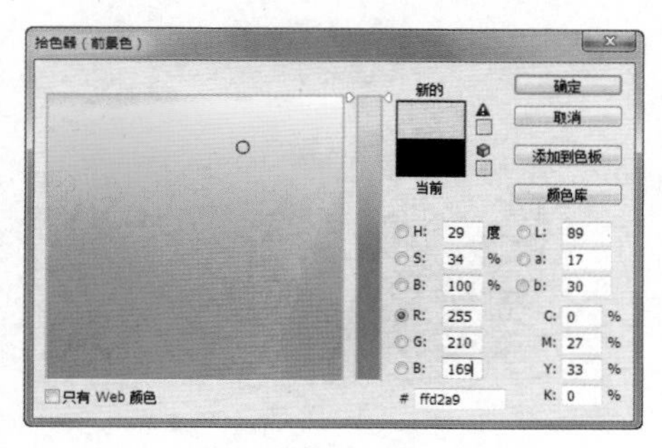

图 4–3 设置“拾色器（前景色）”对话框参数

（3）单击“图层”面板下方的“创建新图层”按钮，新建“图层 1”，使用“钢笔工具”按钮绘制一个梯形路径，填充黑色。再次单击选中该图层，设置图层“透明度”为 70%，效果如图 4-4 所示。

（4）执行“图层”→“图层蒙版”→“显示全部”命令，给“图层 1”创建蒙版，设置前景色为白色，选择“画笔工具”按钮进行涂刷，添加光晕效果，效果如图 4-5 所示。

图 4–4 图层透明度设置效果

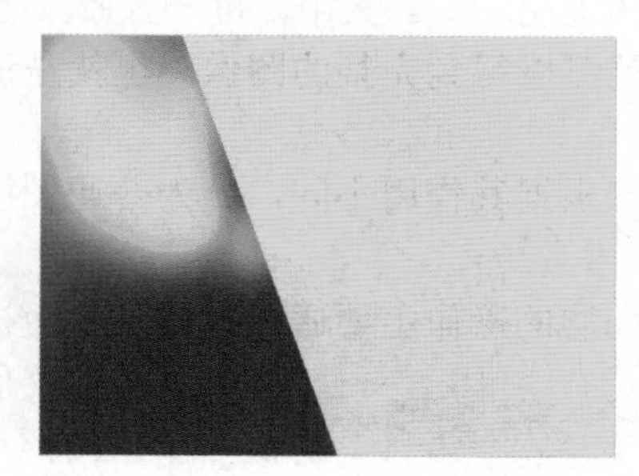

图 4–5 光晕效果

（5）新建“图层 2”，使用“钢笔工具”按钮绘制一个倾斜的四边形路径，如图 4-6 所示。

（6）右击路径，在弹出的快捷菜单中选择“建立选区”命令，打开“建立选区”对话框，如图 4-7 所示，单击“确定”按钮，将路径转换为选区。如图 4-8 所示。

（7）按“Ctrl+Shift+I”快捷键进行反选，再按“Alt+Delete”快捷键为选区填充前景色。最后，选中图层，将图层的混合模式设置为“叠加”，效果如图 4-9 所示。

（8）为了调整整体效果，使布局对称层次更丰富，给左、右两侧各添加一个不规则装饰。执行“文件”→“打开”命令，打开素材文件“两侧装饰.psd”，将其拖动到海报设计窗口，调整其位置即可得到如图 4-10 所示效果。

图 4-6　绘制四边形路径

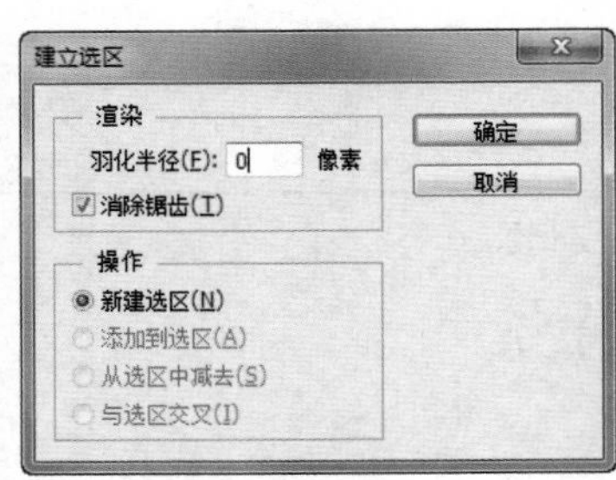

图 4-7　“建立选区”对话框

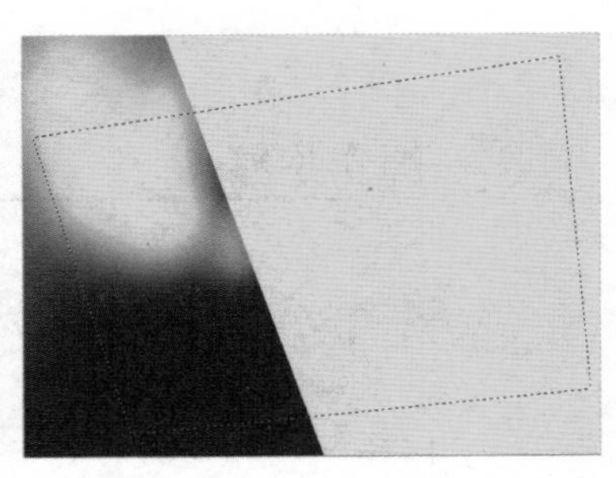

图 4-8　路径转换为选区

图 4-9　叠加效果

图 4-10　整体效果

知识百宝箱

一、图层

1. 什么是图层

图层是 Photoshop 的核心功能之一，是图像编辑的基础。简单地说，图层可以看作是一张张独立的透明胶片。其中，每一张胶片上都绘制有图像的一部分内容，将所有胶片按顺序叠加起来，就可以得到完整的图像。也就是说，图层是装载图像的容器。

2. 图层的类型

图层根据其作用不同，分为普通图层、调整与填充图层、文字图层和形状图层。

3. 图层面板及菜单

对图层的操作主要通过“图层”面板和“图层”菜单来实现。

图 4-11　“图层”面板

“图层”菜单包含了对图层操作的命令。“图层”菜单中的命令随着选择图层的不同会发生变化，呈灰色显示的菜单命令对当前图层不起作用。

“图层”面板包含了图层的绝大部分功能，如图 4-11 所示。面板中部区域用于显示当前图像中的所有图层、图层组和图层效果。单击眼睛图标，可对当前图层进行显示或隐藏操作，眼睛图标右侧为图层缩览图，用于缩微显示图层内容。缩览图右侧为图层名称，双击图层名称可以更改图层的名字。

面板上部区域用于控制图层状态，可以设置当前图层与其下图层的混合方式、透明程度以及图层的锁定。

面板下部区域由图层的各功能按钮组成，可以进行图层的新建、删除、添加样式、添加蒙版、图层间的链接、添加填充与调整图层、新建图层组等操作。

二、图层的相关操作

1. 新建普通图层

单击“图层”面板中的“创建新图层”按钮或使用“Ctrl +Alt+Shift+N”快捷键。

> 贴心提示
> 按住“Alt”键，单击图层的眼睛图标，可以显示/隐藏除本图层外的所有其他图层。。

2. 复制图层

在“图层”面板中，拖动要复制的图层到“创建新图层”按钮上即可复制一个新的图层，或者先选择要复制的图层，再使用“Ctrl+J”快捷键。

3. 删除图层

在“图层”面板中，拖动要删除的图层到“删除图层”按钮上即可。

4. 选择图层

在“图层”面板中，单击即可选中一个图层。若要选择连续的多个图层，在选择一个图层后，按住“Shift”键再单击另一个图层的图层名称，则两个图层之间的所有图层都被选中，如图 4-12 所示。若要选择不连续的多个图层，在选择一个图层后，按住“Ctrl”键再单击其他图层的图层名称即可，如图 4-13 所示。

图 4–12 选择多个连续图层

图 4–13 选择多个不连续图层

小技巧

默认情况下，新建图层位于当前图层上方，并自动成为当前图层。按住“Ctrl”键的同时单击“创建新图层”按钮，可以在当前图层下方创建新图层。

5. 调整图层的叠放顺序

对于一幅图像来说，叠于上方的图层将会挡住下方的图层，所以图层的叠放顺序决定着图像的显示效果。在“图层”面板中，拖动图层移动其位置，如图 4-14 所示，即可以调整图层的叠放顺序，如图 4-15 所示。

6. 图层的锁定

图层锁定功能可以锁定图层的内容和范围，图层锁定后就不能再对其进行操作。如图 4-15 所示，“背景”图层为锁定状态，要想对该图层进行编辑，可以双击按钮进行解锁。

图 4–14 拖动调整图层叠放顺序

图 4-15　调整结果

三、图层不透明度

图层的不透明度直接影响图层的透明效果，不透明度值越大，该图层的图像越清晰，不透明度值越小，该图层的图像越模糊。不透明度取值范围在 0%～100%之间。具体操作如下。

（1）双击工作区，在弹出的“打开”对话框中依次打开“薰衣草.jpg”、“微笑.jpg”素材图片，如图 4-16 和图 4-17 所示。

图 4-16　打开“薰衣草”图片

图 4-17　打开“微笑”图片

（2）使用“移动工具”将图片“微笑”拖至图片“薰衣草”中生成“图层 1”，按“Ctrl+T”快捷键调出变换框，调整“微笑”图片的大小和位置，此时“图层”面板如图 4-18 所示。

（3）在“图层”面板上将“图层 1”的“不透明度”设置为 60%，如图 4-19 所示，此时观察图片可以看出人物与背景已经融合在一起，形成一种淡入淡出的艺术效果，如图 4-20 所示。

图 4-18　“图层”面板

图 4-19　调整图层不透明度

图 4-20　调整不透明度效果

四、图层蒙版

1. 蒙版的创建

图层蒙版可以轻松控制图层区域的显示或隐藏，是进行图像合成操作最常用的方法。使用图层蒙版混合图像，可以在不破坏图像的情况下进行反复的操作，直到达到满意的效果为止。具体操作方法如下。

（1）打开两张素材图片，如图 4-21 所示。

（2）使用“移动工具”将人物图片拖到背景图片上，调整人物图片的大小及位置，单击“添加图层蒙版”按钮，即可在当前图层上添加图层蒙版。

（3）使用“渐变工具”，在图像上拖曳填充渐变色，则位于蒙版黑色区域的图像被隐藏起来，此时的“图层”面板及效果如图 4-22 所示。

图 4–21 打开素材图片

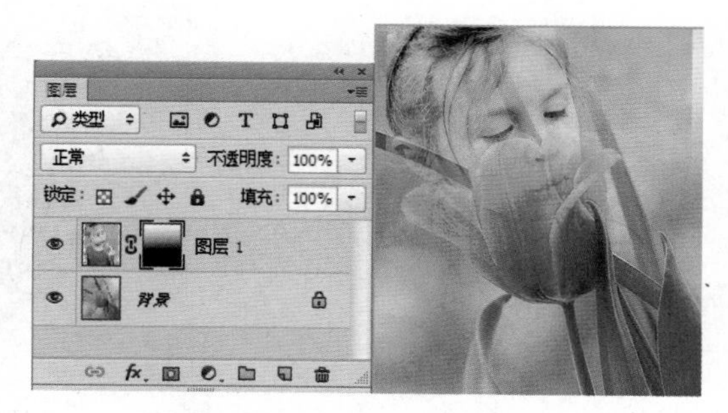

图 4–22 “图层”面板及图层蒙版添加效果

2. 蒙版的编辑

要编辑图层蒙版，首先必须单击“图层”面板中蒙版缩览图进入蒙版编辑状态，如图 4-23 所示。此时，缩览图周围会显示双线边框，这种状态下进行的任何编辑操作都只对蒙版有效，再次单击图层缩览图，即返回图像编辑状态。

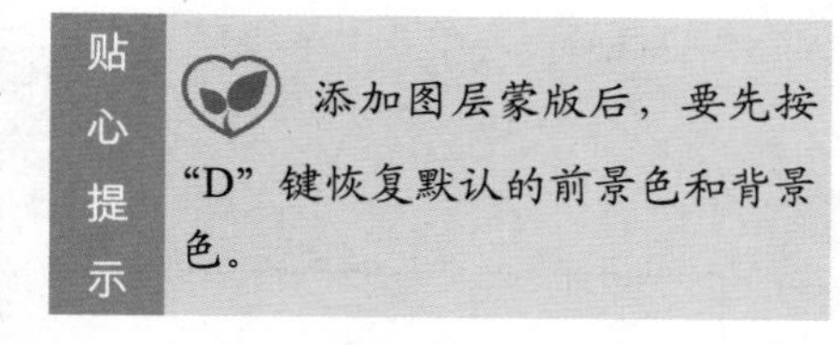
贴心提示

添加图层蒙版后，要先按“D”键恢复默认的前景色和背景色。

要停用图层蒙版，只需右击图层蒙版缩览图，从弹出的快捷菜单中选择“停用图层蒙版”命令即可，再次单击图层蒙版缩览图启用。

要删除图层蒙版，只需在弹出的快捷菜单中选择“删除图层蒙版”命令或者将其拖到“删除图层”按钮上，在弹出的如图 4-24 所示提示框中单击“应用”按钮，也可以将图层蒙版应用于当前图层，而只删除图层中隐藏的图像。如果单击“删除”按钮，则删除图层蒙版。

图 4–23 蒙版编辑状态

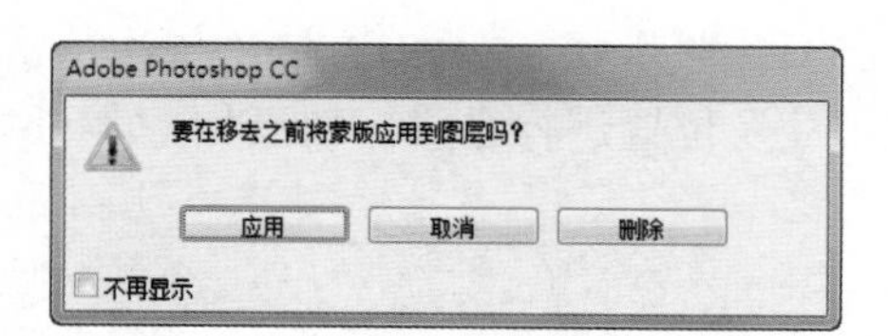

图 4–24 删除图层蒙版提示框

任务 2 添加篮球、球框及人物剪影

（1）执行“文件”→“打开”命令，在弹出的“打开”对话框中选择素材文件“篮球.jpg”，如图 4-25 所示。

（2）使用“魔棒工具”，在图像中白色的区域内单击以选中除了篮球以外的整个白色区域，如图 4-26 所示。然后按“Ctrl+Shift+I”快捷键进行选区反选操作，得到如图 4-27 所示的篮球选区。

（3）使用“移动工具”，拖动鼠标将选中的篮球移动到制作好的背景上。单击篮球所在图层，按“Ctrl+T”快捷键调出自由变换框，对导入的篮球进行大小和倾斜角度的调整，然后按“Enter”键确认，如图 4-28 所示。

图 4–25 打开“篮球”图片

图 4–26 选择白色区域

图 4–27 篮球选区

（4）为了让篮球更加突出，给篮球添加“外发光”图层样式。单击“图层”面板下方的“添加图层样式”按钮 fx，在弹出的“图层样式”对话框中，勾选“外发光”选项，参数设置如图 4-29 所示。单击“确定”按钮，效果如图 4-30 所示。

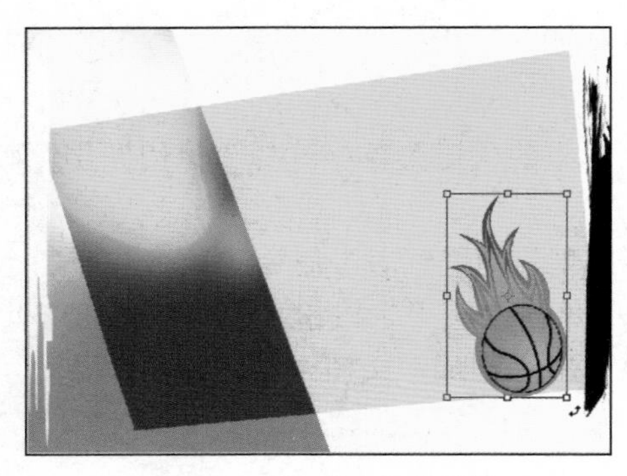

图 4–28 篮球图片的调整

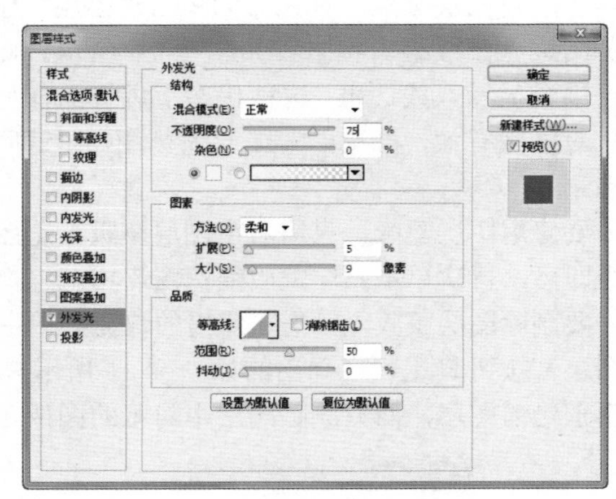

图 4–29 设置“图层样式”对话框参数

（5）按照步骤（3）的方法，依次从素材图片中提取出篮球框和人物剪影，并调整好各图片的尺寸及位置进行合成，效果如图 4-31 所示。

图 4–30 “外发光”效果

图 4–31 素材合成效果

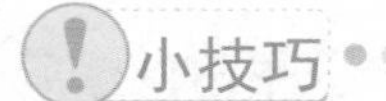

素材合成时，最好等所需全部素材都到位后，再根据版面调整各素材的位置和尺寸。

知识百宝箱

> 贴心提示　使用魔棒工具时，按住“Shift”键或者“Alt”键可以进行加选区和减选区操作。

魔棒工具

“魔棒工具”是通过容差的大小来选择图像中颜色相似的区域。图像颜色越单一，选取的对象就会越精确。“魔棒工具”不适合背景复杂且颜色杂乱的图像选择。具体操作如下。

（1）双击工作区，打开如图 4-32 所示的“玫瑰.jpg”素材图片。

（2）单击工具箱的“魔棒工具”按钮，在属性栏中将“容差”设置为 30，在图像上部背景处单击，背景选区效果不完整，如图 4-33 所示。

图 4-32　打开“玫瑰”

图 4-33　背景选区效果

（3）在属性栏中将“容差”设置为 60，在图像上部背景处再次单击，背景选区效果较完整，如图 4-34 所示。

（4）单击属性栏的“添加到选区”按钮，向下继续连续单击背景，则将单击处的选区添加到原选区里，使背景选区更完整，如图 4-35 所示。

（5）执行“选择”→“反向”命令，反选选区，则制作出玫瑰花选区，如图 4-36 所示。

图 4-34　修改容差后背景选区效果

图 4-35　添加选区效果

图 4-36　玫瑰花选区

任务 3　制作文字效果

（1）执行“文件”→“打开”命令，在弹出的“打开”对话框中选择素材文件“标题文字.jpg”。使用“钢笔工具”，沿着“篮球赛”的文字轮廓创建一个闭合路径，右击该路径，在弹出的快捷菜单里选择“建立选区”命令，打开“建立选区”对话框，为使效果更自然，设置“羽化半径”为 2 像素，如图 4-37 所示。

（2）单击“确定”按钮，将路径转化为选区，使用“移动工具”将文字拖动到前边制作的合成文件中，效果如图 4-38 所示。

（3）选择“横排文字工具”**T**，在图像窗口中单击，确定插入点，在工具选项栏中设置“颜色”为白色，“字体”为黑体，字体“大小”为 90 点，输入“地点：‘我爱运动’俱乐部”和“时间：2015.01.01-9：00”。单击文字所在图层，按“Ctrl+T”快捷键调出变换框，将文字旋转至和背景角度相同。最后，给文字添加“投影”图层样式，使文字具备立体感。

（4）同上，选择“横排文字工具”**T**，在工具选项栏设置“字体”为细圆，字体“大小”为 100 点，输入“主办：‘我爱运动’俱乐部”，并添加“投影”图层样式。整个海报完成效果如图 4-39 所示。

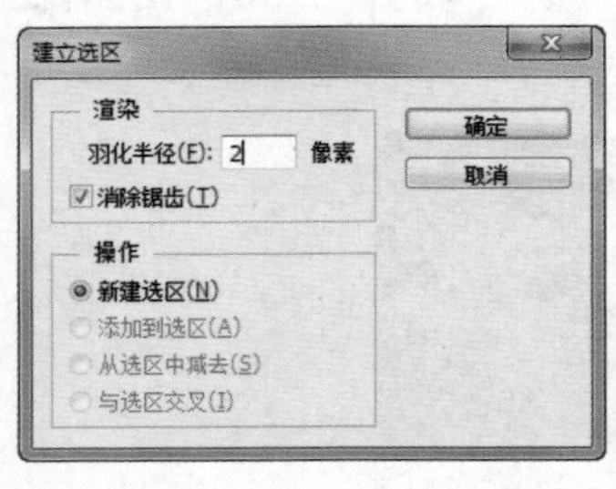

图 4-37 设置“建立选区”对话框参数

图 4-38 移动文字

图 4-39 海报完成效果

知识百宝箱

一、变形文字

Photoshop CC 提供了非常丰富的文字格式化功能，利用变形文字可以制作出丰富多彩的文字变形效果。选择要变形的文字图层，执行“类型”→“文字变形”命令或单击工具选项栏的“创建文字变形”按钮，在弹出的“变形文字”对话框中选择需要的样式，即可对文字应用变形。具体操作如下。

图 4-40 文字效果及“图层”面板

（1）在打开的如图 4-40 所示的文字效果图片上选择文字图层。

（2）单击工具选项栏的“创建文字变形”按钮，弹出“变形文字”对话框，设置如图 4-41 所示参数，单击“确定”按钮，变形效果如图 4-42 所示。

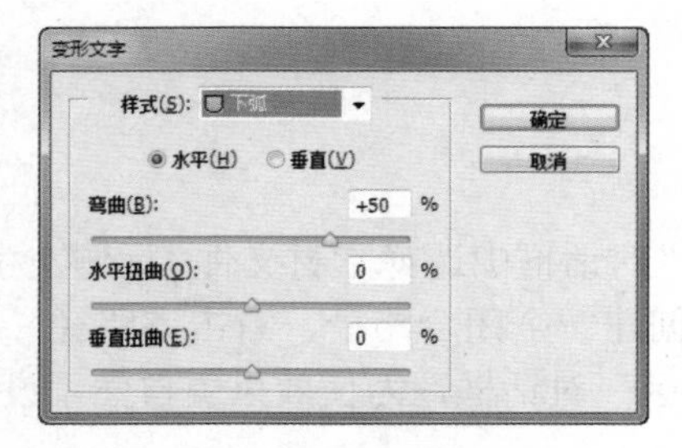

图 4-41 “变形文字”对话框参数设置

图 4-42 变形文字效果

二、印刷输出

在 Photoshop CC 中，制作的各种效果图像，可以根据需要设置不同的打印选项参数，并打印输出。用户可以根据打印设置参数，以更加合适的方式打印输出图像。

（一）输入图像的方式

在 Photoshop CC 中处理图像时，经常要用到素材图像，这些素材图像可以通过不同的途径获得，比如扫描仪、数码相机、光盘及互联网。

> **贴心提示** 要保证打印质量，在设置画布尺寸时需直接加上 3mm 的出血值，所有素材均保持分辨率为 300 像素。

1. 使用数码相机输入图像

使用数码相机是一种新的获取数字化图像的方法，大部分数码相机都配有 USB 接口，当数码相机通过 USB 接入系统时，系统会提示“检测到新硬件”并自动创建移动盘，用户可以根据提示把相机中的文件进行保存，然后再启动 Photoshop CC，在数码相机的功能选项中选择需要的素材图像即可。具体操作如下。

启动 Adobe Bridge CC 程序，执行“文件”→“从相机获取照片”命令，打开“Adobe Bridge CC 图片下载工具”对话框，进行各选项设置，单击“获取媒体”按钮，从数码相机中获取照片至 Adobe Bridge CC 中。

2. 使用扫描仪输入图像

扫描仪是一种较为常用的获取图像的方法，通过此方法可以将所需要的素材图像扫描到计算机中，然后再进行修改和编辑。扫描图像之前，应确保已安装了扫描仪所需要的软件。为了确保获得高品质的扫描效果，应预先确认图像要求扫描分辨率和动态范围，然后打开 Photoshop CC。若扫描仪没有 Adobe Photoshop CC 兼容的扫描仪驱动程序，则使用 TWAIN 接口导入扫描。

3. 从光盘获取图像

市场上有许多专业的图像素材库光盘，另外有些专业书籍也配有素材光盘，它们中均包含丰富的图像素材。使用光盘中的素材图像，可以丰富设计的内容。具体操作如下。

将素材光盘放入光驱中，打开 Photoshop CC，执行“文件”→“打开”命令，弹出“打开”对话框，进入光盘中的相应文件夹，选择素材图像，单击“打开”按钮，即可从素材光盘中输入图像。

4. 从互联网上下载图片

用户可以从互联网上下载需要的图片，这是我们使用最多的方法。具体操作如下。

在互联网上通过百度或谷歌查找到需要的图片，然后在图片上单击鼠标右键，在弹出的快捷菜单中选择“图片另存为”命令，在打开的“保存图片”对话框中指定图片文件存储的位置和名称，单击“确定”按钮即可。

（二）输出图像前的准备工作

为了获得高质量、高水准的作品，除了进行精心设计与制作外，还应先了解一些关于打印的基本知识，这样才能更好地将印刷输出工作顺利进行。

1. 选择图像格式

作品制作完成后，根据需要将图像存储为相应的格式。用于观看的图像，可存储为 JPEG 格式，用于印刷的图像，可存储为 TIFF 格式。具体操作如下。

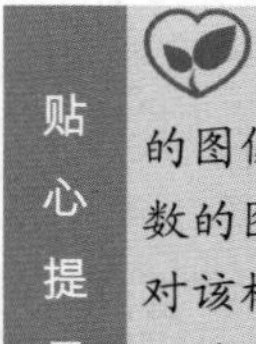

> **贴心提示** TIFF 格式是印刷行业标准的图像格式，通用性很强，大多数的图像处理软件和排版软件都对该格式提供了很好的支持，因此其广泛用于程序之间和计算机平台之间进行图像数据交换。

（1）双击图像编辑窗口，打开一幅已经制作好的作品，如图 4-43 所示。

（2）执行“文件”→“存储为”命令，打开“另存为”对话框，设置存储位置，单击“保存类型”右侧的下拉按钮，在弹出的格式菜单中选择 TIFF

格式，如图 4-44 所示。

（3）单击“保存”按钮，弹出“TIFF 选项”对话框，如图 4-45 所示，单击“确定”按钮，保存文件。

图 4-43 打开作品

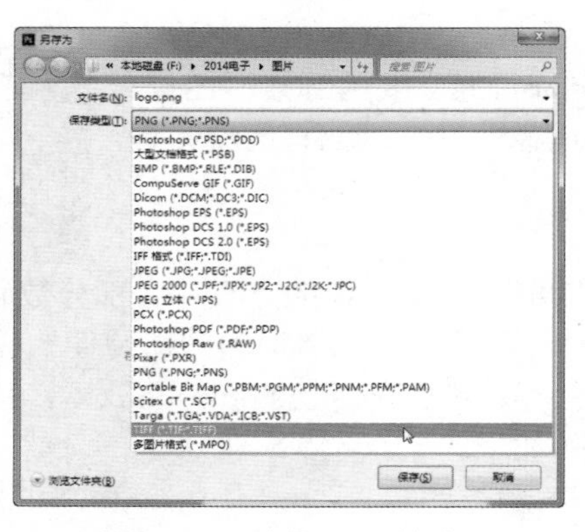

图 4-44 选择 TIFF 格式

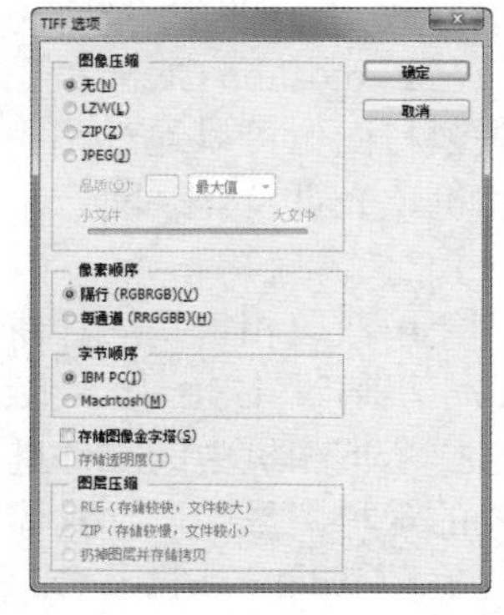

图 4-45 “TIFF”选项对话框

2. 选择图像色彩模式

用户在设计作品的过程中需要考虑作品的用途和输出方式，不同的输出要求所设置的色彩模式也不同。例如，输出至电视设备中供观看的图像，必须经过“NTSC 颜色”滤镜等颜色校正工具进行校正，然后才能在电视上正常显示。具体操作如下。

> **贴心提示** RGB 颜色模式是目前应用最广泛的颜色模式之一，但对于需要印刷的图像，必须使用 CMYK 颜色模式，因此，印刷的图像需要从 RGB 颜色模式转换为 CMYK 颜色模式。

（1）在 Photoshop CC 中打开一幅图像，如图 4-46 所示。

（2）执行“图像”→“模式”→“CMYK 颜色”命令，弹出信息提示框，如图 4-47 所示。

（3）单击“确定”按钮，即可将图像由 RGB 模式转换成 CMYK 模式，如图 4-48 所示。

图 4-46 打开图像

图 4-47 信息提示框

图 4-48 CMYK 模式效果

图 4-49 置入图像

3. 选择图像分辨率

为确保印刷的作品图像清晰，在印刷之前，需要检查图像的分辨率。具体操作如下。

执行“文件”→“新建”命令，新建一个分辨率为“300 像素/英寸”的空白图像文件，然后执行“文件”→“置入”命令，置入一幅素材图像，如图 4-49 所示，按“Enter”键确认操作。

4. 识别图像色域范围

色域范围是指颜色系统可以显示或打印的颜色范围，用户可以在将图像转换为 CMYK 模式之前，识别图像中的溢色或手动进行校正，使用“色域警告”命令可识别色域范围外的色调。具体操作如下。

执行“文件”→“打开”命令，打开一幅图像，如图 4-50 所示。执行“视图”→“色域警告”命令，即可识别图像色域范围外的色调，如图 4-51 所示。

图 4-50 打开图像

图 4-51 识别图像色域范围外的色调

（三）图像印刷流程

图像的印刷流程包括图像印刷前的处理、色彩校正、出片和打样。

1. 图像印刷前的处理

对于设计并制作完成的图像作品，印前处理工作一般包括以下基本步骤。

（1）色彩校正：对图像作品进行色彩校正。

（2）校稿：对要打印的图像进行校对。

（3）定稿：再次打印、校稿并修改，确定最终稿件。

（4）打样：送印刷机构进行印前打样。

（5）制版和印刷：校正打样稿，如果没有问题就送到印刷机构进行制版和印刷。

> **贴心提示**
> 在打印前需要注意图像的分辨率应不低于 300 像素。如果图像不清晰，则需要设置高分辨率参数。分辨率的设置对于文本文件没有影响，除非用户使用的是一台激光打印机，并且将 TrueType 字体作为图像来处理。一般情况下，较高的分辨率设置将打印出高质量的图片，但可能花费较多的时间。

2. 校正图像的色彩

显示器与打印机在输出图像时颜色有偏差，这将导致印刷输出的图像色彩和原作品色彩的不符，因此，在制作过程中进行色彩校正是印刷前的一个重要环节。具体操作如下。

（1）执行“文件”→“打开”命令，打开一幅图像，如图 4-52 所示。

（2）执行“视图”→“校样颜色”命令，校正图像颜色，如图 4-53 所示。

图 4-52 打开图像

图 4-53 校正图像颜色

3. 图像出片和打样

印刷机构在印刷前，必须将所有交付印刷的作品交给出片中心进行出片，若设计的作品最终要求不是输出胶片，而是大型彩色喷绘样张，则可以直接用喷绘机输出。

当设计稿在计算机中排版完成后，可以进行设计稿打样，在印刷工作过程中，打样的目的有两种，即设计阶段的设计稿打样和印刷前的印刷胶片打样。

贴心提示

出片和打样是两个不同的程序，出片是设计完的文件制作成胶片（也叫菲林）的过程，在印刷上也称做出片，和照相用的底片相似；而打样一般是印刷厂接受客户委托及客户对产品的规格要求（如颜色、填充物等），先行制作一个或多个样品，或先绘制图样，经过客户修正并确认后，签发生产合同，开始量产，属于一种前期承接产品的预备工作。

（四）设置输出属性

Photoshop CC 提供了专用的打印选项设置功能，用户可以根据不同的工作需求进行合理的设置。

1. 设置输出背景

设置输出背景即设置图像区域外打印的背景色，这样有利于更加精确地裁剪图像。具体操作如下。

（1）执行“文件”→“打开”命令，打开一幅素材图像，如图 4-54 所示。

（2）执行“文件”→“打印”命令，打开“Photoshop 打印设置”对话框，展开对话框右侧的“函数”选项，如图 4-55 所示。

图 4-54　打开素材图像

图 4-55　“Photoshop 打印设置”对话框

（3）单击“背景”按钮，打开“拾色器（打印背景色）”对话框，设置 RGB 参数值为（78，161，7），如图 4-56 所示。

（4）单击“确定”按钮，即可设置输出背景色，如图 4-57 所示。单击“完成”按钮，结束设置。

2. 设置出血线

“出血”是指印刷后的作品在经过裁切成为成品的过程中，周围 4 条边都会被裁剪 3 ㎜左右，这个宽度即为“出血线”。具体操作如下。

（1）执行“文件”→“打开”命令，打开一幅素材图像，执行“文件”→“打印”命令，打开“Photoshop 打印设置”对话框，展开对话框右侧的“函数”选项，如图 4-58 所示。

（2）单击“出血…”按钮，打开“出血”对话框，设置“宽度”为 3 毫米，如图 4-59 所示。单击“确定”按钮设置图像的出血线，单击“完成”按钮，结束设置。

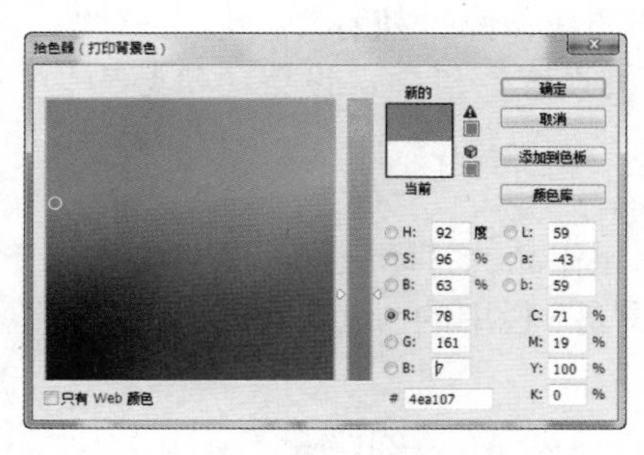

图 4–56　设置 RGB 的参数值

图 4–57　设置输出背景色效果

图 4–58　展开“函数”选项 1

图 4–59　出血线设置

3．设置图像边界

设置打印图像的边框后，打印出来的成品将添加黑色边框。具体操作如下。

（1）执行“文件”→“打开”命令，打开一幅素材图像，执行“文件”→“打印”命令，打开“Photoshop 打印设置”对话框，展开对话框右侧的“函数”选项，如图 4-60 所示。

（2）单击“边界…”按钮，打开“边界”对话框，设置“宽度”为 3.5 毫米，如图 4-61 所示。单击“确定”按钮，设置图像边框，效果如图 4-62 所示，单击“完成”按钮，结束设置。

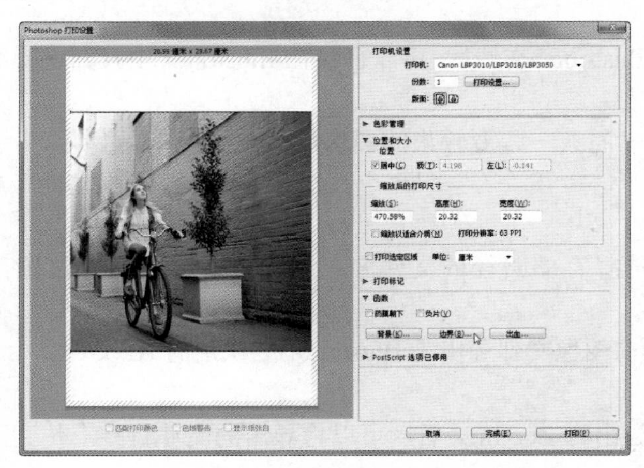

图 4–60　展开“函数”选项 2

图 4–61　设置边界

图 4–62　图像边界效果

4. 设置打印份数

在 Photoshop CC 中打印作品时可以设置打印的份数。具体操作如下。

执行“文件”→“打开”命令，打开一幅要打印的图像作品，执行“文件”→“打印”命令，打开“Photoshop 打印设置”对话框，在“打印机设置”栏中，设置“份数”为 10，如图 4-63 所示，单击“完成”按钮完成设置。

5. 设置打印版面

在 Photoshop CC 中，根据打印的需要，可以设置图像作品的打印版面。具体操作如下。

在“Photoshop 打印设置”对话框中，单击“打印机设置”栏中的“纵向打印纸张”按钮，如图 4-64 所示，即可设置图像的打印版面。

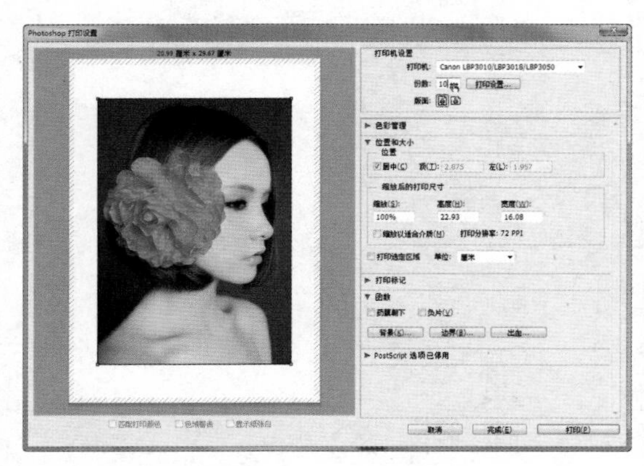

图 4-63 设置打印份数

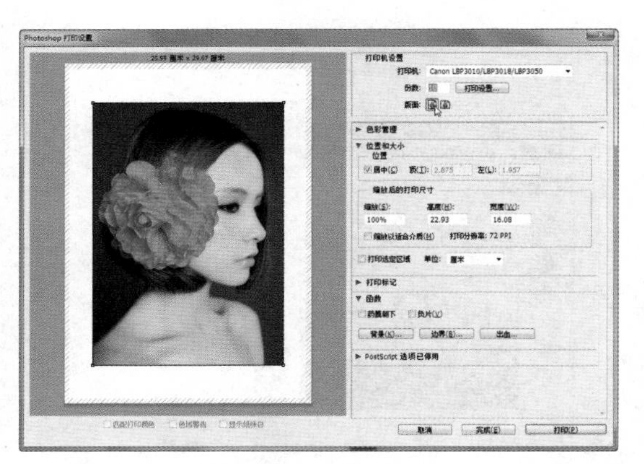

图 4-64 设置打印版面

6. 预览打印效果

在页面设置完成后，用户还可以通过打印预览来查看图像作品在打印纸的位置是否合适。具体操作如下。

在如图 4-64 所示“Photoshop 打印设置”对话框中，其左侧是一个图像预览窗口，可以预览打印的效果。

（五）输出图像作品

在 Photoshop CC 中，当完成作品的设计和制作后就可以将其输出为其他软件兼容的格式，也可以将其导出为适合在网页上浏览的图片格式。

1. 导出为 Illustrator 文件

将 Photoshop CC 中的文件导出为 Illustrator 文件后，可以直接在 Illustrator 中打开进行编辑操作。具体操作如下。

（1）执行“文件”→“打开”命令，打开一幅要输出的图像作品，如图 4-65 所示。

（2）执行“文件”→“导出”→“路径到 Illustrator”命令，打开“导出路径到文件”对话框，如图 4-66 所示。

（3）单击“确定”按钮，打开“选择存储路径的文件名”对话框，设置保存位置，如图 4-67 所示。

（4）单击“保存”按钮，即可将当前图像文件导出为 Illustrator 能识别的 AI 文件。

2. 导出为 Zoomify

在 Photoshop CC 中，将图像文件导出为 Zoomify 后，可以将导出的文件直接上传到网页上进行浏览。具体操作如下。

图 4–65　打开图像作品

图 4–66　“导出路径到文件”对话框

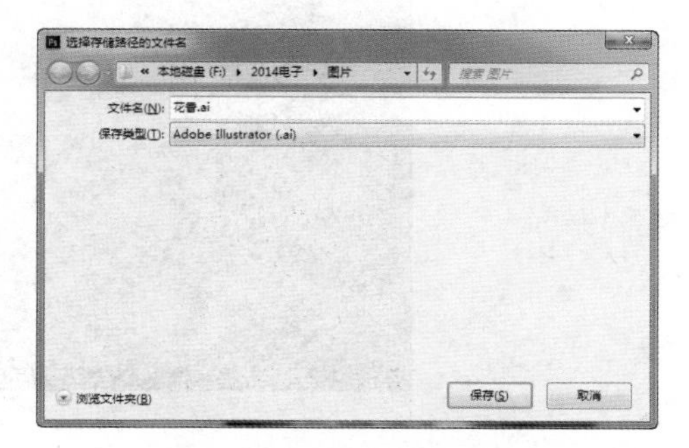

图 4–67　“选择存储路径的文件名”对话框

（1）执行“文件”→“打开”命令，打开一幅要输出的图像作品，如图 4-68 所示。

（2）执行“文件”→“导出”→“Zoomify”命令，打开“Zoomify™ 导出”对话框，单击“输出位置”栏中的“文件夹…”按钮，如图 4-69 所示。

图 4–68　打开图像作品

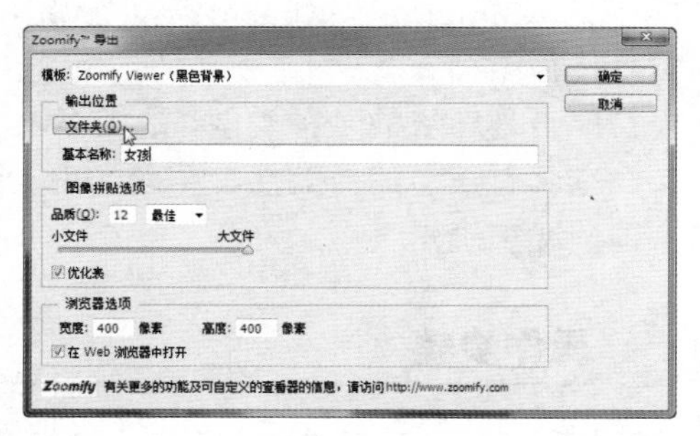

图 4–69　“Zoomify™ 导出”对话框

（3）打开“浏览文件夹”对话框，选择要输出的位置，如图 4-70 所示。

（4）单击“确定”按钮，返回“Zoomify 导出”对话框，在“浏览器选项”栏中设置“宽度”为 400 像素，“高度”为 300 像素，如图 4-71 所示。

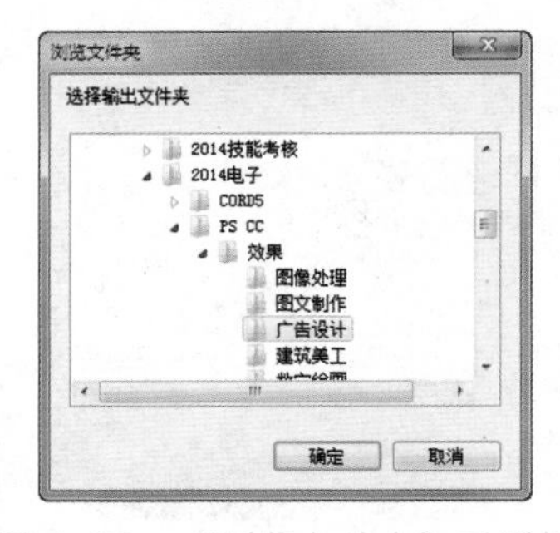

图 4–70　“浏览文件夹”对话框

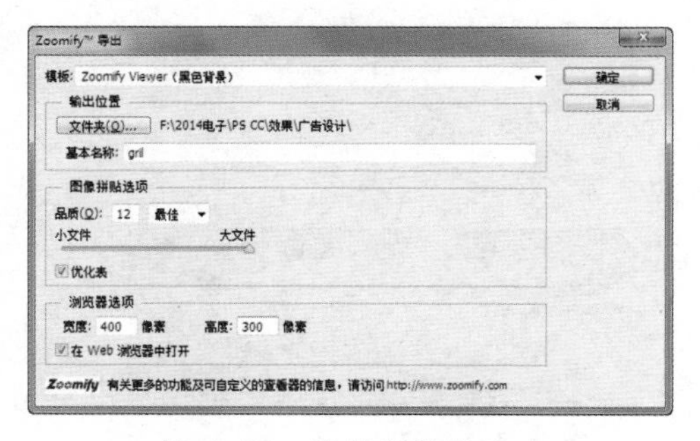

图 4–71　设置浏览器尺寸

（5）单击“确定”按钮，系统将自动打开 Web 浏览器窗口，即可预览导出的 Zoomify 文件，效果如图 4-72 所示。

图 4-72　预览 Zoomify 文件

牛刀小试——公益广告设计

“广告”是指通过一定的媒体，向一定的人，传达一定的信息，以期达到一定目的的有责任的信息传播活动。

公益广告是广告的一种类型，是指不以盈利为目的而为社会公众切身利益和社会风尚服务的广告。它具有社会的效益性、主题的现实性和表现的号召性 3 个特点，它的尺寸没有要求，根据实地情况来确定。

操作步骤　START

（1）执行“文件”→“新建”命令，打开“新建”对话框，设置名称为“梦想”，“宽度”为 1024 像素，“高度”为 768 像素，“分辨率”为 150 像素/英寸，其他参数默认，如图 4-73 所示。

（2）单击“确定”按钮，新建空白图像文件。选择“渐变工具”，单击工具选项栏的“径向渐变”按钮，然后单击“点按可编辑渐变”按钮，打开“渐变编辑器”对话框，设置色标的颜色从左到右依次是 RGB（185，233，17）和 RGB（17，99，10），如图 4-74 所示。

图 4-73　设置“新建”对话框参数

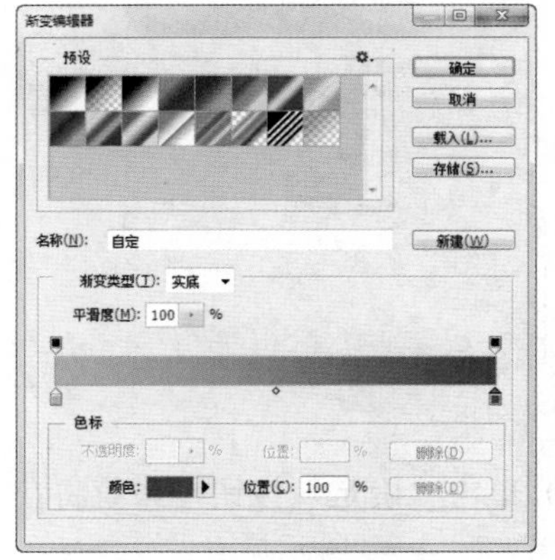

图 4-74　“渐变编辑器”对话框

（3）单击“确定”按钮，在图像编辑窗口的左上角位置拖动鼠标至右下角处，绘制一条直线，填充径向渐变，效果如图 4-75 所示。

（4）执行“滤镜”→“杂色”→“添加杂色”命令，打开“添加杂色”对话框，设置“数量”为 9%，分布为“平均分布”，勾选“单色”复选框，如图 4-76 所示。

图 4–75　填充径向渐变效果

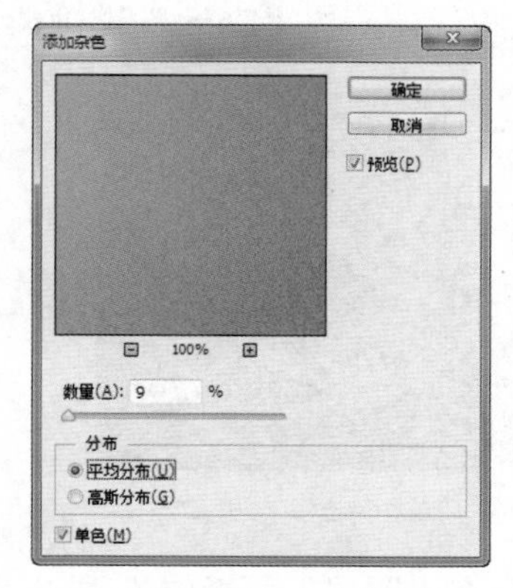

图 4–76　设置“添加杂色”对话框参数

（5）单击“确定”按钮，画布添加杂色，效果如图 4-77 所示。

（6）打开素材图片“灯.png”，使用“移动工具” 将素材图片拖曳至图像窗口中，此时自动生成“图层 1”图层，按“Ctrl+T”快捷键调整置入图像的大小和位置，按“Enter”键确认，效果如图 4-78 所示。

图 4–77　添加杂色效果

图 4–78　调整图像大小和位置

（7）选中“图层 1”，单击“图层”面板下方的“创建新的填充或调节图层”按钮 ，在弹出的命令列表中选择“亮度/对比度”选项，新建“亮度/对比度 1”调整图层，打开“亮度/对比度”面板，设置如图 4-79 所示的参数，效果如图 4-80 所示。

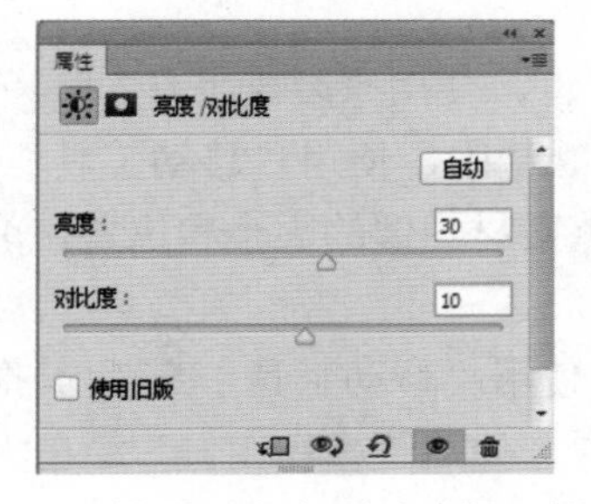

图 4–79　设置“亮度/对比度”面板参数

图 4–80　调整亮度/对比度效果

（8）单击图层蒙版缩览图，选择“画笔工具”，设置画笔为柔边圆 100 像素，在图像四周进行涂抹，效果如图 4-81 所示，此时“图层”面板如图 4-82 所示。

（9）打开素材图片“气泡.jpg”，如图 4-83 所示，使用“移动工具”将素材图片拖曳至图像窗口中，此时自动生成“图层 2”图层，水平翻转后按“Ctrl+T”快捷键调整素材图像的大小与画布一样，按“Enter”键确认调整。

图 4-81 涂抹效果

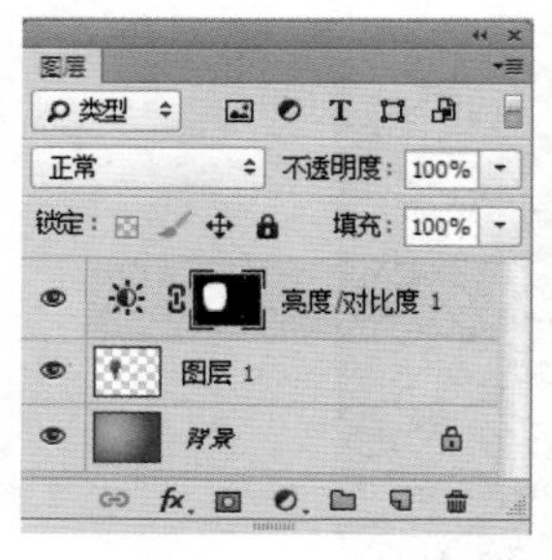

图 4-82 “图层”面板

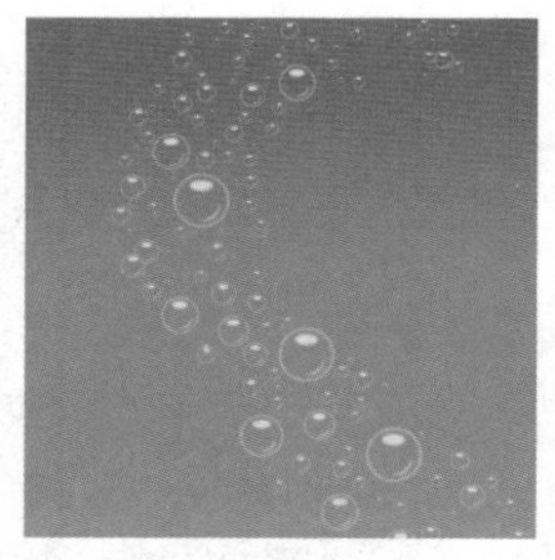
图 4-83 打开“气泡”图片

（10）在“图层”面板中设置“图层 2”不透明度为 50%，图层模式为“正片叠底”，效果如图 4-84 所示。

（11）打开素材图片“绿叶.png”，使用“移动工具”将其拖曳至图像窗口中，按“Ctrl+T”快捷键调整素材图像的大小和位置，按“Enter”键确认调整。按“Ctrl+Alt”键拖动素材图片，复制一份，移至适当位置，效果如图 4-85 所示。

（12）依次打开素材图片“树 1.jpg”和“树 2.jpg”，使用“魔棒工具”单击，选取白色背景选区，按“Delete”键删除背景，使用“移动工具”将其拖曳至图像窗口中，执行“编辑”→“自由变换”命令调整素材图像的大小和位置，单击工具选项栏“提交变换”按钮确认调整。

（13）按“Ctrl+Alt”组合键拖动素材进行复制，通过执行“编辑”→“变换”→“水平翻转”命令，水平镜像操作，合并“树”所在图层，效果如图 4-86 所示。

图 4-84 添加气泡效果

图 4-85 添加绿叶效果

图 4-86 添加树效果

（14）依次打开素材图片“蝴蝶 1.jpg”和“蝴蝶 2.jpg”，使用“魔棒工具”单击，选取白色背景选区，执行“选择”→“反向”命令，制作蝴蝶选区，使用“移动工具”将其拖曳至图像窗口中，执行“编辑”→“自由变换”命令调整素材图像的大小和位置，单击工具选项栏“提交变换”按钮确认调整，效果如图 4-87 所示。

（15）打开素材图片“梦想.png”，如图 4-88 所示，使用“移动工具”将其拖曳至图像窗口中，按“Ctrl+T”快捷键调整素材图像的大小和位置，使用“模糊工具”在人物周围涂抹，使其与背景融合，效果如图 4-89 所示。

图 4-87　添加蝴蝶效果

图 4-88　打开“梦想”图片

图 4-89　添加人物效果

（16）选择“横排文字工具”T，在工具选项栏设置“字体”为华文行楷，字体“大小”为 18 点，“颜色”为白色，输入文字“只怕心老，不怕路长。”、“活着一定要有爱，有快乐，有梦想！”，效果如图 4-90 所示。

（17）设置文字所在图层的图层样式为“外发光”，参数默认，效果如图 4-91 所示。

图 4-90　输入文字效果

图 4-91　文字图层外发光效果

（18）执行“文件”→“存储”命令，将制作的图像存储为“公益广告.psd”文件。

项目总结

本项目以海报设计和公益广告设计为主线，介绍了 Photoshop 在墙面广告的设计和制作。Photoshop 被人类称为“选择的艺术”，选区工具及图层在广告设计中占有非常重要的地位，要熟练掌握。渐变不仅可以完成多种色彩的渐变，还能应用于蒙版，灵活巧妙地应用它可以为广告作品增色。

项目 2

展板设计

项目背景及要求

“新世纪图文”是一家大型的印刷出版公司，承接各种印刷品设计及输出。附近的小学刚刚举办了一场关于小学生行为养成方面的大型报告会，因为孩子年龄较小，想制作一个展板放在学校门口进行知识普及。要求主题鲜明，能吸引小学生乃至家长驻足观看。展板成品效果如图 4-92 所示。

图 4-92 展板成品效果

项目分析

本作品面向小学生，图片、文字等素材都应该色彩鲜艳，充满童趣。需要使用选区工具对素材进行再加工，再使用图层样式等操作给图像和文字添加特殊效果。难点是选区添加和变换操作。本项目可以分解为以下 3 个任务。

- 任务 1　制作背景；
- 任务 2　制作白板及装饰；
- 任务 3　添加文字效果。

操作步骤 START

任务 1　制作背景

（1）执行“文件”→“新建”命令，在弹出的“新建”对话框中进行如图 4-93 所示参数设置。单击“确定”按钮，新建一个名为“展板”的文档。

（2）双击工作区，弹出“打开”对话框，打开名为“蓝天.jpg”的图片，使用“移动工具”将蓝天图片拖入文档作为背景，生成“图层 1”，单击选中该图层，在“图层”面板中设置图层混合模式为“点光”，效果如图 4-94 所示。

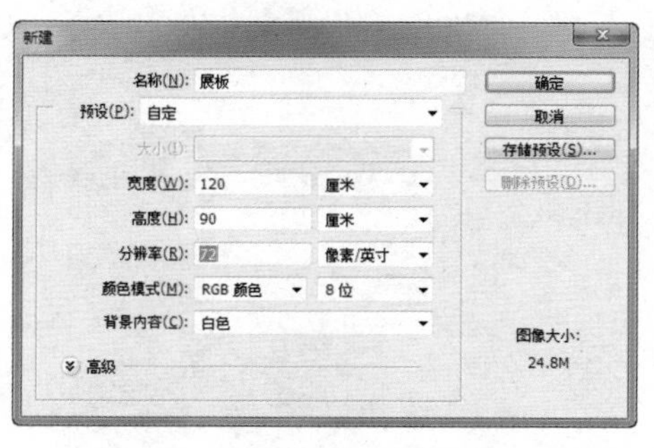

图 4-93　“新建”对话框参数设置

图 4-94　点光效果

（3）用同样的方法，打开“草地 1.jpg”图片，将其拖入新建文件中，生成“图层 2”，按“Ctrl+T”快捷键调出变换框，调整“草地 1.jpg”图片的大小和位置，效果如图 4-95 所示。

（4）打开“草地 2.jpg”图片，将其拖入新建文件中，生成“图层 3”，按“Ctrl+T”快捷键调出变换框，调整“草地 2.jpg”图片的大小和位置，效果如图 4-96 所示。

（5）打开“野花.jpg”图片，将其拖入新建文件中，生成“图层 4”，按“Ctrl+T”快捷键调出变换框，调整“野花.jpg”图片的大小和位置，效果如图 4-97 所示。

图 4-95　调整草地 1 的大小和位置

图 4-96　调整草地 2 的大小和位置

图 4-97　调整野花的大小和位置

知识百宝箱

图层混合模式

图层的混合模式用于控制上、下图层中图像的交叠混合效果。单击“图层”面板中“正常”右侧的下拉按钮，会弹出一个包含 27 种混合模式的下拉列表，用户可以在此选择需要的混合模式。在实际运用中，这些图层混合模式按照一定的原则分为 5 种，分别为正常型、颜色减淡型、光源叠加型、差值特异型和色相饱和度型。图层混合模式的效果与上、下图层中的图像（包括色调、明暗度等）有密切的关系，因此，在应用时可以多试用几种模式，以寻找最佳效果。

> **贴心提示** “展板”通常用于较正规的场合，如长时间展示指导性的规章制度、招生宣传、光荣榜或者名人名言等。制作时一般后面压 KT 板，前面覆盖亮膜。其尺寸可以根据实际场地的需求灵活设定。常用的尺寸有：60cm × 90cm、90cm × 120cm 和 120cm × 150cm 等。

1. 图片加深效果——正片叠底

对于图像，通过设置图层混合模式为“正片叠底”来调整图像的曝光效果，这是修正曝光过度的一种基本手段。具体操作如下。

（1）双击工作区，在弹出的“打开”对话框中打开“女孩.jpg”素材图片，如图 4-98 所示，可以看出这是一张曝光过度的图片。

（2）按“Ctrl+J”快捷键复制背景生成“图层 1”，此时“图层”面板如图 4-99 所示。

图 4-98　打开“女孩”图片

图 4-99　“图层”面板

（3）在“图层”面板上将“图层 1”的图层混合模式设置为“正片叠底”，如图 4-100 所示，此时观察图片可以看出图片的曝光过度问题被解决了，效果如图 4-101 所示。

图 4-100　“正片叠底”图层混合模式

图 4-101　“正片叠底”效果

2. 图片颜色减淡效果——滤色

对于图像，通过设置图层混合模式为“滤色”来将曝光不足的图像修正为合适的光感，若一次修复效果不明显，可以重复调整图像。这是修正图片曝光不足的一种基本手段。具体操作如下。

（1）双击工作区，在弹出的“打开”对话框中打开“夕阳.jpg”素材图片，如图 4-102 所示，可以看出这是一张曝光不足的图片。

（2）按“Ctrl+J”快捷键复制背景生成“图层 1”，此时“图层”面板如图 4-103 所示。

（3）在“图层”面板上将“图层 1”的图层混合模式设置为“滤色”，如图 4-104 所示，此时观察图片可以看出图片的曝光不足问题被解决了，效果如图 4-105 所示。

图 4-102　打开“夕阳”图片

图 4-103　“图层”面板

图 4-104　“滤色”图层混合模式

3. 光源叠加效果

光源叠加类型的图层混合模式包括叠加、柔光、强光、亮光、线性光、点光及实色混合 7 种。对于图像，通过设置光源叠加类型的图层混合模式可以为图片添加不同的光感效果。具体操作如下。

（1）双击工作区，在弹出的“打开”对话框中依次打开“情谊.jpg”、“光.jpg”素材图片，如图 4-106 和图 4-107 所示。

图 4-105　“滤色”效果

图 4-106　打开“情谊”图片

图 4-107　打开“光”图片

（2）使用“移动工具”将图片“光”拖至图片“情谊”上，并按“Ctrl+T”快捷键调出变换框，调整“光”图片的大小和位置，此时“图层”面板如图 4-108 所示。

（3）在“图层”面板上将“图层 1”的图层混合模式设置为“叠加”，如图 4-109 所示，此时观察图片可以看出图片被添加了一种艺术光感效果，如图 4-110 所示。

图 4-108　“图层”面板

图 4-109　“叠加”图层混合模式

图 4-110　“叠加”效果

4. 差值特异特殊效果

差值特异特殊效果包括差值、减去、排除和划分4种。对于图像，通过设置差值特异类型的图层混合模式可以为图片添加一些特殊的视觉效果。具体操作如下。

（1）双击工作区，在弹出的“打开”对话框中打开“玫瑰.jpg”素材图片，如图4-111所示。

（2）按“Ctrl+J”快捷键复制背景生成“图层1”，此时“图层”面板如图4-112所示。

图4-111 打开“玫瑰”图片

图4-112 “图层”面板

（3）在“图层”面板上将“图层1”的图层混合模式设置为“排除”，如图4-113所示，此时观察图片可以看出图片具有特殊的反转胶片效果，如图4-114所示。

图4-113 “排除”图层混合模式

图4-114 “排除”效果

5. 色相饱和度颜色效果

图4-115 打开“小孩”图片

色相饱和度颜色效果包括色相、饱和度、颜色和明度4种。对于图像，通过设置颜色效果的图层混合模式可以为图片的颜色进行混合，为图片添加颜色融合过渡的视觉效果。具体操作如下。

（1）双击工作区，在弹出的“打开”对话框中打开“小孩.jpg”素材图片，如图4-115所示。

（2）选择“画笔工具”，将前景色设置为红色，新建“图层1”，使用“画笔工具”在人物服装上进行涂抹，如图4-116所示。

（3）在“图层”面板上将“图层1”的图层混合模式设置为“颜色”，如图4-117所示，此时观察图片可以看出人物的衣服颜色已经被自然地进行了更改，如图4-118所示。

图 4-116　涂抹人物服装

图 4-117　“颜色”图层混合模式

图 4-118　“颜色”效果

任务 2　制作白板及装饰

（1）打开素材图片“白板.png”，将其拖放到文件中，按“Ctrl+T”快捷键调整位置和大小，按“Enter”键确认图片的调整。

（2）选择“矩形选框工具”，移动鼠标在白板上拉曳出一个矩形选区，框选住全部文字，如图 4-119 所示。

（3）单击“缩放工具”按钮，在长颈鹿的腿部位置单击，将图形放大。然后单击工具选项栏上的“添加到选区”按钮，并设置羽化值为 2px。再次拖曳出矩形选区，一直重复此项操作，使叠加起来的选区尽可能的包含住所有不需要显示的内容，如图 4-120 所示。

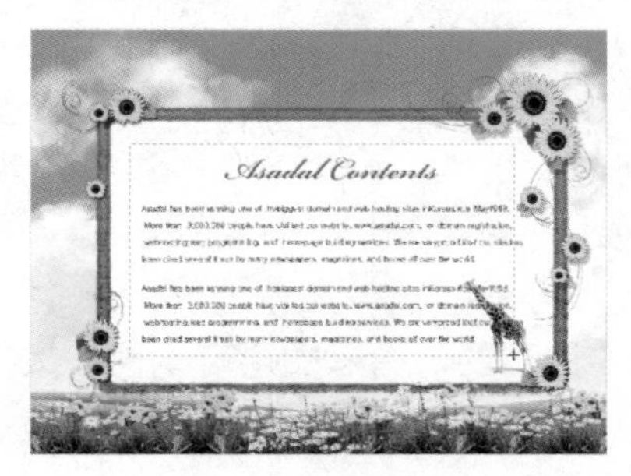

图 4-119　绘制矩形选区

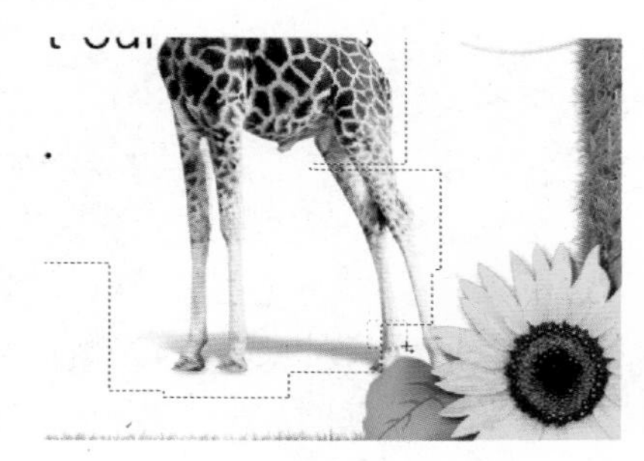

图 4-120　添加到选区

（4）设置前景色为白色，按“Alt+Delete”快捷键为选区填充前景色，盖住原来底图上的字符，如图 4-121 所示。按“Ctrl+D”快捷键取消选区。

（5）打开素材图片“树叶 1.jpg”，使用“移动工具”将其拖入到文件中，按“Ctrl+T”快捷键调出变换框，调整素材大小及位置，效果如图 4-122 所示。

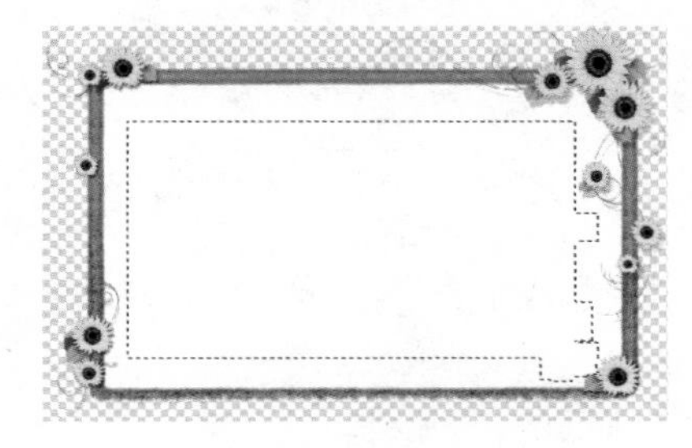

图 4-121　选区填充白色

图 4-122　调整树叶 1 大小和位置

（6）打开素材图片“树叶 2.jpg”，使用“移动工具”将其拖入到文件中，按“Ctrl+T”快捷键调出变换框，调整素材大小及位置，效果如图 4-123 所示。

图 4-123　调整树叶 2 大小和位置

知识百宝箱

一、基本选区工具

Photoshop 中要对图像的局部进行编辑，首先要通过创建选区的方法将其选中。创建选区的方法非常灵活，可以根据选择对象的背景情况、颜色等特征来决定采用的工具和方法。前面已介绍过“魔棒工具”的使用方法，它适用于不规则的区域和图像边缘比较明显的情况，这里将介绍 4 个选框工具，用于创建规则的矩形、椭圆、单行和单列选区。

1. 矩形选框工具

这是最常用的一种选框工具。选择“矩形选框工具”，移动鼠标到绘图区域，此时鼠标指针呈十字形状，然后在图片上单击并拖曳即可绘制出矩形选区。若按住“Shift”键的同时拖动鼠标，可以创建正方形选区；若按住“Alt+Shift”快捷键的同时拖动鼠标，可以创建以起点为中心的正方形选区。具体操作如下：

（1）双击工作区，在弹出的“打开”对话框中打开“相框.jpg”素材图片，如图 4-124 所示。

（2）使用“移动工具”拖动“背景”图层到“图层”面板的“创新建图层”按钮上复制“背景”图层，生成“背景 副本”图层。

（3）使用“矩形选框工具”绘制如图 4-125 所示的选区。按下工具选项栏的“添加到选区”按钮，继续使用“矩形选框工具”再选区外继续绘制选区，最后绘制如图 4-126 所示选区。

> **贴心提示**　选区创建之后，在选区的边界会出现蚁行线，以表示选区的范围。此时，可以对选区内的对象进行各种操作，而选区以外的图像丝毫不受影响。

（4）按“Delete”键将选区内容删除，单击“背景”图层的“指示图层可见性”按钮关闭其显示，效果如图 4-127 所示。

图 4-124　打开“相框”图片

图 4-125　绘制选区

图 4-126　最终选区

（5）按“Ctrl+D”快捷键取消选区。按“Ctrl+O”快捷键打开“打开”对话框，在此打开如图 4-128 所示的“女孩.jpg”素材图片。

（6）使用“矩形选框工具”绘制如图 4-129 所示的选区。

图 4-127　删除选区内容

图 4-128　打开“女孩”图片

图 4-129　绘制选区

（7）使用“移动工具” 拖动选区图片至相框文件中，生成“图层 1”图层，如图 4-130 所示。

（8）将“图层 1”移至“背景副本”图层下方，选择“图层 1”，执行“编辑”→“自由变换”命令调出变换框，调整图片大小和位置，如图 4-131 所示。

（9）按“Enter”键确认变换，效果如图 4-132 所示。

图 4-130　移动选区图像

图 4-131　调整图片大小和位置

图 4-132　最终效果

2. 椭圆选框工具

这也是常用的一种选框工具。选择“椭圆选框工具” ，移动鼠标到绘图区域，此时鼠标指针呈十字形状，然后在图片上单击并拖曳即可绘制出椭圆选区。若按住“Shift”键的同时拖动鼠标，可以创建正圆形选区；若按住“Alt+Shift”快捷键的同时拖动鼠标，可以创建以起点为中心的圆形选区。具体操作如下。

（1）打开两张素材图片，如图 4-133 所示。

（2）使用“椭圆选框工具” ，在工具选项栏设置羽化值为 30，绘制如图 4-134 所示的选区。

图 4-133　素材图片

图 4-134　绘制选区

（3）使用“移动工具” 拖动选区图片至背景文件中，生成“图层 1”图层，效果如图 4-135 所示。按“Ctrl+T”快捷键调出变换框，调整图片大小和位置，按“Enter”键确认变换，效果如图 4-136 所示。

图 4-135　移动选区图片

图 4-136　调整图片效果

贴心提示　创建选区时，可通过修改“羽化”后面的数值来定义边缘晕开的程度，数值越大，晕开的程度就越大。

3. 单行和单列选框工具

“单行选框工具”和“单列选框工具”用于创建1个像素高度或宽度的选区，在选区内填充颜色即可得到水平或者垂直直线。

二、编辑选区

选区和图像一样，可以进行移动、旋转、缩放等操作，以调整选区的位置和形状，最终得到所需的选择区域。

1. 移动选区

用于改变选区的位置。使用“移动工具”移动光标到选择区域内，当光标变形为形状时拖动，即可移动选区。

2. 取消选区

执行“选择”→“取消选择”命令或按“Ctrl+D”快捷键即可取消所有已创建的选区。

3. 反选和重选

执行“选择”→“反向”命令或按“Ctrl+Shift+I”快捷键，可以反选当前的选区，即取消当前已选择的区域，选择未选择的区域；当取消选区后，执行“选择”→“重新选择”命令或按“Ctrl+Shift+D”快捷键可恢复最近一次的选择区域。

4. 变换选区

创建选区后，执行“选择”→“变换选区”命令，在选区的周围会出现8个控制点，移动光标到变换框内，可以通过拖动鼠标移动选区；移动光标到变换框的边框上时，光标变成双向箭头，此时可以通过拖动鼠标完成选区的缩放，此时旁边会提示缩放的尺寸；移动光标到变换框外围时，可能通过拖动鼠标对选区进行旋转，此时旁边会显示旋转的角度，变换选区效果如图 4-137 所示。

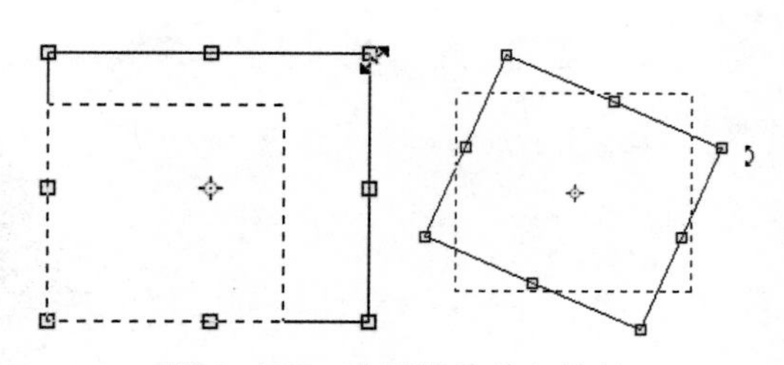

图 4-137　选区的缩放与旋转

小技巧

要选择整幅图像，可使用“Ctrl+A”快捷键。选区创建之后，可按“Shift”键进行加选，按“Alt”键进行减选。

5. 修改选区

大多数情况下，创建选区很难一次达到理想的范围，需要进行多次的选择。单击选区工具的选项栏的“添加到选区”按钮可以增加选区，单击“从选区减去”按钮可以削减选区。

如图 4-138 所示为选区相加效果，如图 4-139 所示为选区相减效果，如图 4-140 所示为选区交叉效果。

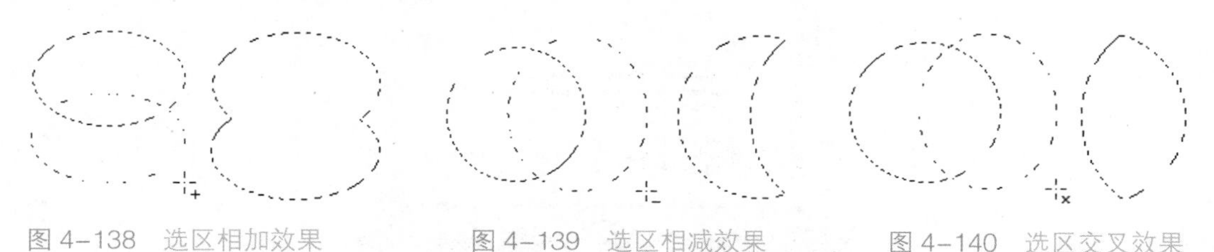

图 4-138 选区相加效果　　图 4-139 选区相减效果　　图 4-140 选区交叉效果

任务 3 添加文字效果

（1）选择“横排文字工具”T，在工具选项栏设置“字体”为 FZsejw，“颜色”为 RGB（233，32，127），字体“大小”为 300 点，输入文字“习惯贵在养成”。

（2）双击文字所在图层，给标题文字添加图层样式“投影”和“描边”，参数设置如图 4-141 和图 4-142 所示。

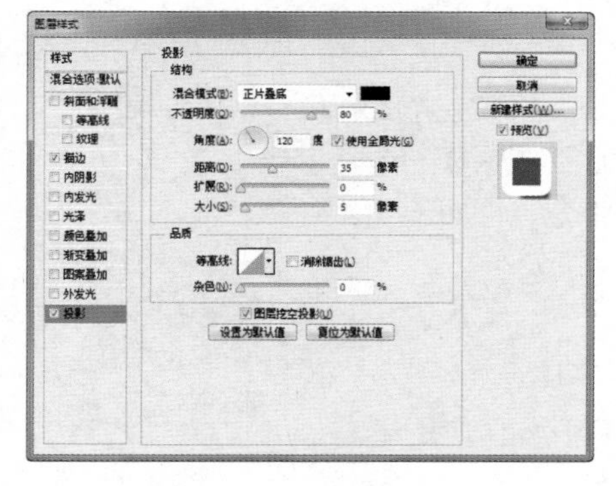

图 4-141 “投影”样式

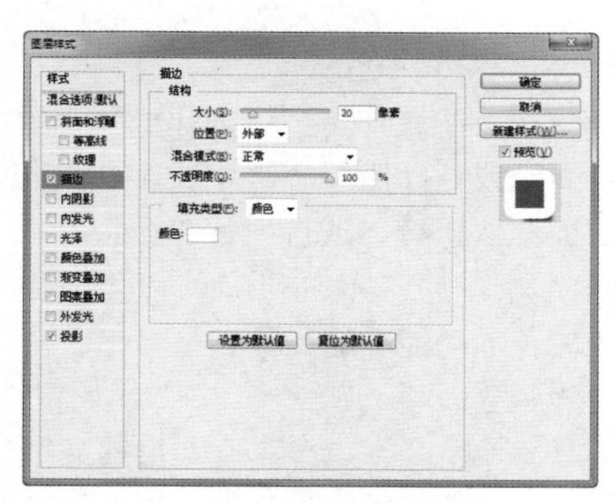

图 4-142 “描边”样式

（3）单击“确定”按钮，效果如图 4-143 所示。

（4）选择“横排文字工具”T，在工具选项栏设置“字体”为 FZ dhtk，字体“大小”为 160 点，小标题文字“颜色”为 RGB（230，32，60），正文文字“颜色”为黑色，输入第一段“小学生学习习惯养成内容”部分文字。为该段文字添加“描边”图层样式，效果如图 4-144 所示。

图 4-143 文字效果

图 4-144 第一段文字效果

（5）用同样的方法选择“横排文字工具”T，输入第二段“小学生行为习惯养成内容”部分文字，为该段文字添加“描边”图层样式，参数设置如图 4-142 所示，效果如图 4-145 所示。

图 4-145　完成效果图

知识百宝箱

Photoshop 提供了非常丰富的文字格式化功能，这些功能主要通过“字符”面板和“段落”面板来实现。通过这两个面板可以快速调整出变化多样及美观的文字排版效果。要想灵活准确地运用文字，必须掌握文字的属性的设置。

一、“字符”面板

“字符”面板的功能主要是设置文字的字体、大小、字型、颜色以及字间距或行间距等。选中文字，单击选项栏中的“切换字符和段落面板”按钮，或者执行“窗口”→“字符”命令，即可打开“字符”面板，如图 4-146 所示。

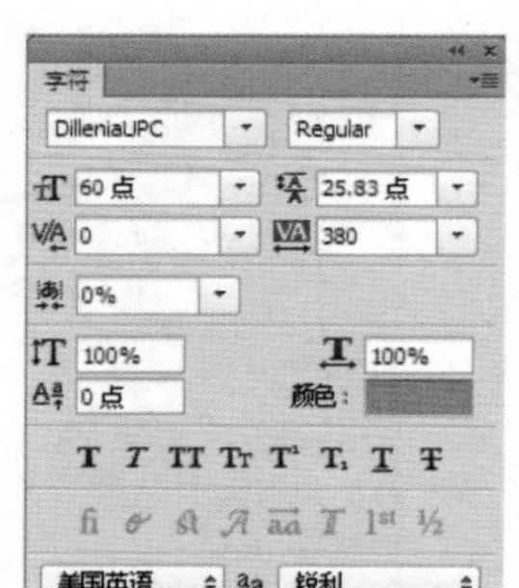

图 4-146　“字符”面板

其中各项功能介绍如下。

- 设置字体系列 DilleniaUPC：设置文字使用的字体。
- 设置字体样式 Regular：设置文字使用的字体样式。字型有：常规、加粗、斜体等。但并不是所有字体都具有这些字型。
- 设置字体大小 60 点：设置文字的字体大小。
- 设置行距 25.83 点：设置两行文字之间的距离。
- 设置两个字符间的字距微调 0：设置两个字间的字间距微调量，用鼠标单击两个字之间位置，正值使字间距增大，负值使字间距减小。
- 设置所选字符的字距调整 380：设置所选字符的字间距，正值使所选字符的字间距增大，负值使所选字符的字间距减小。
- 设置所选字符的比例间距 0%：设置所选字符间间距的比例，百分比越大，字符的间距就越小，反之，间距就越大。
- 垂直缩放 100%：设置文字的高度。
- 水平缩放 100%：设置文字的宽度。
- 设置基线偏移 0 点：用来设置基线的偏移程度，正值使选中的字符上移，形成上标；负值使选中的字符下移，形成下标。
- 设置文本颜色 颜色：在打开的“拾色器”对话框中改变所选文字的颜色。

● 文本按钮组：从左向右依次为仿粗体、仿斜体、全部大写字母、小型大写字母、上标、下标、下划线、删除线按钮。

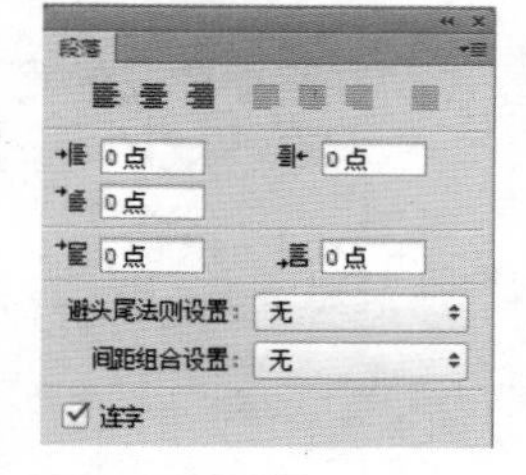

图 4-147 “段落”面板

二、“段落”面板

“段落”面板主要是设置文字的对齐方式以及缩进量。

选中文字，单击文字工具选项栏中的“切换字符和段落面板”按钮，或者执行“窗口”→“段落”命令，即可打开“段落”面板，如图 4-147 所示。

其中各项功能介绍如下。

● 当文本横排列时，文本按钮组的功能从左向右依次为：左对齐文本、居中对齐文本、右对齐文本、最后一行左对齐、最后一行居中对齐、最后一行右对齐、全部对齐。

● 当文本直排列时，文本按钮组的功能从左向右依次为：顶对齐文本、居中文本、底对齐文本、最后一行顶边对齐、最后一行居中对齐、最后一行底边对齐、全部对齐。

● 左缩进 0点：设置段落文字左侧缩进量。

● 右缩进 0点：设置段落文字右侧缩进量。

● 首行缩进 0点：设置段落首行的缩进量。

● 段落前添加空格 0点：设置每段文本与前一段文本的距离。

● 段落后添加空格 0点：设置每段文本与后一段文本的距离。

——易拉宝设计

易拉宝又称 X 展架，多用于商场、酒店等大堂处进行广告宣传，因其易于收放及存储，受到越来越多商家的欢迎。

易拉宝常用材质一般为铝合金和塑钢两种，因支架规格所限，易拉宝常用尺寸只有 60cm×160cm 和 80cm×180cm 两种。制作过程一般是将画面打印到写真纸（背胶）上，再把它平展地粘到软胶片（一般是蓝色的用美工刀就可以裁切）上。使用 PVC 制作的展架一般都用 127cm，这样可以一次出两个。

操作步骤 START

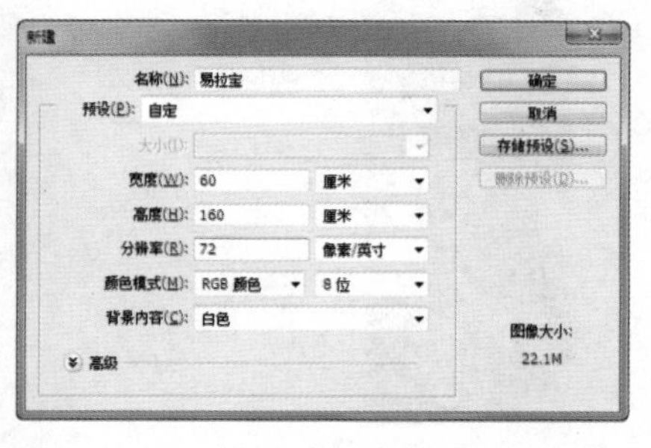

图 4-148 设置“新建”对话框参数

（1）执行“文件”→“新建”命令，在弹出的“新建”对话框中设置参数，如图 4-148 所示。

（2）选择“渐变工具”，在工具选项栏上单击“点按可编辑渐变”按钮，打开“渐变编辑器”对话框，如图 4-149 所示。

（3）双击颜色条左侧的黑色色块，设置新色标值为 RGB（28，86，188），用同样的方法，设置右侧白色色块的新色标值为 RGB（180，233，243），更改色标值后的渐变编辑器如图 4-150 所示。

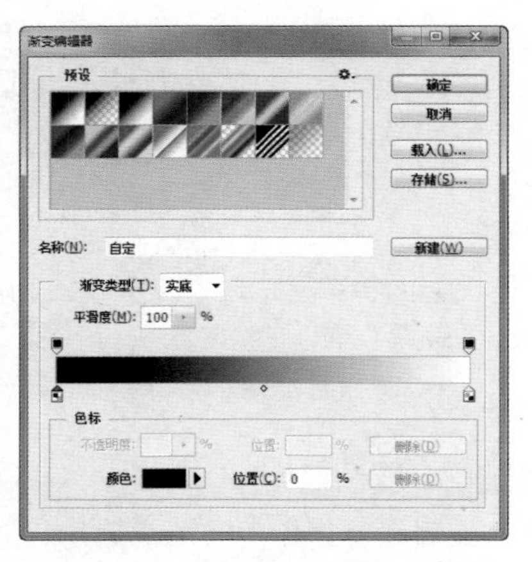

图 4-149　“渐变编辑器”对话框

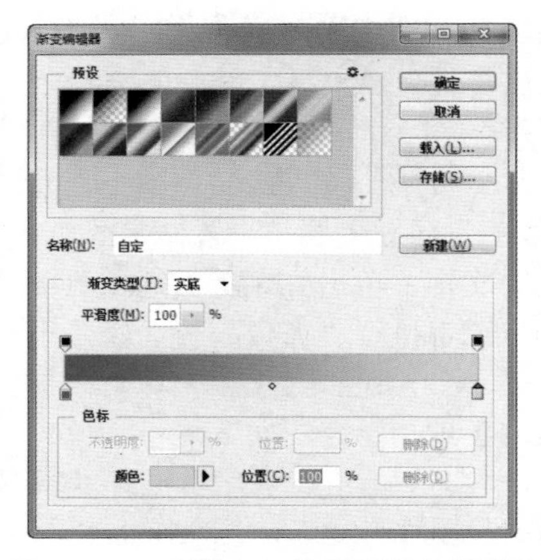

图 4-150　更改色标值后的渐变编辑器

（4）从上向下拖动鼠标，拉出一条直线，如图 4-151 所示，释放鼠标，即得到一个渐变的背景，如图 4-152 所示。

（5）按前述方法，提取素材图形文字“圣诞快乐”添加到文件中，并调整大小和位置，效果如图 4-153 所示。

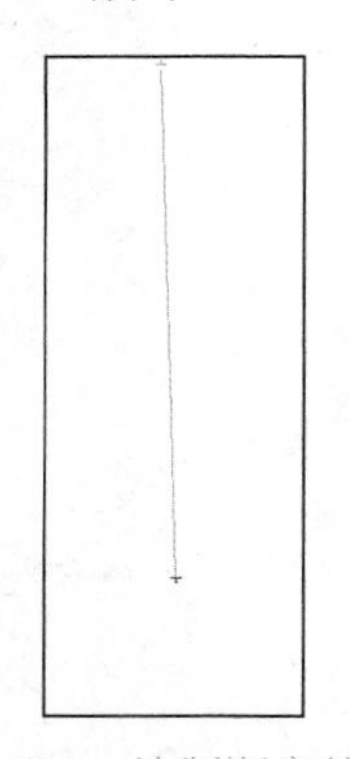

图 4-151　绘制渐变线

图 4-152　渐变背景

图 4-153　添加图形文字

（6）提取两种礼盒和圣诞树素材，添加到文件中，调整其大小、位置和图层的叠放顺序，效果如图 4-154 所示。

（7）提取星光素材，添加到文件中，调整大小和位置，效果如图 4-155 所示。

图 4-154　添加礼盒和树素材效果

图 4-155　添加星光素材效果

（8）提取雪山和雪花素材，添加到文件中，调整其大小、位置和图层的叠放顺序，效果如图 4-156 所示。

（9）选择“横排文字工具” T，在工具选项栏设置“字体”为微软雅黑，字体“大小”为 100 点，“颜色”为白色，输入文字“活动时间：2014.12.20--12.30”，单击文字图层，添加“投影”和“外发光”图层样式，效果如图 4-157 所示。

（10）选择“直排文字工具” IT，在工具选项栏设置“字体”为华文行楷，字体“大小”为 200 点，“颜色”为红色，输入文字“进店有礼”，单击该文字图层，添加“投影”和“外发光”图层样式，效果如图 4-158 所示。至此，“欢乐圣诞”易拉宝设计制作完成。

图 4-156 添加雪主题素材效果

图 4-157 输入文字效果

图 4-158 最终效果

项目总结

本项目以展板和易拉宝设计为主线，介绍了 Photoshop 在支架类广告设计领域中的应用。图像合成在这类作品设计中占有重要地位，因此，素材的收集及精确抠图要做到最好。只有多加练习，才能制作数不胜数的精美作品。

包装设计

项目背景及要求

“喜事连连”是一家食品有限公司，生产各种糖果罐头、点心等食品。公司最近开发出一款用于婚庆的，口味非常好的喜糖，公司广告设计部门要为这款产品设计塑料包装袋。要求产品包装设计要醒目，要能直接影响消费者的视觉感受，能激起消费者的购买欲望。包装成品效果如图 4-159 所示。

图 4–159　包装成品效果

项目分析

本产品是面向婚庆喜事消费群，其图片、文字等素材应该带有喜庆、欢乐的气氛，色彩要以红色为主色。需要选取素材进行图像合成和必要的图像处理及图形制作，多使用羽化制作朦胧效果，最后制作包装的立体效果。本项目可以分解为以下 3 个任务。

- 任务 1　设计正面包装图案；
- 任务 2　制作齿形压边；
- 任务 3　制作立体包装。

START

任务 1　设置正面包装图案

（1）执行“文件”→“新建”命令，在弹出的“新建”对话框中设置“宽度”为 9.5 厘米，“高度”为 5.5 厘米，“分辨率”为 150 像素/英寸，如图 4-160 所示，单击“确定”按钮，新建一个名为“包装设计”的文档。

（2）执行“视图”→“标尺”命令，打开标尺，选择“移动工具”，从垂直标尺处依次拖出 4 条垂直参考线，位置依次是 2cm、2.8cm、6.7cm 和 7.5cm，然后从水平标尺处依次拖出 2 条水平参考线，位置依次是 1.5cm 和 4cm，如图 4-161 所示。

> **贴心提示**　包装是产品的延伸，是一种市场营销活动，其效果和广告相同。无论何种包装产品，都是有尺寸限制的，在食品行业，单颗糖果的塑料包装袋的尺寸是 5.5cm × 2.5cm，其中两侧的齿形压边为 0.8cm。

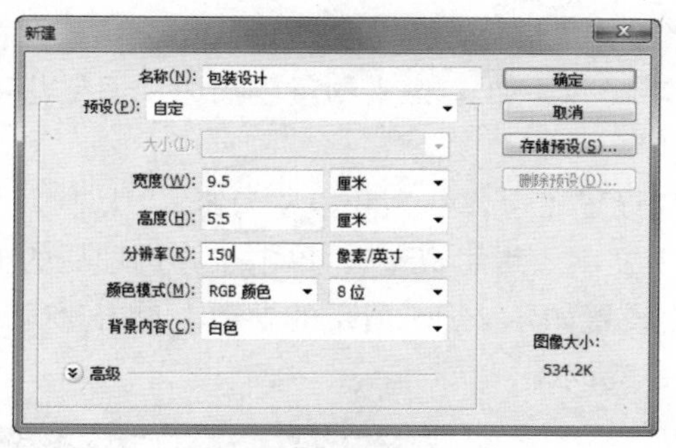

图 4-160　“新建”对话框

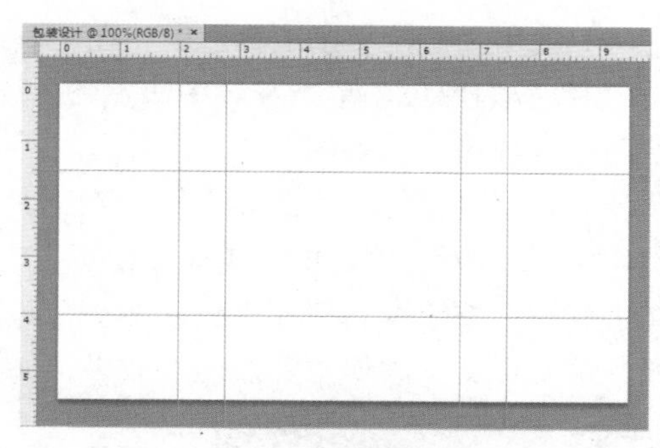

图 4-161　添加辅助线效果

（3）选择“矩形选框工具”，绘制如图 4-162 所示的矩形选区。选择“渐变工具”，按下工具选项栏“径向渐变”按钮，单击“点按可编辑渐变”按钮，打开“渐变编辑器”，在颜色条设置左边色块颜色为 RGB（202，0，0），右边色块颜色为 RGB（104，19，5），如图 4-163 所示。

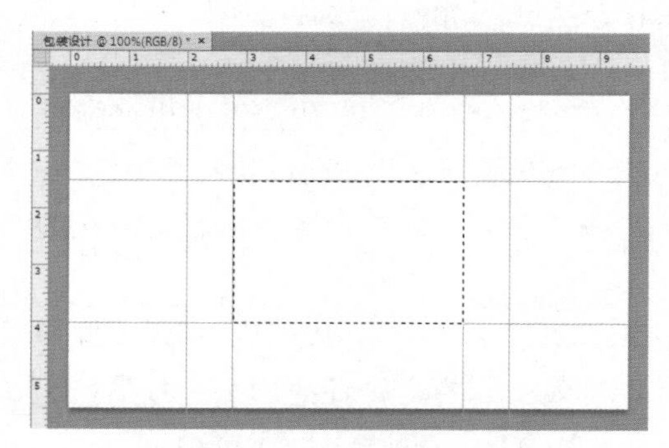

图 4-162　绘制矩形选区

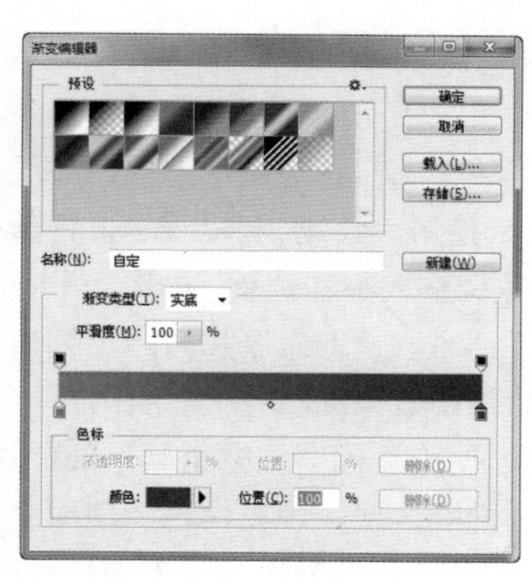

图 4-163　设置色块颜色

（4）单击“确定”按钮，在图像窗口中间，向右下绘制一条直线，填充径向渐变颜色，效果如图 4-164 所示。

（5）按“Ctrl+D”快捷键取消选区。执行“文件”→“打开”命令，打开素材图片“喜庆.jpg”，选择“魔棒工具”，单击工具选项栏的“添加到选区”按钮，然后单击素材图片的白色区域，制作选区，执行“选择”→“反向”命令，制作花环选区，如图 4-165 所示。

（6）使用“移动工具”，将选区移至图像窗口，按“Ctrl+T”快捷键调出变换框，调整花环的大小和位置，按“Enter”键确认变换，效果如图 4-166 所示。

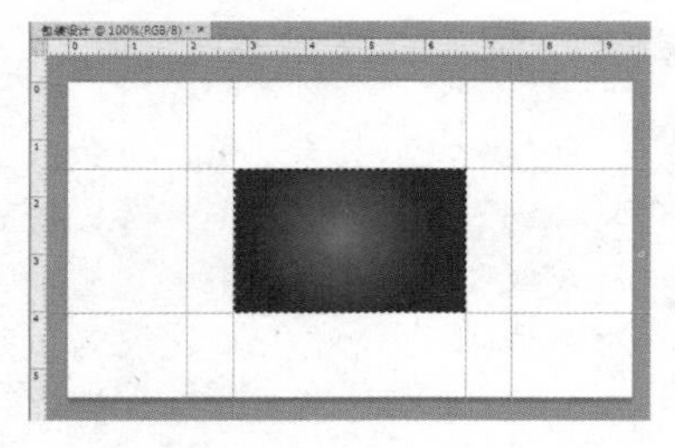

图 4-164　渐变填充效果

图 4-165　花环选区效果

图 4-166　调整花环的大小和位置

（7）使用“横排文字工具”，在工具选项栏设置“字体”为华文琥珀，“大小”为 14 像素，“颜色”为黑色，单击花环中央，输入“囍”字，并添加 1 像素的黄色描边，调整花环与文字图层的顺序，效果如图 4-167 所示。

（8）使用“横排文字工具”，在工具选项栏设置“字体”为叶根友刀锋，“大小”为 8 像素，“颜色”为黄色，单击图像窗口正上方，输入文字“甜甜蜜蜜”，单击工具选项栏的“创建文字变形”按钮，打开“变形文字”对话框，设置如图 4-168 所示的参数，单击“确定”按钮，给变形文字添加“外发光”效果，如图 4-169 所示。

图 4-167　调整图层顺序

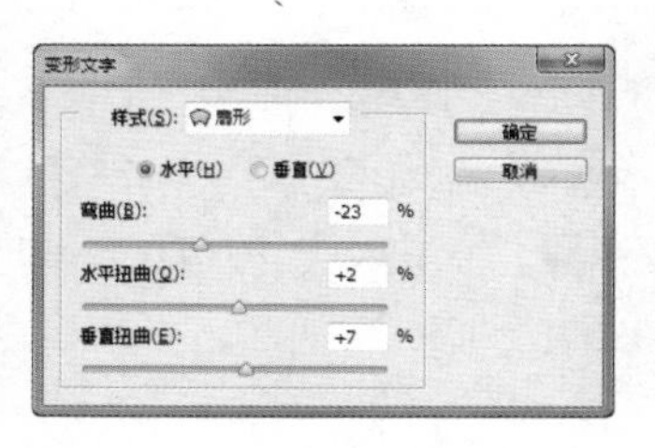

图 4-168　“变形文字”对话框

图 4-169　文字“外发光”效果

（9）执行“文件”→“打开”命令，打开素材图片“花边.jpg”，选择“魔棒工具”，单击黄色区域，制作花边图形选区，如图 4-170 所示。

（10）使用“移动工具”，将选区移至图像窗口，按“Ctrl+T”快捷键调出变换框，旋转 45° 并调整大小和位置，如图 4-171 所示。复制花边所在图层 3 次，通过执行“编辑”→“变换”→“水平翻转”命令和执行“编辑”→“变换”→“垂直翻转”命令，调整复制花边的方向，花边最终效果如图 4-172 所示。

（11）使用“椭圆选框工具”，在工具选项栏设置“羽化”为 10 像素，在图像窗口右下角绘制椭圆选区，填充白色。使用“横排文字工具”，设置“字体”为华文行楷，“大小”为 6 像素，“颜色”为黑色，单击白色区域，输入“美味榛仁”，如图 4-173 所示。

图 4-170　制作花边选区

图 4-171　添加花边效果

图 4-172　花边最终效果

图 4-173　绘制椭圆选区及输入文字

知识百宝箱

图像的变换

图像的变换和自由变换可以通过执行“编辑”→“自由变换”命令或者按下“Ctrl+T”快捷键来对图像任意地改变位置、大小和角度。也可以通过执行“编辑”→“变换”子菜单的各菜单项如图 4-174 所示对选区图像进行翻转、旋转、斜切、缩放、扭曲和透视等操作。

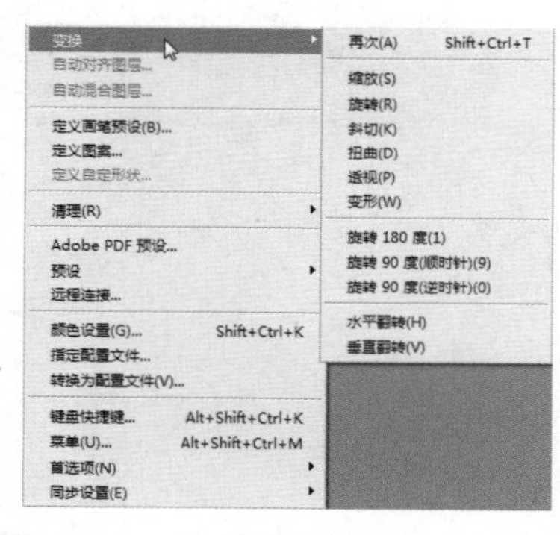

图 4-174　变换子菜单的各菜单命令

当执行“编辑”→“自由变换”命令或按“Ctrl+T”快捷键就会调出变换框，将鼠标置于控制点上，当光标变为↘时，按住鼠标进行拖动，可以对图像进行缩放操作；当光标变为↷时，按住鼠标进行拖动，可以对图像进行旋转。

任务 2　制作齿形压边

（1）新建“图层 3”，选择“矩形选框工具”，在图像窗口左边绘制如图 4-175 所示的选区。

（2）设置前景色为 RGB（104，19，5），按“Alt+Delete”快捷键为选区填充颜色，按“Ctrl+D”快捷键取消选区，效果如图 4-176 所示。

（3）执行“滤镜”→“扭曲”→“波浪”命令，打开“波浪”对话框，设置“生成器数”为 6，“波长”为 1～6，“波幅”为 1～2，如图 4-177 所示。

（4）单击“确定”按钮，即可为图像添加波浪扭曲滤镜，效果如图 4-178 所示。

（5）复制“图层 3”，得到“图层 3 复制”，移动复制的图像至图像窗口右侧，执行“编辑”

→“变换”→“水平翻转”命令，效果如图 4-179 所示。

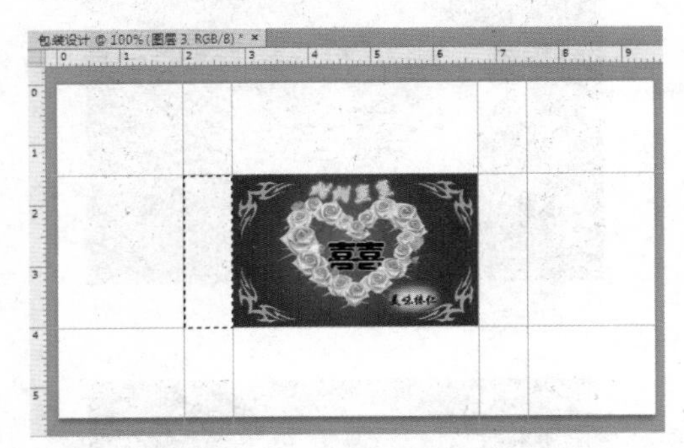
图 4–175　绘制矩形选区

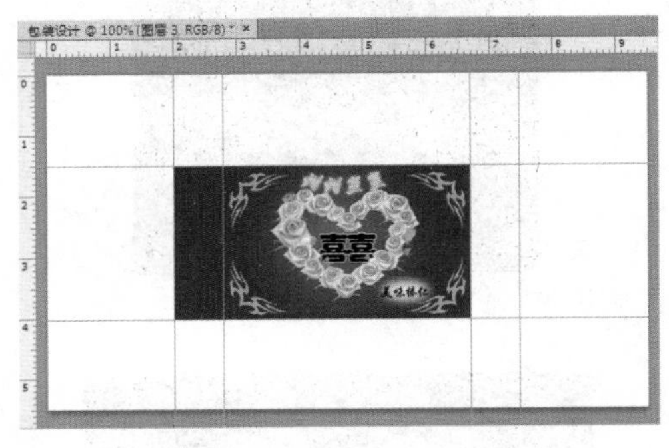
图 4–176　填充矩形选区

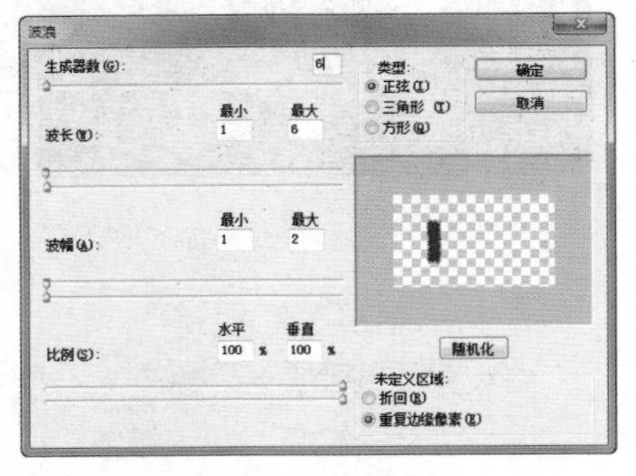

图 4–177　设置“波浪”对话框参数

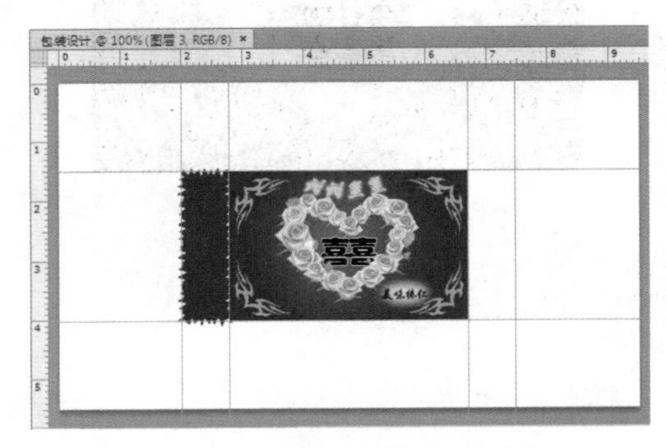
图 4–178　添加波浪扭曲滤镜效果

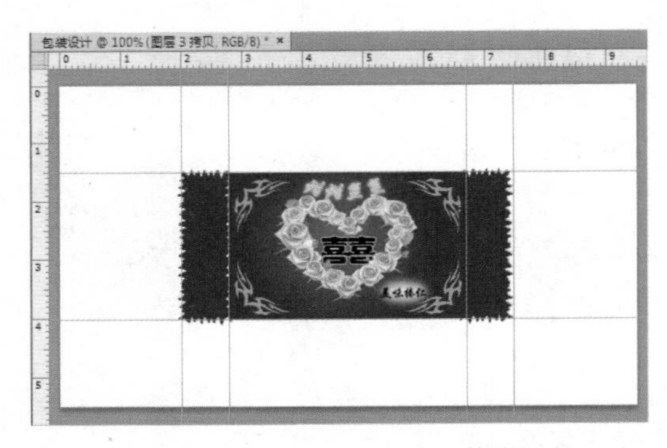
图 4–179　复制图像并调整位置

（6）隐藏“背景”图层，执行“图层”→“合并可见图层”命令，合并除“背景”图层以外的图层，按“Ctrl+S”快捷键保存制作好的正面包装。

任务 3　制作立体包装

（1）执行“文件”→“新建”命令，在弹出的“新建”对话框中设置“宽度”为 9.5 厘米，“高度”为 7.5 厘米，“分辨率”为 150 像素/英寸，如图 4-180 所示，单击“确定”按钮，新建名为“包装”的文档文件。

（2）选择“渐变工具”，按下工具选项栏“线性渐变”按钮，单击“点按可编辑渐变”按钮，打开“渐变编辑器”对话框，设置颜色条左边色块颜色为RGB（112，0，0），右边色块颜色为白色，如图4-181所示，单击“确定”按钮。在图像窗口由上到下绘制一条直线，填充渐变色，效果如图4-182所示。

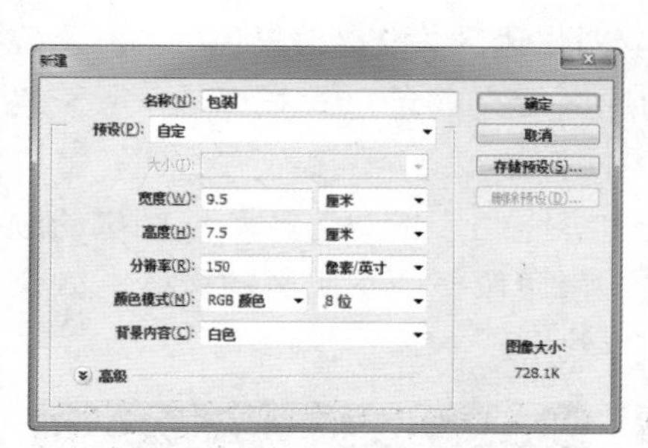
图4-180　设置“新建”参数

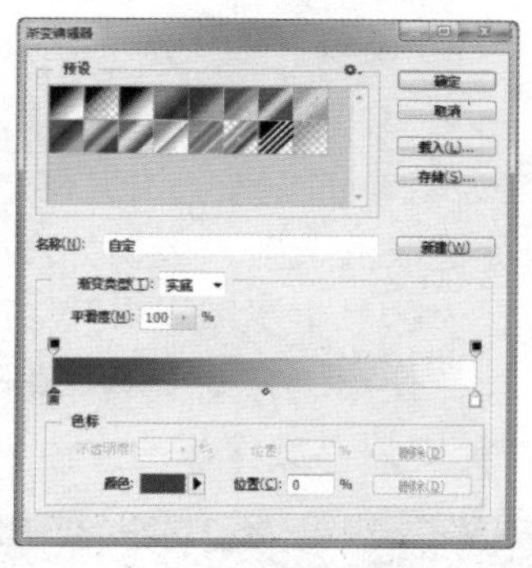
图4-181　“渐变编辑器”对话框

图4-182　线性渐变效果

（3）使用“移动工具”，将前面制作好的“包装设计.psd”图像文件拖曳至该图像窗口中，按“Ctrl+T”快捷键调出变换框，调整图像的大小和位置，效果如图4-183所示。

（4）执行“编辑”→“变换”→“变形”命令，调出变换框，如图4-184所示。在图像窗口中调整变换框各节点的位置，缩放图像并移至合适的位置，单击工具选项栏的“提交变换”按钮，进行变形确认，效果如图4-185所示。

图4-183　拖入正面包装图像及调整后的效果

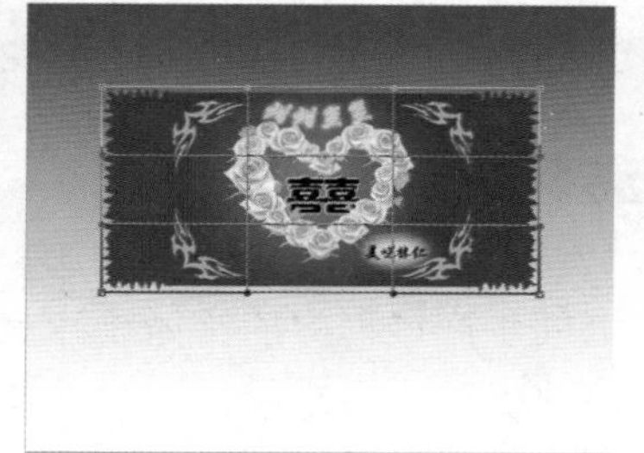
图4-184　调出变换框

图4-185　图像变形效果

（5）新建“图层2”，选择“椭圆选框工具”，设置“羽化”为5像素，制作如图4-186所示的选区，设置前景色为白色，按“Alt+Delete”快捷键填充前景色，按“Ctrl+D”取消选区，调整大小后效果如图4-187所示。

（6）复制“图层2”，将复制的图像垂直移至下方，执行“编辑”→“变换”→“垂直翻转”命令，翻转图像，将该图层的不透明度调整为80%，效果如图4-188所示。

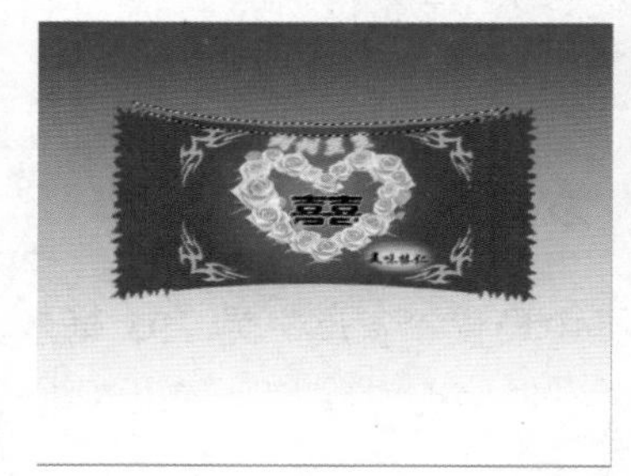
图4-186　制作选区

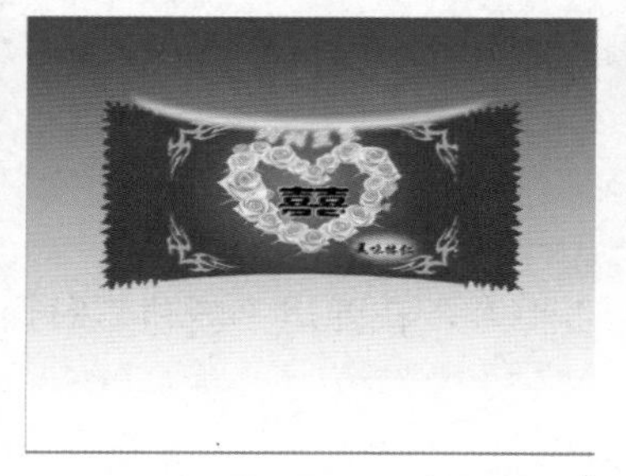
图4-187　填充选区效果

图4-188　复制图像效果

图 4-189　绘制椭圆选区

（7）新建“图层 3”，选择“椭圆选框工具”，在图像下方绘制如图 4-189 所示的椭圆选区，执行“选择”→“修改”→“羽化”命令，打开“羽化选区”对话框，设置“羽化半径”为 10 像素，如图 4-190 所示。

（8）单击“确定”按钮，羽化选区。设置前景色为“黑色”，按“Alt+Delete”快捷键为选区填充前景色，按“Ctrl+D”快捷键取消选区，效果如图 4-191 所示。

（9）将“图层 3”移至“图层 1”的下方，调整图层的顺序，使用“移动工具”，稍微调整一下阴影的位置，效果如图 4-192 所示。按“Ctrl+S”快捷键保存制作好的立体包装效果。

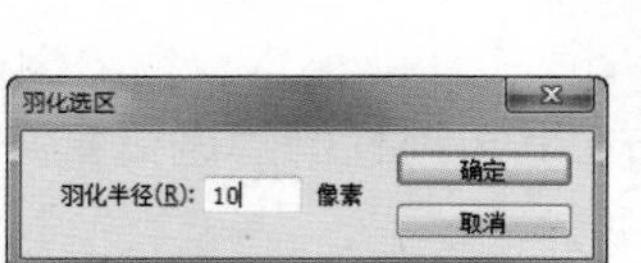

图 4-190　“羽化选区”对话框

图 4-191　椭圆选区填充效果

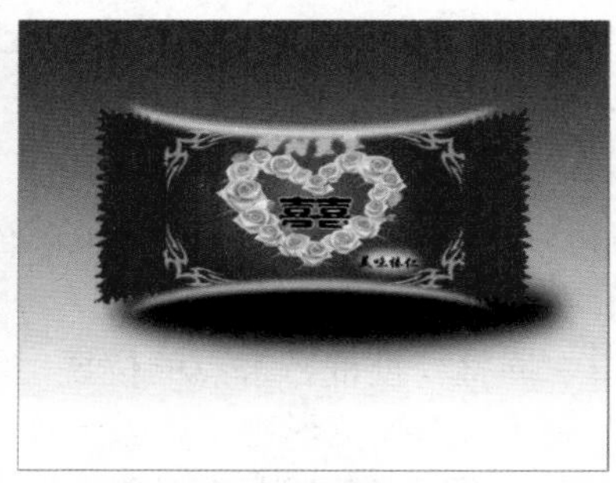

图 4-192　调整图层顺序效果

牛刀小试——书籍装帧设计

书籍装帧是书籍从原稿到成书的生产过程中的整体设计工作。它包含的内容很多，有选择纸张、确定开本、字体、字号，设计版式，决定装订方法以及印刷和制作方法等。

书籍装帧设计是在书籍生产过程中，将材料和工艺、思想和艺术、外观和内容、局部和整体等组成和谐、美观的整体艺术设计。

书籍装帧的包装对象是成书，多用于各出版社出版书籍时的包装设计。

某出版社需要为散文集《竹轩集》设计封面包装，要求成品开本为大 32 开，尺寸为 203mm×140mm，书脊厚度为 15mm。

> **贴心提示**　宽度是封面和封底的宽度，为 140mm×2，再加上书脊厚度 15mm，总宽度为 140mm×2+15mm=295mm，这是成品尺寸。

本书是一本书香气及文学气很浓的散文集，主题是竹子，以淡绿色为主色调并添加一些竹子图片，使画面和谐统一，以增强本书的艺术性。

操作步骤　START

（1）执行“文件”→“新建”命令，在弹出“新建”对话框中设置“宽度”为 295 毫米，“高度”为 203 毫米，“分辨率”为 150 像素/英寸，如图 4-193 所示，单击“确定”按钮，新建一个名为“书籍包装”的图像文件。

（2）执行“编辑”→“首选项”→“单位与标尺”命令，将标尺的单位改为“毫米”。

（3）执行“视图”→“标尺”命令，打开标尺，选择“移动工具”，从水平标尺处分别拖出2条水平参考线，位置依次是3mm和200mm，然后从垂直标尺处依次拖出5条垂直参考线，位置依次是3mm、50mm、140mm、155mm和292mm，如图4-194所示。

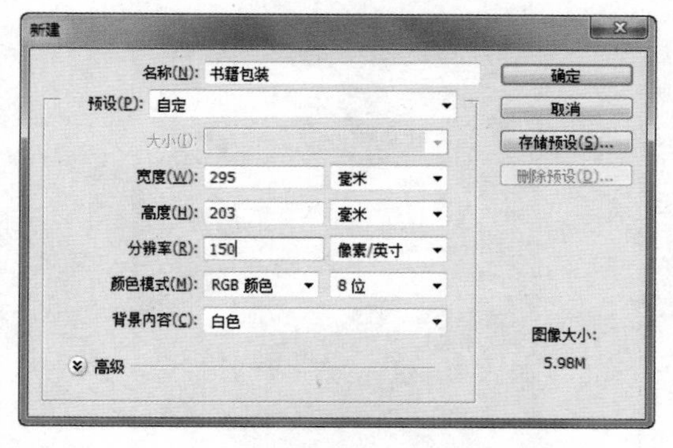

图4-193　设置“新建”对话框参数

图4-194　参考线效果

（4）新建“图层1”，选择“矩形选框工具”绘制如图4-195所示的选区。

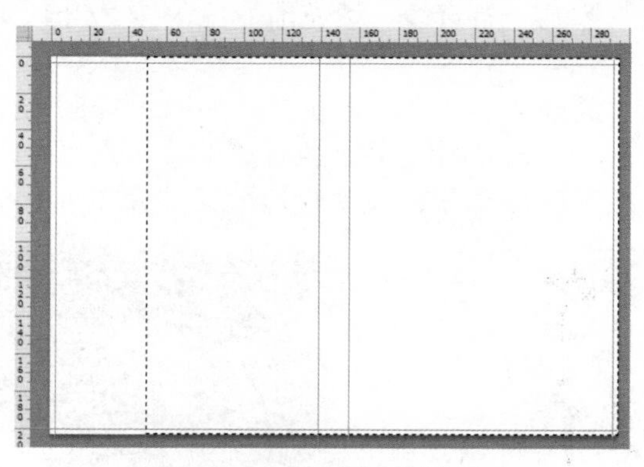

图4-195　绘制矩形选区

贴心提示

画布四周边缘各留出3mm的出血，中间的15mm宽参考线为书脊位置。印刷术语“出血”是指加大产品外图案的尺寸，在裁切位加一些图案的延伸，其作用主要是避免裁切后的成品露白边或裁到内容，做到色彩完全覆盖到要表达的地方。印出来并裁切掉的部分就称为印刷出血。常用的出血标准尺寸为3mm，即沿实际尺寸加3mm的边。

（5）设置前景色为RGB（51，193，183），按“Alt+Delete”快捷键填充前景色，效果如图4-196所示。

（6）执行“滤镜”→“杂色”→“添加杂色”命令，打开“添加杂色”对话框，设置“数量”为9%，“分布”为平均分布，如图4-197所示，单击“确定”按钮，添加杂色效果。

图4-196　填充前景色

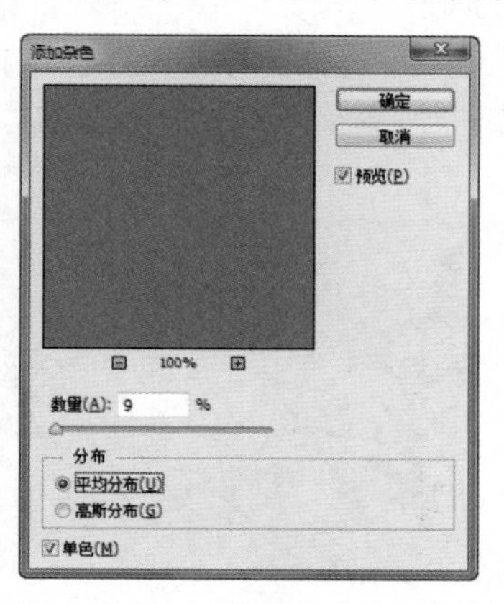

图4-197　“添加杂色”对话框

（7）新建“图层 2”，选择“矩形选框工具”，绘制如图 4-198 所示的选区，选择“渐变工具”，单击工具选项栏的“渐变填充”按钮，单击“点按可编辑渐变”按钮，打开“渐变编辑器”对话框，设置颜色条左侧色块颜色为 RGB（51，147，130），右侧色块颜色为白色，如图 4-199 所示。

图 4-198　绘制矩形选区

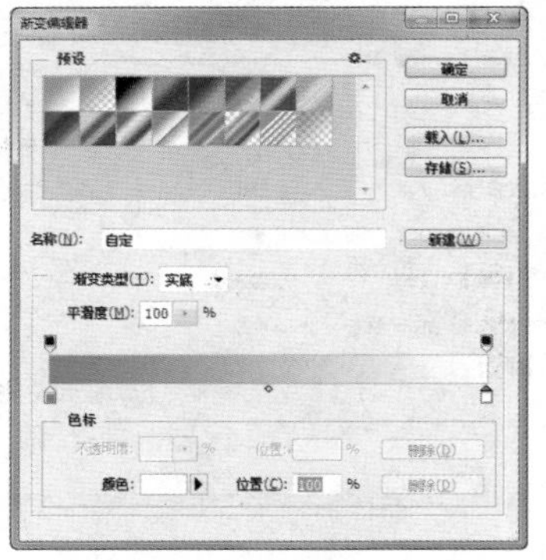

图 4-199　设置色块颜色

（8）单击“确定”按钮，在选区由上到下绘制一条直线，填充渐变色，按“Ctrl+D”快捷键取消选区，效果如图 4-200 所示。

（9）执行“文件”→“打开”命令，打开素材文字“竹轩集.psd”，如图 4-201 所示，使用“移动工具”将素材文字拖曳至渐变矩形上，生成“图层 3”。执行“编辑”→“自由变换”命令，调出变换框，调整文字大小和位置，按“Enter”键确认变换，效果如图 4-202 所示。

图 4-200　填充渐变色效果

图 4-201　打开“竹轩集”图片

图 4-202　调整文字大小和位置

（10）执行“文件”→“打开”命令，打开素材图片“竹.png”，如图 4-203 所示，使用“移动工具”将素材图片移至图像窗口，生成“图层 4”。执行“编辑”→“自由变换”命令，调出变换框，调整图片大小和位置，按“Enter”键确认变换，效果如图 4-204 所示。

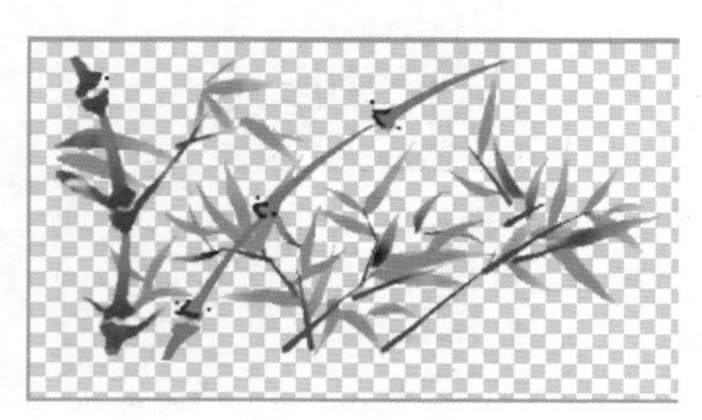
图 4-203　打开“竹”图片

图 4-204　调整图片大小和位置

（11）新建“图层 5”，选择“矩形选框工具”，绘制如图 4-205 所示的选区，制作书脊。设置前景色为 RGB（51，147，130），按“Alt+Delete”快捷键填充前景色，按“Ctrl+D”快捷键取消选区，效果如图 4-206 所示。

图 4–205　绘制书脊矩形选区

图 4–206　填充前景色效果

（12）新建“图层 6”，选择“矩形选框工具”，在书脊处绘制如图 4-207 所示的选区，设置前景色为黑色，按“Alt+Delete”快捷键填充前景色，按“Ctrl+D”快捷键取消选区，效果如图 4-208 所示。

图 4–207　绘制矩形选区并填充前景色

图 4–208　填充黑色

（13）设置前景色为 RGB（51，147，130），选择“画笔工具”，在工具选项栏单击“点按可打开‘画笔预设’选取器”按钮，弹出“画笔预设”选取器，设置画笔笔尖“大小”为 60 像素的柔角，如图 4-209 所示。

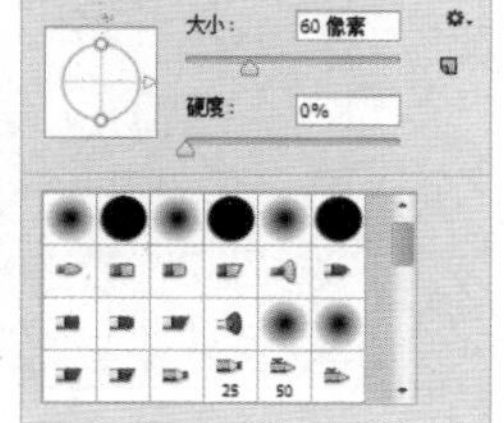

图 4–209　设置“画笔预设”选取器参数

（14）在书脊黑色矩形上边单击，绘制笔尖形状，使用“移动工具”将素材文字移至书脊处，生成“图层 7”。

（15）按“Ctrl”键，单击“图层 7”图层缩览图，载入文字素材的选区，填充白色，取消选区。

（16）执行“编辑”→“自由变换”命令，调出变换框，调整文字大小和位置，按“Enter”键确认变换，效果如图 4-210 所示。

（17）设置前景色为白色，选择“画笔工具”，在工具选项栏调整画笔笔尖大小及透明度，在图像窗口随机单击，添加若干个光点，效果如图 4-211 所示。

（18）执行“文件”→“打开”命令，打开素材图片“章.psd”，如图 4-212 所示，使用“移动工具”将素材图片移至图像窗口白色区域，生成“图层 8”。执行“编辑”→“自由变换”

命令，调出变换框，调整文字大小和位置，按“Enter”键确认变换，效果如图 4-213 所示。

图 4-210 调整文字大小和位置效果

图 4-211 添加若干光点

图 4-212 打开“章”图片

图 4-213 添加“章”图片效果

（19）选择“直排文字工具”，在工具选项栏上设置“字体”为黑体，“大小”为 24 点，“颜色”为黑色，输入作者名字和出版社名称，效果如图 4-214 所示。

（20）分别复制作者及出版社图层，使用“移动工具”将复制的文字移至书脊处，选择“直排文字工具”，在工具选项栏上设置“颜色”为白色，效果如图 4-215 所示。

图 4-214 输入作者和出版社名称

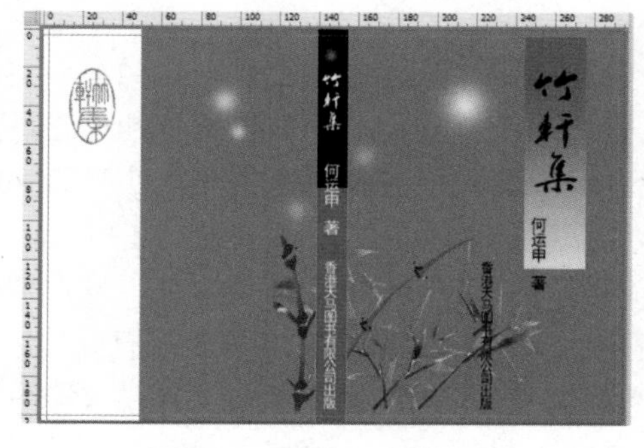

图 4-213 输入书脊文字

（21）选择“横排文字工具”，在工具选项栏上设置“字体”为黑体，“大小”为 24 点，“颜色”为白色，在图像窗口左侧右上角输入书名的拼音，效果如图 4-216 所示。

（22）执行“视图”→“标尺”命令，关闭标尺，执行“视图”→“显示”→“参考线”命令，关闭参考线，书籍包装最终效果如图 4-217 所示。按“Ctrl+S”快捷键保存制作好的书籍装帧包装效果。

图 4-216　输入书名拼音

图 4-217　书籍包装最终效果

知识百宝箱

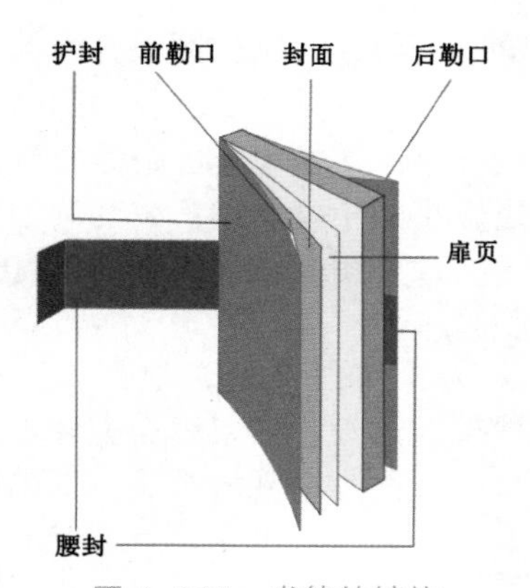

图 4-218　书籍的结构

书是人类表达思想、传播知识、积累文化的物质载体，而装帧艺术则是这个物质载体的结构和形态的设计。书籍装帧艺术是随着书籍的出现而逐步发展起来的。学习书籍装帧设计，需要掌握封面艺术、字体艺术、版面艺术、材料和印刷装订技术等综合知识。

1. 书籍的结构

现代书籍一般是由护封、勒口、封面、扉页、护页、环衬和腰封等 7 个部分组成，如图 4-218 所示。

护封：指包在硬质封面外的包纸，材料以铜版纸为主，彩色印刷，要求耐用。平装本的封面没有护封。

勒口：护封长出封面的部分称为勒口，前后勒口勒住封面封底。

封面：是书籍的门面，它是通过艺术形象设计的形式来反映书籍的内容。上面有书名、作者名、出版社名，也可加图形装饰，一般简洁为好。

扉页：又称内中副封面，在封面或衬页之后。印有书名、作者、出版者的单张页，扉页上文字和封面相似，但内容更详细一些，扉页的作用首先是补充书名、著作、出版者等项目，其次是装饰图书、增加美感。扉页在书籍装帧中是必不可少的页面，页码为单数。反面印有版权说明、在版编目（CIP）数据、版本记录等。

护页和环衬：护页是指封面下面扉页前另粘上的白张页，也叫衬纸，护页一般不印东西或只染一个底色，是为衬托封面与书心的衔接而用，并有保护书心的作用。有些书护页前有环衬，环衬是封面与书心之间连接起来的衬纸，指精装书心前后，各粘上的一折 2 页的白色或有色纸。环衬的作用有两个，一是保护书心不易脏损；二是可以与书封壳牢固连接。护页之后是书心扉页。

腰封：图书的可选部件之一，包裹在图书封面中部，属于外部装饰物。腰封上可印有该图书相关的宣传、推介性文字。腰封主要作用是装饰封面或补充封面的不足。一般多用于精装书籍。

2. 书籍的开本

“开本”是指一本书幅面的大小。书的开本好比一个人的体形或高或矮、或胖或瘦一目了然，开本是一本书的最基本的形态造型，比如常说的 16 开、32 开、24 开等。幅面是如何得来的呢？它是以一页全张纸的规格为基础，将整张纸裁开的张数作标准来表明书的幅面大小的。把一整张纸切成幅面相等的 16 小页，叫 16 开，切成 32 小页叫 32 开，其余类推。

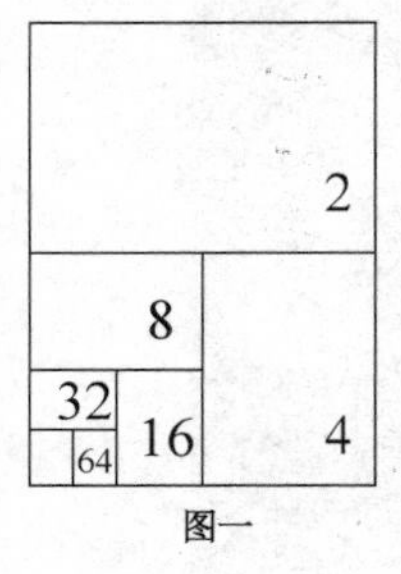

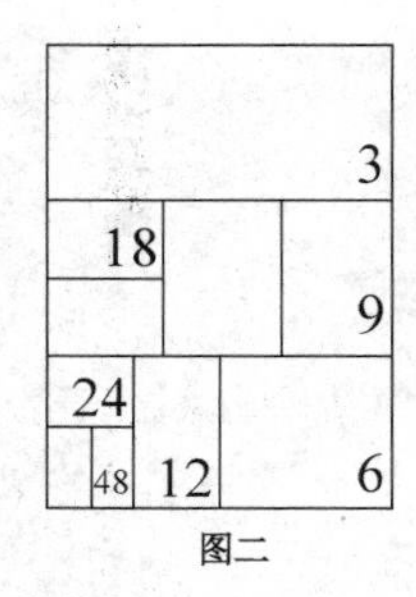

图 4–219　书籍的开本

如图 4-219 所示中，图一的折叠开切法称为几何级数开法，图二的折叠开切法称为非几何级数开法。

平常所说的全张纸，是指从造纸厂出来的平版纸，我国常用的平版纸尺寸为 787×1042 毫米，850×1168 毫米，787×960 毫米和 880×1092 毫米。由于整张原纸的规格不同，所以，切成的小页大小也不同。

这里，将 787×1042 毫米的平版纸称为正度纸。正度 32 开的尺寸是 130×185 毫米，16 开的尺寸是 185×260 毫米。国际较为流行的平版纸的规格有 880×1230 毫米，900×1280 毫米等。开切成口，大度 16 开为 210×297 毫米，常用的 A4 复印纸即是大 16 开纸。

一般地，制约图书开本的因素有以下 3 种。

（1）图书性质种类的制约。不同种类的图书，对开本有不同要求，如画册、图集多采用大型开本；学术著作、高等教材、刊物，多采用较大的中型开本；通俗读物、中小学课本，多采用较小的中型开本；少儿读物多采用小型开本。

（2）图书篇幅的制约。篇幅较大的图书多采用大中型开本，篇幅较小的图书，多采用中小型开本。

（3）图书用途的制约。篇幅鉴赏类图书，多采用大中型开本；阅读类图书多采用中型开本；便携类图书，多采用小型开本。

下面列举几种常见图书的开本。

- 诗集：通常用比较狭长的小开本。
- 文学作品：以 32 开、大 32 开本为主。
- 理论书籍：32 开、大 32 开或 16 开（教材类、读物）
- 儿童读物：接近方形的开度，小开本。
- 小字典：42 开以下的尺寸，106/173mm。
- 科技技术书：需要较大较宽的开本，16 开较多。
- 休闲类读物：32 开、24 开、长 24 或 64 开等。
- 示范作品及名画类也有 8 开本；画册接近于正方形的比较多。

3. 书籍装帧的含义

书籍装帧是指构成图书的整体：开本、字体、封面、书脊、封底、环衬、扉页、版面、插图以及纸张、印刷、装订等全部工艺活动。

书籍装帧设计是书的内容与形式的整体体现。鲜明而有个性的设计风格、整体而有序的设计形式和寓意深刻的设计内涵是书籍装帧设计成功的必要条件。在书的装帧设计中要考虑到其主题性、创意性、装饰性和可读性，需要在印刷之前深思熟虑地提出设计方案。

4. 书籍装帧的封面设计

封面设计在一本书的整体设计中具有举足轻重的地位，是书籍装帧设计艺术的门面。它是通过艺术形象设计的形式来反映书籍的内容。在当今琳琅满目的书海中，书籍的封面起了一个无声推销员的作用，它的好坏在一定程度上会直接影响人们的购买欲。封面设计的优劣对书籍的形象有着非常重大的意义。

封面设计一般包括书名、编著者名、出版社名等文字，以及体现书的内容、性质、体裁的装饰形象、色彩和构图。图形、色彩和文字是封面设计的三要素。设计者就是根据书的不同性质、用途和读者对象，把这三者有机结合起来，从而表现出书籍的丰富内涵，并以传递信息为目的和美感的形式呈现给读者。

项目总结

本项目以包装设计和书籍装帧设计为主线，介绍了 Photoshop 在包装类设计领域中的应用。包装是顾客消费的重要组成部分，它不仅是艺术创造活动，也是一种市场营销活动。商品的包装及书籍装帧同广告一样，是沟通企业和消费者的直接桥梁，也是一种重要的宣传媒介。良好的包装能增加产品的吸引力，是产品不可或缺的部分。

职业技能训练

1．地球日即将到了，为配合“请爱护我们的家园”地球环保宣传活动，需要设计一份公益广告，参考效果如图 4-220 所示。

2．毕业季到了，天泽集团要招聘总经理助理两名，需要一个招聘展架，要求尺寸为 60cm×160cm，画面简洁大方温馨。参考效果如图 4-221 所示。

图 4-220　公益广告参考效果

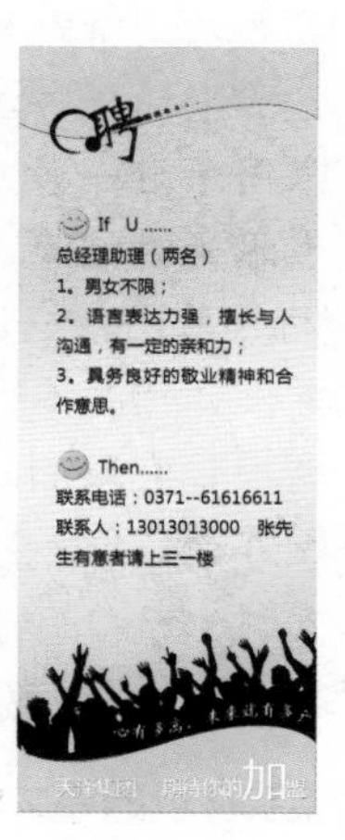

图 4-221　展架参考效果

3．设计并制作教材《书籍封面设计》的封面，参考效果如图 4-222 所示。

4．制作如图 4-223 所示的易拉罐平面包装效果图和立体包装效果图。

图 4-222　书籍封面效果

图 4-223　易拉罐的立体效果

建筑美工篇

项目 1 室内效果图处理

项目 2 室外效果图设计

建筑设计及室内、外效果图设计，是今天一个很热门的行业，效果图也是建筑、室内、环境景观规划等专业设计师的表达利器。通常，一张计算机效果图的制作，需要多个步骤或软件配合来完成。以常见的三维效果图为例，其制作过程通常分为前期和后期两个阶段，每个阶段又分若干个步骤。前期的任务主要是建立场景，一般通过 3ds Max、Autodesk、Vary 等软件完成，其成果为一张用于进一步处理的渲染图。后期处理通常利用 Photoshop 软件进行处理，主要是以专业及美术眼光对渲染图进行丰富补充和修正润色，只有经过这一阶段，一张渲染图才成为真正意义上的效果图。一张效果图是否真正称得上“精品”，不仅与制作者对 Photoshop 软件的熟悉程度、设计作品本身质量等因素有关，还与制作者的专业素养及美术修养有关。目前有关建筑美工的岗位有贴图师、修图师、后期合成、环艺设计、装饰美工、建筑平面图设计、建筑后期与特效制作等。

能力目标

1. 能进行综合应用的基本分析和处理。
2. 能制作简单的建筑室内、室外效果图。
3. 能进行精确抠图并进行装饰及园艺设计。

知识目标

1. 掌握钢笔工具的使用及有关路径的操作。
2. 掌握蒙版的有关知识和操作。
3. 掌握图像的编辑。
4. 了解 Photoshop 对建筑渲染图进行后期处理的思路及操作步骤。

岗位目标

1. 会根据前期的室内场景渲染图进行装饰设计。
2. 会根据前期的室外场景渲染图进行园艺设计。
3. 会进行材质设计。

室内效果图处理

项目背景及要求

"腾达设计"是一家非常著名的室内装修设计公司，为了更直观的效果表现，展示给客户的是设计项目的效果图。作为一名装饰美工，就需要将设计师设计的前期渲染图进行后期处理，对亮度、色彩等进行调整，然后添加配景，对图片进行优化及美化，制作出后期的效果图。

要求会灵活使用 Photoshop 的"色阶"、"曲线"、"亮度/对比度"等图像调整工具对图像进行调整，会使用调整图层及各种选区工具进行图像进行选取，会使用变换工具对图像大小进行调整并能够灵活使用蒙版。参考效果如图 5-1 所示。

图 5-1 参考效果图

项目分析

在正式进行编辑之前，要对图片进行分析和规划。从大的方面来看，画面效果是否平淡，缺少层次和变化；整体亮度是否较暗、色彩倾向不明显等，还有很多细节的不够完美，都需要在 Photoshop 中逐一纠正、完善。具体操作时，一般按"先整体、后局部、再整体"的顺序进行。本项目首先需要选择一张设计出来经渲染的效果图，改正它的不足和添加效果：先调整亮度及色彩，再添加配景、增加光效等。难点是配景的添加及光效的调整。本项目可以分解为以下 3 个任务。

- 任务 1　控制整体效果；
- 任务 2　添加室外背景；
- 任务 3　添加室内配景。

操作步骤 START

任务 1　控制整体效果

> **贴心提示** 在实际工作中，报送客户供选择时，以 A4、A2 大小为输出规格的效果图为多，当方案被客户选定，则输出效果图的规格按客户的要求，通常在 1 米以上。

（1）执行“文件”→“新建”命令，在弹出的“新建”对话框中根据输出效果图的大小，选择图像大小的单位为厘米，再设置新建文件的其他参数，参数设置如图 5-2 所示。

（2）执行“文件”→“打开”命令，在弹出的“打开”对话框中选择素材图片“卧室渲染图.jpg”，打开一张室内效果图的图片，如图 5-3 所示。

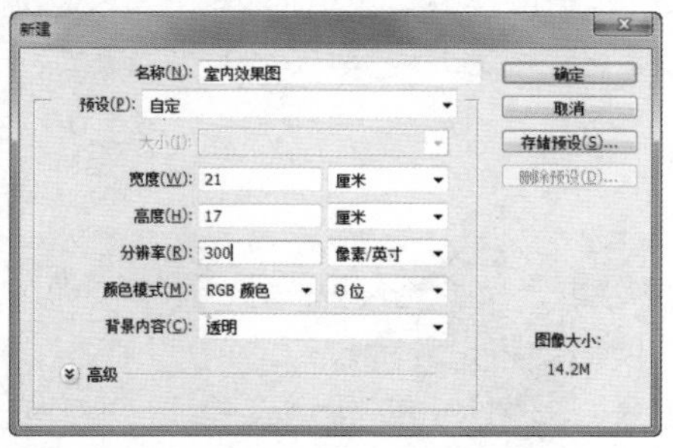

图 5–2　设置“新建”对话框参数

图 5–3　打开“卧室渲染图”图片

（3）按“Ctrl+A”快捷键全选“卧室渲染图”，再按“Ctrl+C”快捷键复制图片，然后关闭此图片窗口，回到之前新建的文件窗口，按“Ctrl+V”快捷键粘贴图片，生成“图层 1”。

小技巧

建议位图的导入通过执行“文件”→“置入”命令进行。导入到“室内效果图”窗口，置入图片为 Photoshop 特有无损矢量置入，调整好大小后在“图层”面板中将图进行图层栅格化，避免放大、缩小等调整后对该图产生损耗。

（4）调整图像整体亮度。单击“图层”面板上的“创建新的填充或调整图层”按钮，在弹出的列表中依次选择“亮度/对比度”、“色阶”及“曲线”选项，调整图像的明暗程度，参数设置如图 5-4 所示。

（5）图像调整后的效果如图 5-5 所示。

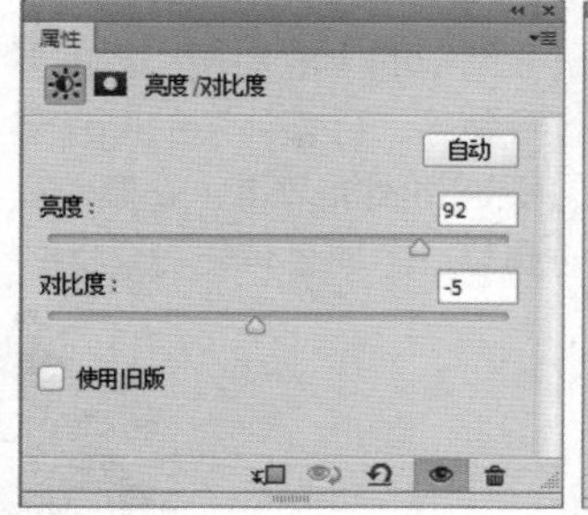

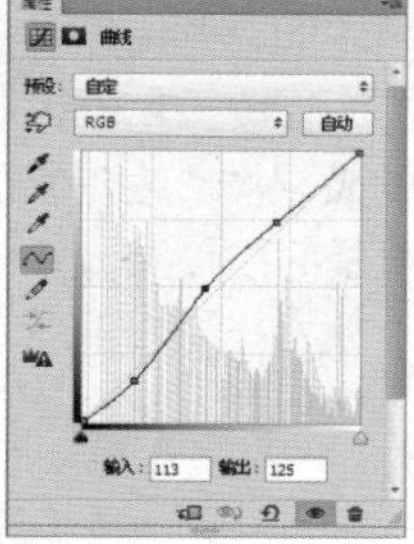

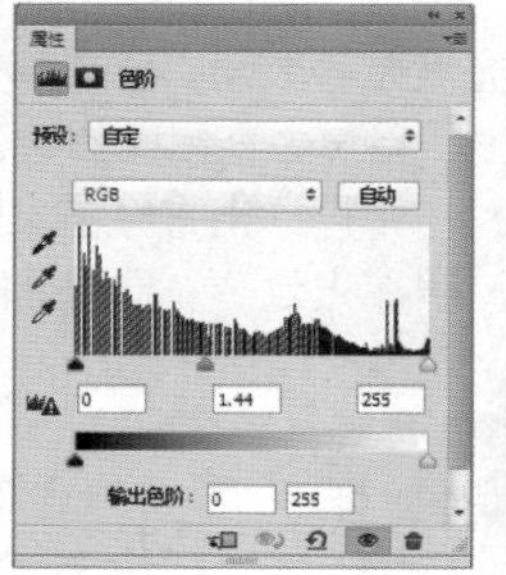

图 5–4　对图像的明暗程度进行调整

图 5–5　调整明暗后的图像效果

小技巧

在“图层”面板中，原来的“图层 1”上多了“亮度/对比度 1”、“色阶 1”和“曲线 1”3个图层，如图 5-6 所示。以后，双击对应图层就可以进行编辑，从而获得新的亮度及层次效果。

图 5–6　增加调整图层后的“图层”面板

（6）调整图像的色彩倾向。在“图层”面板中选择“图层 1”，单击“图层”面板上的“创建新的填充或调整图层”按钮，在弹出的列表中选择“色彩平衡”选项，设置“色彩平衡”参数，如图 5-7 所示，图像调整后的效果如图 5-8 所示。

图 5–7　设置“色彩平衡”参数

图 5–8　设置“色彩平衡”后的图像效果

（7）选择“图层 1”，单击“图层”面板上的“创建新的填充或调整图层”按钮，在弹出的列表中选择“色相/饱和度”选项，设置“色相/饱和度”参数，如图 5-9 所示，调整后的图像效果如图 5-10 所示。

图 5–9　设置“色相/饱和度”参数

图 5–10　设置“色相/饱和度”后的图像效果

知识百宝箱

调整图层

调整图层是一类非常特殊的图层，它可以包含一个图像调整命令，从而对图像产生作用，该类图层不能装载任何图像的像素。

调整图层具有图层的灵活性和优点，可以在调整的过程中根据需要为调整图层增加蒙版，并且利用蒙版的功能实现对底层的图像的局部进行调色。调整图层可以将调整应用于多个图像，在调整图层上也可以设置图层的混合模式；另外，调整图层也可以将颜色和色调调整应用于图像，且不会更改图像的原始数据，因此，不会对图像造成真正的修改和破坏。

使用调整图层可以将颜色和色调调整应用于多个图层而不会更改图像的像素。当需要修改图像效果时，只需要重新设置调整图层的参数或将其删除即可。使用调整图层能够暂时提高图像对比，以便于选择图像或在调整图层与智能对象图层之间创建剪贴蒙版，以达到调整智能对象颜色的目的。具体操作如下。

（1）打开素材图片“彩球.jpg”，如图 5-11 所示。复制“背景”图层生成“背景 复制”图层，使用“魔棒工具”制作彩球选区，如图 5-12 所示。

图 5-11　打开“彩球”图片

图 5-12　制作彩球选区

（2）单击“图层”面板上的“创建新的填充或调整图层”按钮，在弹出的列表中选择“色相/饱和度”选项，打开“色相/饱和度”面板，设置参数，如图 5-13 所示。调整后的效果如图 5-14 所示。

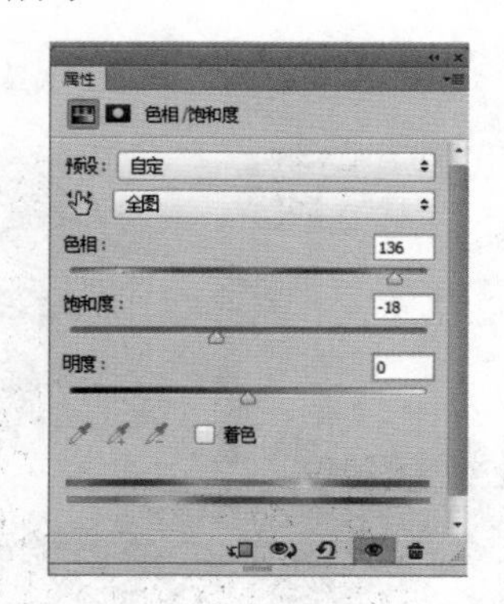

图 5-13　设置“色相/饱和度”面板参数

图 5-14　调整后的效果

任务 2　添加室外背景

（1）在“图层”面板中，单击各调整图层左边的眼睛图标，将这几个调整图层暂时关闭，只留下“图层 1”。可以看到，图像的明暗及色彩恢复到了调整前的状态。这表明，关闭调整图层，其调整的影响也会暂时关闭。

（2）选择“图层 1”，连续按“Ctrl++”快捷键放大视图，直到图像的窗户大小和编辑窗口大小差不多为止。按“H”键使用“抓手工具”，将窗户移动到编辑窗口中间，如图 5-15 所示。

图 5–15　放大图像

（3）选择“魔棒工具”，在工具选项栏上设置容差为“10”，按下“添加到选区”按钮，取消勾选右边的“连续”复选框，如图 5-16 所示。然后单击浅蓝色区域，即对窗户的玻璃部分进行较精确地进行选取。

取样大小：取样点　容差：10　消除锯齿　连续　对所有图层取样

图 5–16　“魔棒工具”选项栏

（4）使用“魔棒工具”单击窗户的玻璃，选中了大部分的玻璃后，利用“套索工具”对选区进行调整，将没有选中的增加进去，多选中的部分去掉，效果如图 5-17 所示。

图 5–17　选中窗户上的玻璃

贴心提示：上面的操作，主要是为了确定窗户玻璃选区，也就是室外背景区域。如果渲染图本身保存了 Alpha 通道，一般可以按“Ctrl”键单击“Alpha 通道”面板中的缩览图，从而直接载入背景选区。

（5）在“图层”面板中，单击各调整图层左边的“眼睛”按钮，重新打开各个调整图层，这时，原先对图像进行的调整又生效了。

（6）按“Ctrl+J”快捷键，将选区复制到一个新的“图层 2”图层，此时，图像效果没有变化。根据调整图层作用于下面所有图层的规律，将“图层 1”移动到所有调整层的上方，这样“图层 1”上放置室外背景的图像将不与渲染图在明暗、色彩上保持同步，如图 5-18 所示。

（7）按“Ctrl+O”快捷键打开素材图片“室外背景.jpg”，如图 5-19 所示。

图 5–18　新建图层并调整图层顺序效果

图 5–19　打开“室外背景”图片

（8）按“Ctrl+A”快捷键全选图像，按“Ctrl+C”快捷键复制图像，然后关闭此图像窗口，回到效果图窗口，按“Alt+Ctrl+Shift+V”快捷键复制图像到选区中，如图 5-20 所示。

（9）此时，该图层自动生成一个蒙版，可以利用蒙版的特点对室外背景进行调整。执行“编辑”→“自由变换”命令，调出变换框对其进行缩放处理，再使用“移动工具”移动到合适的位置，效果如图 5-21 所示。

图 5-20　复制图像到选区

图 5-21　对室外背景大小和位置进行调整

（10）调整室外背景的明暗及色彩，再将“图层 1”的“不透明度”调整为 90%，使之与室内渲染图相适应，效果如图 5-22 所示。

图 5-22　对室外背景调整

知识百宝箱

使用“矩形选框工具”和“椭圆选框工具”只能创建简单的规则选区，当要创建重复、多变的选区时就需要用到不规则选区工具，通过拖动不规则选区工具绘制出需要的任意选区。Photoshop 中不规则选区有“套索工具”、“磁性套索工具”和“多边形套索工具”。这里，只介绍“套索工具”和“磁性套索工具”。

1. 套索工具

“套索工具”主要用于创建任意形状的选区。选择“套索工具”后，其选项栏的参数设置与上一篇介绍的“矩形选框工具”完全相同，这里就不再赘述了。具体操作如下。

（1）按“Ctrl+O”快捷键打开素材图片“彩笔.jpg”，如图 5-23 所示。选择“套索工具”，按住鼠标左键拖动鼠标绘制如图 5-24 所示的任意形状的范围。

（2）当起点与终点闭合时松开鼠标，此时自动生成所绘形状的闭合选区，如图 5-25 所示。

图 5-23　打开“彩笔”图片

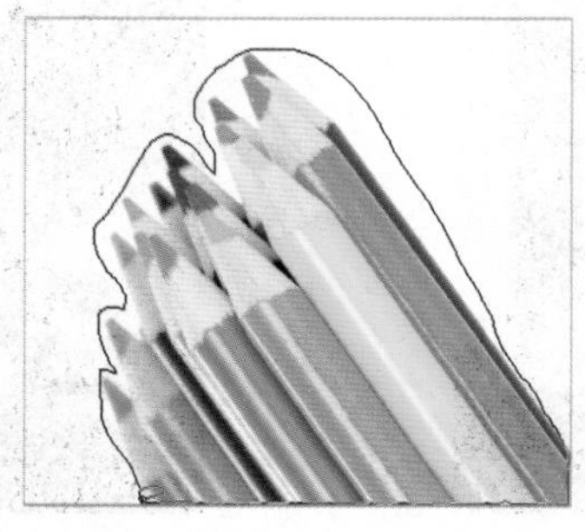

图 5-24　绘制任意形状的范围

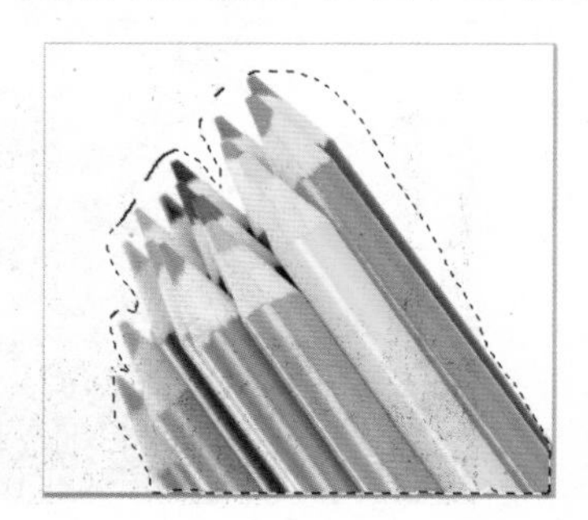

图 5-25　生成选区

2. 磁性套索工具

由于“磁性套索工具”具有很强的吸附能力，所以，使用该工具可以更加精确方便地选取所需范围，使所选出的图像更加自然。“磁性套索工具”的工具选项栏比“套索工具”多了4个参数，它们是“宽度”、“对比度”、“频率”和“钢笔压力”，下面一一简单介绍。

- 宽度：用于设置“磁性套索工具”在选取时检测到的边缘宽度，取值范围在1～40像素，数值越小，检测越精确。
- 对比度：用于设置在选取时的边缘反差，取值范围在1%～100%，数值越大，选取范围越精确。
- 频率：用于设置选取过程中产生的节点数，取值范围在1～100，数值越大产生的节点越多。
- 钢笔压力：用于设置绘图板的画笔压力。只有在安装了绘图板及其驱动程序后才有效，可以根据画笔压力来设置选区。

具体操作如下。

（1）按“Ctrl+O”快捷键打开素材图片“彩笔.jpg”，如图5-23所示。

（2）选择“磁性套索工具”，使用鼠标在图像上单击确定起始点，拖动鼠标沿图像边缘移动，路径上将会自动产生节点，如图5-26所示。当鼠标移到终点与起点汇合时单击鼠标，此时节点将变为选区，效果如图5-27所示。

图5-26　路径上自动产生节点

图5-27　绘制的选区

任务3　添加室内配景

（1）按“Ctrl+O”快捷键打开素材图片“鲜花.jpg”，如图5-28所示。

（2）用“魔棒工具”将鲜花图像中白色的部分选中，如图5-29所示。

（3）按“Delete”键，删除选中区域的图像，效果如图5-30所示。

图5-28 打开“鲜花”图片

图5-29　选中白色部分

图5-30　删除选中区域

（4）按“Ctrl+A”快捷键全选图像，再按“Ctrl+C”快捷键复制图像，然后关闭此图像窗口，回到效果图窗口，按“Ctrl+V”快捷键将复制的图像粘贴到“图层3”中，效果如图5-31所示。

（5）对“图层3”中的鲜花进行大小、位置的调整，效果如图5-32所示。

图 5-31　复制鲜花到“图层 3”中

图 5-32　鲜花调整后的效果

知识百宝箱

一、变换命令

执行“编辑”→“变换”命令的级联菜单中的缩放、旋转、斜切、扭曲、透视、变形和翻转 7 种命令，可以对图像进行变换比例、旋转、斜切、伸展或变形处理。它可以对选区、整个图层、多个图层或图层蒙版应用变换，还可以对路径、矢量形状、矢量蒙版、选区边界或 Alpha 通道应用变换。

> **贴心提示**　如果要变换某个形状或整个路径，“变换”菜单将变成“变换路径”菜单。如果要变换多个路径段(而不是整个路径)，则“变换”菜单将变成“变换点”菜单。

首先选中要变换的对象，执行“编辑”→“变换”菜单命令，在其中选取“缩放”、“旋转”、“斜切”、“扭曲”、“透视”或“变形”命令。

- 缩放：拖动外框上的手柄。拖动角手柄时按住“Shift”键可按比例缩放。当放置在手柄上方时，指针将变为双向箭头。
- 旋转：将指针移到外框之外（指针变为弯曲的双向箭头），然后拖动。按“Shift”键可将旋转限制为按 15° 增量进行。
- 斜切：拖动边手柄可倾斜外框。
- 扭曲：拖动角手柄可伸展外框。
- 透视：拖动角手柄可向外框应用透视。
- 变形：从选项栏中的“变形样式”的弹出菜单中选取一种变形，或者要执行自定变形，请拖动网格内的控制点、线条或区域，以更改外框和网格的形状。

完成后，按“Enter”键确认，也可单击选项栏中的“提交变换”按钮✔；或者在变换选框内双击。要取消变换，请按“Esc”键或单击选项栏中的“取消变换”按钮⊘。

小技巧

当变换位图图像时（与形状或路径相对），每次提交变换时它都变得略为模糊；因此，在应用渐增变换之前执行多个命令要比分别应用每个变换更可取。

二、使项目变形

执行“变形”命令拖动控制点以变换图像的形状或路径等。也可以使用选项栏中“变形样式”的弹出菜单中的形状进行变形。“变形样式”的弹出菜单中的形状也是可延展的；可拖动它们的控制点。当使用控制点来扭曲项目时，选取“视图→显示额外内容”可显示或隐藏变形网格和控制点。

使用变形时，首先选择要变形的图像，从选项栏的“变形样式”弹出菜单中选择“变形”。

从选项栏中的“变形”弹出菜单中选取一种变形样式可以实现特定形状变形。拖动控制点、外框或网格的一段或者网格内的某个区域可以变换形状。

牛刀小试——更换材质

操作步骤 START

（1）执行“文件”→“打开”命令，在弹出的“打开”对话框中选择素材图片“沙发”，如图 5-33 所示。

（2）单击“磁性套索工具”，在工具选项栏中设置“羽化”为 0 像素，“宽度”为 5 像素，“对比度”10%，其余选项为默认。使用“磁性套索工具”选中沙发。执行“选择”→“存储选区”命令，在弹出的“存储选区”对话框中将其命名为“沙发”，如图 5-34 所示。

图 5-33　打开“沙发”图片

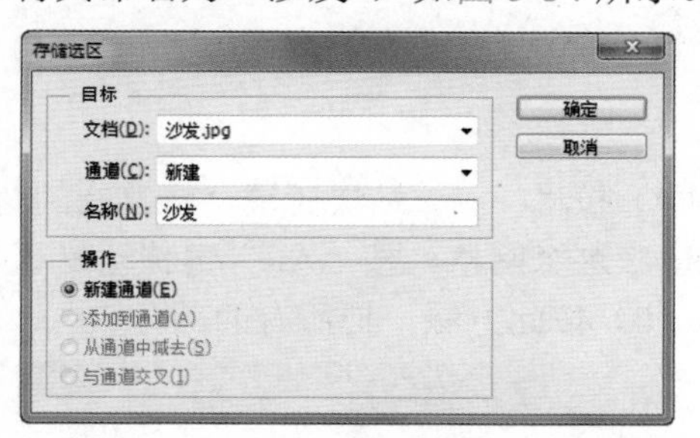

图 5-34　设置“存储选区”对话框参数

（3）单击“确定”按钮，按“Ctrl+J”快捷键生成一个新的图层“图层 1”，如图 5-35 所示。

（4）执行“文件”→“打开”命令，在弹出的“打开”对话框中选择素材图片“材质.jpg”，如图 5-36 所示。按“Ctrl+A”快捷键全选图像，再按“Ctrl+C”快捷键复制图像，然后关闭此图像窗口，回到沙发图片窗口。

图 5-35　复制选中的沙发到“图层 1”

图 5-36　打开“材质”图片

（5）执行“滤镜”→“消失点”命令，在弹出的“消失点”对话框中选择“创建平面工具”，参数设置如图 5-37 所示。

（6）在沙发的一个面上创建一个网格平面，如图 5-38 所示。

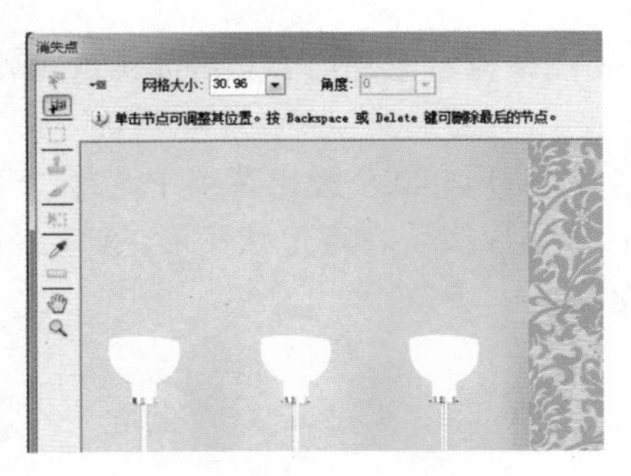

图 5-37　设置“消失点”对话框参数

图 5-38　创建一个网格平面

（7）再创建第二个网格平面，如图 5-39 所示。

（8）创建完成所有的网格平面，效果如图 5-40 所示。

图 5-39　创建第二个网格平面

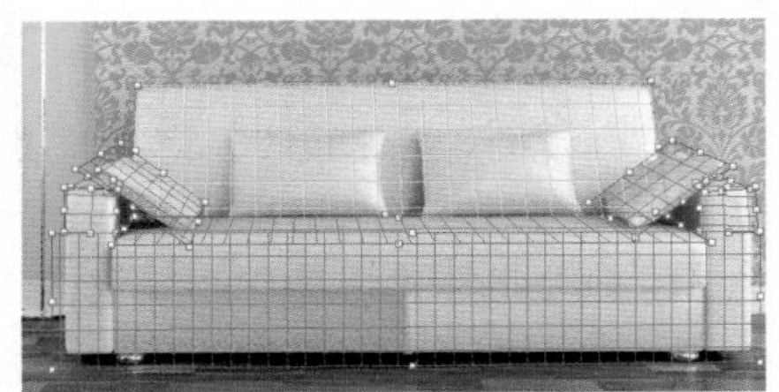

图 5-40　创建所有的网格平面

（9）按“Ctrl+V”快捷键，将复制的材质粘贴进来，然后拖到建立的网格里，材质可以自动的适应这个网格，按“Alt”键移动复制几份，效果如图 5-41 所示。

（10）按此方法，把所有的部分放入。最终效果如图 5-42 所示。

图 5-41　将材质粘贴到网格平面

图 5-42　将材质粘贴到所有网格平面

（11）单击“确定”按钮，退出“消失点”对话框。执行“选择”→“载入选区”命令，在弹出的“载入选区”对话框中选择所建的“沙发”通道，如图 5-43 所示。

（12）单击“确定”按钮，执行“选择”→“反向”命令，将贴入的多余的图片选中，然后删除，效果如图 5-44 所示。

图 5-43　“载入选区”对话框

图 5-44　删除多余的图片部分

（13）设置“图层 1”的图层模式为“线性加深”，“不透明度”为 93%，如图 5-45 所示。最终的效果图如图 5-46 所示。

图 5-45　设置图层模式图

图 5-46　最终效果图

项目总结

室内效果图的制作要切合室内空间的性质和用途，并给人以美感和舒适感，要将室内环境处理得美观大方、格调高雅、独具一格、富有个性。不同的室内环境给人不同的感受，比如卧室要比较温馨，会议室要简洁明亮，商业场所要比较热烈等。在实际室内效果图制作中要更加注意细节，通过亮度/对比度、色相/饱和度、曲线、USM 锐化等命令，增强图像品质，使图像变得更加明亮、清晰，以制作出更真实、生动的效果。

室外效果图设计

项目背景及要求

“通达设计”是一家非常著名的建筑设计公司，除了建筑设计的资料外，还要给出设计的建筑的后期效果图。公司后期效果图制作人员就需要将设计师设计的前期渲染图进行后期处理，对亮度、色彩等进行调整，然后布局设计，添加建筑的远景、中景及近景并使其协调一致，制作出后期的效果图。

要求会灵活使用 Photoshop 的“色阶”、“曲线”、“亮度/对比度”等图像调整工具对图像进行调整，会使用调整图层，会使用各种选区工具进行图像选取，会综合使用各种工具进行抠图，会用变换工具对图像大小进行调整，会进行各种图层的位置调整及图层模式调整。项目参考效果如图 5-47 所示。

图 5–47　参考效果图

项目分析

在正式进行后期处理之前，先进行简单的分析、规划，可以使各阶段的编辑处理相互照应，避免顾此失彼或者前后矛盾。室外渲染图由远到近可分为 3 大块，即天空、建筑和草地，它们大体上代表了未来画面的 3 个层次，即远景、中景和近景。室外效果图后期处理，除了修正错误外，主要的工作就是丰富这 3 个层次的内容，并使它们之间拉开层次，更重要的是，深入细致地突出表现出中景即建筑的效果。

本项目的难点，一是图像的综合布局的设计，二是综合运用各种工具进行抠图操作。本项目可以分解为以下 3 个任务。

- 任务 1　去除多余的背景；
- 任务 2　添加远景和近景；
- 任务 3　添加与调整配景。

操作步骤 START

任务 1　去除多余的背景

（1）执行“文件”→“新建”命令，在弹出的“新建”对话框中根据输出的效果图的大小，选择图像大小的单位为“厘米”，输入新建的图像参数的具体数值。执行“文件”→“置入”命令，在弹出的“置入”对话框中选择素材图片“别墅”，调整其大小并移动到合适的位置，如图 5-48 所示。

（2）为了防止误操作对图片的损坏，单击“图层”面板底部的“添加图层蒙版”按钮给该图层添加“图层蒙版”。

（3）使用“钢笔工具”对该“别墅”素材进行勾选，形成一个闭合路径。如图 5-49 所示。

图 5–48　置入的“别墅”素材

图 5–49　勾选闭合路径

（4）右击，在弹出的快捷菜单中选择“建立选区”命令，在弹出的“建立选区”对话框中选择“新建选区”，参数设置如图 5-50 所示。

（5）单击“确定”按钮，使用“钢笔工具”对该别墅建筑中应该透明能看见远处景色的部分进行勾选，用同样的方法打开“建立选区”对话框，选中“从选区中减去”单选项，如图 5-51 所示，单击“确定”按钮，完成别墅图片的选区制作。

（6）执行“选择”→“反向”命令，选择别墅以外的区域，按“Delete”键，将别墅图片中多余的背景删除，得到经“抠图”处理过的别墅渲染图片，如图 5-52 所示。

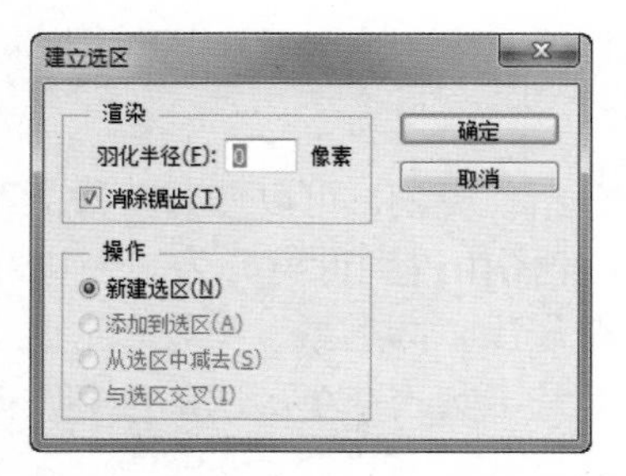

图 5-50　设置“建立选区”对话框参数

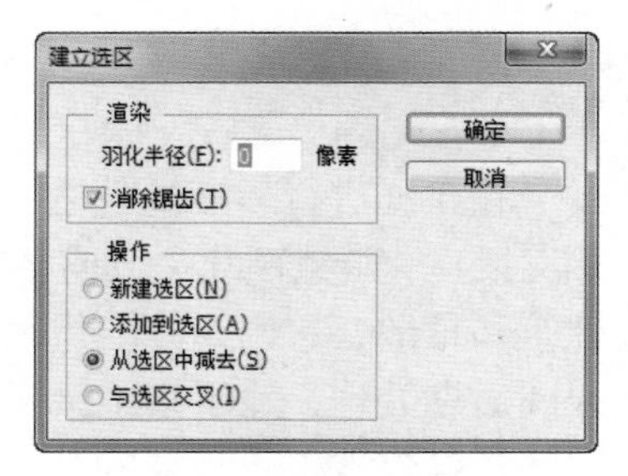

图 5-51　从选区中减去

图 5-52　抠图处理过的别墅渲染图片

贴心提示　如果是一个开放式的路径，则在转换为选区范围后，路径的起点会连接终点成为一个封闭的选区。

知识百宝箱

1. 使用“自由钢笔工具”建立路径

“自由钢笔工具”的功能跟“钢笔工具”的功能基本一样，两者的主要区别在于建立路径的操作不同。“自由钢笔工具”不是通过建立锚点来建立勾划路径，而是通过绘制曲线来勾划路径。

“自由钢笔工具”的工具选项栏比“钢笔工具”的工具选项栏多了一个“磁性”复选框。其功能如下：选中该复选框后，磁性钢笔工具被激活，表明此时的“自由钢笔工具”具有磁性。磁性钢笔工具的功能与磁性套索工具基本相同，也是根据选取边缘在指定宽度内的不同像素值的反差来确定路径，差别在于使用磁性钢笔工具生成的是路径，而不选取范围。

2. 路径与选区间的转换

路径的一个功能就是可以将其转换为选区，按“Ctrl+Enter”快捷键或单击“路径”面板中的“将路径作为选区载入”按钮即可，因此通过路径功能可以制作出许多形状较为复杂的选区。

任务 2　添加远景和近景

（1）按“Ctrl+O”快捷键打开如图 5-53 所示的作为远景的“远景.psd”图片，在 Photoshop 中对其进行颜色、对比度、色阶等的相应处理。

（2）拖动“远景”图片到别墅渲染图中，命名图层名为“远景”，调整两个图层的上下顺序，如图 5-54 所示，将“远景”图层置于底层。

图 5-53 打开“远景”图片

图 5-54 调整图层顺序

（3）选中“远景”图层，执行“编辑”→“自由变换”命令，适当地调整“远景”图片的位置和大小，效果如图 5-55 所示。

（4）按“Ctrl+O”快捷键打开如图 5-56 所示的作为近景的“草坪.psd”图片，在 Photoshop 中对其进行颜色、对比度、色阶等相应处理。然后拖动“草坪”图片到别墅渲染图中，命名图层名为“草坪”。

图 5-55 调整远景的大小和位置

图 5-56 近景“草坪”图片

（5）选中“草坪”图层，执行“编辑”→“自由变换”命令，适当地调整“草坪”图片的位置和大小，利用“套索工具”，将多余的草坪选中，按“Delete”键删除，效果如图 5-57 所示。

知识百宝箱

加深、减淡工具属于颜色修饰类工具，利用它们可以调整图像颜色的深浅、能够精确细致地调整图像的细部色彩，让处理后的图像更加完美。“模糊工具”属于效果修饰类工具，利用它可以对图像进行模糊效果的处理。

图 5-57 调整草坪的大小和位置

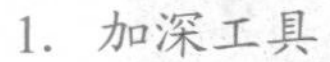

1. 加深工具

“加深工具”可以暗化图像的局部。其选项栏的主要参数有“范围”、“曝光度”和“喷枪”。

- 范围：包含有阴影、中间调和高光。其中，“阴影”用于更改图像中暗部区域的像素；“中间调”用于更改图像中的颜色对应灰度为中间范围的部分像素；“高光”用于更改图像中亮部区域的像素。
- 曝光度：设置该工具的曝光度，范围为 1%～100%。
- 喷枪：启用该模式可以使绘制的效果具有喷枪效果。

具体操作如下。

图 5-58 加深效果

（1）打开素材图片“彩球.jpg”，如图 3-10 所示。复制“背景”图层，生成“背景 复制”图层。

（2）使用“加深工具”，在选项栏上设置画笔为柔边圆 60 像素，“范围”为中间调，“曝光度”为 100%，在图片上不断涂抹，使其颜色加深，效果如图 5-58 所示。

2. 减淡工具

“减淡工具”正好和“加深工具”相反，用来加亮图像的局部，改变特定区域的曝光度。其选项栏的主要参数有“范围”和“曝光度”。

- 范围：选择要处理的区域，包含有阴影、中间调和高光。其中，“阴影”用于提高图像中暗部区域及阴影区域的亮度；“中间调”用于提高图像中灰度区域的亮度；“高光”用于提高图像中亮部区域的亮度。
- 曝光度：用于设置曝光强度，范围为 1%～100%。

具体操作如下。

图 5-59 减淡效果

（1）打开素材图片“彩球.jpg”，如图 3-10 所示。复制“背景”图层，生成“背景 复制”图层。

（2）使用“减淡工具”，在选项栏上设置画笔为柔边圆 60 像素，“范围”为中间调，“曝光度”为 100%，在图片上不断涂抹，使其颜色减淡，效果如图 5-59 所示。

3. 模糊工具

“模糊工具”可以柔化模糊图像，通过降低图像像素之间的反差使图像边界区域变得柔和，以便产生一种模糊的效果。其选项栏的主要参数有“画笔”、“模式”、“强度”和“对所有图层取样”。

- 画笔：设置画笔类型及画笔大小。
- 模式：设置画笔的混合模式。
- 强度：控制模糊强度，数值越大，产生的模糊效果就越明显。
- 对所有图层取样：勾选该复选框将会对所有图层的图像进行模糊处理，反之，则只对当前图层的图像进行模糊处理。

具体操作如下。

（1）打开素材图片“蜻蜓.jpg”，如图 5-60 所示。复制“背景”图层，生成“背景 副本”图层。

（2）使用“模糊工具”，在选项栏上设置画笔为柔边圆 46 像素，“强度”为 100%，在花朵上不断涂抹，使其变得模糊不清，效果如图 5-61 所示。

图 5-60 打开“蜻蜓”图片

图 5-61 模糊效果

任务 3　添加与调整配景

（1）按“Ctrl+O”快捷键打开如图 5-62 所示的“树 1.psd”图片，在 Photoshop 中对其进行颜色、对比度、色阶等的相应处理。

（2）拖动“树”图片到别墅渲染图中，生成新图层，将图层命名为“树 1”。调整图层的上下顺序，将“树 1”图层置于底层“远景”图层的上面，如图 5-63 所示。

图 5-62　打开“树 1”　图片

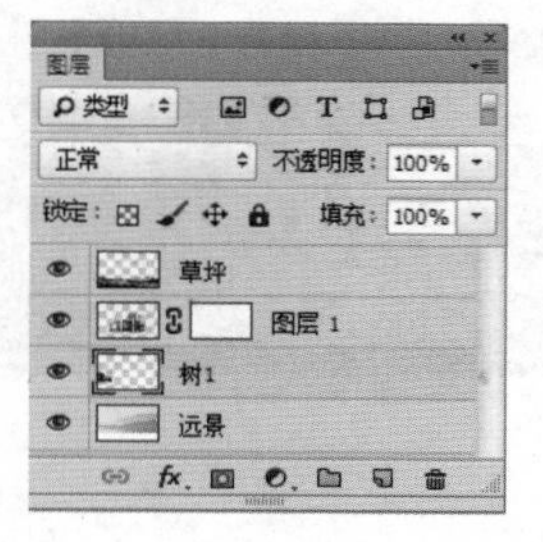

图 5-63　调整图层顺序

（3）选中“树 1”图层，执行“编辑”→“自由变换”命令，适当地调整“树 1”图片的位置和大小，并将“树 1”图层中多余的部分删除，效果如图 5-64 所示。

（4）用同样的方法，依次打开“树 2.psd”、“树 3.psd”和“树 4.psd”素材图片，将其添加到别墅图片中去。为了和远景相适应，对“树 2”和“树 3”图层的透明度进行适当调整，如图 5-65 所示。

图 5-64　调整“树 1”图片的位置和大小

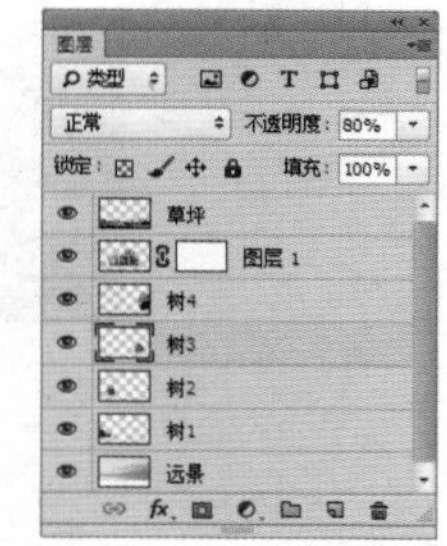

图 5-65　调整图层不透明度

（5）添加树木之后的效果如图 5-66 所示。

（6）按“Ctrl+O”快捷键打开“竹子.psd”素材图片，将其添加到别墅图片中去，按“Ctrl+T”快捷键调出变换框，适当调整图片的大小和位置，效果如图 5-67 所示。

图 5-66　添加树木后的效果

图 5-67　调整“竹子”的大小和位置

（7）按“Ctrl+O”快捷键打开“小路.psd”素材图片，将其添加到别墅图片中去，按“Ctrl+T”快捷键调出变换框，适当调整图片的大小和位置，效果如图 5-68 所示。

（8）再按“Ctrl+O”快捷键打开“人物.jpg”素材图片，向别墅图片中添加人物，以增加生活气息，适当调整“人物”图片的大小和位置，效果如图 5-69 所示。

图 5–68　调整“小路”的大小和位置

图 5–69　调整“人物”的大小和位置

（9）制作人物阴影。复制“人物”图层，得到“人物 副本”图层。选中该图层，执行“编辑”→“变换”→“扭曲”命令，调出变换框，适当扭曲图片，再调整该图层的“不透明度”为 50%，得到最终的效果如图 5-70 所示。

图 5–70　添加人物阴影后的效果

小技巧

自由变换一定要等比例放大、缩小、拉伸，不要为放满画面而盲目拉伸。此外，强加的前景、中景、背景未免会不协调，需用“模糊工具”、“减淡工具”、“加深工具”将各图层契合。

知识百宝箱

一、通道

通道是存储不同类型信息的灰度图像。可分为颜色通道、Alpha 通道和专色通道 3 种类型。一个图像最多可有 256 个通道。所有的新通道都具有与原图像相同的尺寸和像素数目。通道所需的文件大小由通道中的像素信息决定。某些文件格式（包括 TIFF 和 Photoshop 格式）将压缩通道信息以节约空间。当从弹出菜单中选择“文档大小”时，未压缩文件的大小（包括 Alpha 通道和图层）显示在窗口底部状态栏的最右边。

1. *颜色通道*

颜色通道是在打开新图像时自动创建的。图像的颜色模式决定了所创建的颜色通道的数目。例如，RGB 图像的每种颜色（红色、绿色和蓝色）都有一个通道，并且还有一个用于编辑图像的复合通道。

2. Alpha 通道

将选区存储为灰度图像。可以添加 Alpha 通道来创建和存储蒙版，这些蒙版用于处理或保护图像的某些部分。

3. 专色通道

指定用于专色油墨印刷的附加印版。

> **贴心提示** 只要以支持图像颜色模式的格式存储文件，即会保留颜色通道。只有当以 Photoshop、PDF、TIFF、PSB、或 RAW 格式存储文件时，才会保留 Alpha 通道。

二、通道面板

执行“窗口”→“通道”命令，打开“通道”面板，如图 5-71 所示。

“通道”面板列出图像中的所有通道，对于 RGB、CMYK 和 Lab 图像，将最先列出复合通道。通道内容的缩略图显示在通道名称的左侧；在编辑通道时会自动更新缩略图。

1. 打开或关闭缩览图

从“通道”面板菜单中选择“面板选项”命令，打开如图 5-72 所示的“通道面板选项”对话框，单击缩览图大小，或单击“无”关闭缩览图显示。查看缩览图是一种跟踪通道内容的简便方法；不过，关闭缩览图显示可以提高性能。

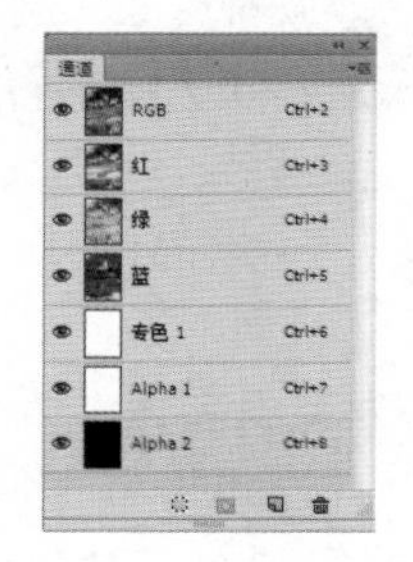

图 5-71 “通道”面板

图 5-72 “通道面板选项”对话框

2. 显示或隐藏通道

可以使用“通道”面板来查看文档窗口中的任何通道组合。例如，可以同时查看 Alpha 通道和复合通道，观察 Alpha 通道中的更改与整幅图像的关系。

单击“通道”旁边的眼睛即可显示或隐藏该通道。（单击复合通道可以查看所有的默认颜色通道。只要所有的颜色通道可见，就会显示复合通道。）在“通道”面板中的眼睛列中拖动，可以显示或隐藏多个通道，并用相应的颜色显示颜色通道。

三、通道操作

1. 选择和编辑通道

可以在“通道”面板中选择一个或多个通道。“通道”面板中将突出显示所有选中或现用的通道的名称。

重命名 Alpha 通道或专色通道：在“通道”面板中双击该通道的名称，然后输入新名称。

删除 Alpha 通道或专色通道：存储图像前，可删除不再需要的专色通道或 Alpha 通道。复杂的 Alpha 通道将极大增加图像所需的磁盘空间。Photoshop 中，在“通道”面板中删除通道还可以执行下列操作之一：按住“Alt”键并单击“删除”图标；将面板中的通道名称拖动到“删除”图标；从“通道”面板菜单中选择“删除通道”；单击面板底部的“删除”图标，然后单击“是”。

> **贴心提示** 在从带有图层的文件中删除颜色通道时，将拼合可见图层并丢弃隐藏图层。之所以这样做，是因为删除颜色通道会将图像转换为多通道模式，而该模式不支持图层。当删除 Alpha 通道、专色通道或快速蒙版时，不对图像进行拼合。

2. 复制通道

可以复制通道并在当前图像或另一个图像中使用该通道。如果要在图像之间复制 Alpha 通道，则通道必须具有相同的像素尺寸，且不能将通道复制到位图模式的图像中。

复制图像中的通道：在“通道”面板中，选择要复制的通道，将该通道拖动到调板底部的“创建新通道”按钮；或者从“通道”面板菜单中选择“复制通道”命令均可复制通道。

3. 复制另一个图像中的通道

首先要确保目标图像已打开。在“通道”面板中，选择要复制的通道，将该通道从“通道”面板拖动到目标图像窗口。复制的通道即会出现在“通道”面板的底部。或者执行“选择”→“全部”命令，然后执行“编辑”→“复制”命令。在目标图像中选择通道，并执行“编辑”→“粘贴”命令。所粘贴的通道将覆盖现有通道。

4. 将通道分离为单独的图像

只能分离拼合图像的通道。当需要在不能保留通道的文件格式中保留单个通道信息时，分离通道非常有用。

贴心提示：要将通道分离为单独的图像，请从“通道”面板菜单中选择“分离通道”命令。原文件关闭后，单个通道出现在单独的灰度图像窗口。新窗口中的标题栏显示原文件名以及通道，可以分别存储和编辑新图像。

5. 合并通道

可以将多个灰度图像合并为一个图像的通道。要合并的图像必须是处于灰度模式，并且已被拼合（没有图层）且具有相同的像素尺寸，还要处于打开状态。已打开的灰度图像的数量决定了合并通道时可用的颜色模式。例如，如果打开了 3 个图像，可以将它们合并为一个 RGB 图像；如果打开了 4 个图像，则可以将它们合并为一个 CMYK 图像。

打开包含要合并的通道的灰度图像，并使其中一个图像成为现用图像。为使“合并通道”选项可用，必须打开多个图像。从“通道”面板菜单中选择“合并通道”命令。选择完通道后，单击“确定”按钮。选中的通道合并为指定类型的新图像，原图像则在不做任何更改的情况下关闭，新图像出现在未命名的窗口中。

贴心提示：不能分离并重新合成（合并）带有专色通道的图像。专色通道将作为 Alpha 通道添加。

四、蒙版和 Alpha 通道

当选择某个图像的部分区域时，未选中的区域会被蒙版或受保护以免被编辑。因此，创建了蒙版后，当您要改变图像某个区域的颜色，或者要对该区域应用滤镜或其他效果时，它可以隔离并保护图像的其余部分。也可以在进行复杂的图像编辑时使用蒙版，比如将颜色或滤镜效果逐渐应用于图像，如图 5-73 所示。

图 5-73 蒙版示例

A．用于保护背景并编辑“蝴蝶”的不透明蒙版。

B．用于保护“蝴蝶”并为背景着色的不透明蒙版。

C．用于为背景和部分“蝴蝶”着色的半透明蒙版。

蒙版存储在 Alpha 通道中。蒙版和通道都是灰度图像，因此可以使用绘画工具、编辑工具和滤镜像编辑任何其他图像一样对它们进行编辑。在蒙版上用黑色绘制的区域将会受到保护；而蒙版上用白色绘制的区域是可编辑区域。

使用快速蒙版模式可将选区转换为临时蒙版以便更轻松地编辑。快速蒙版将作为带有可调整的不透明度的颜色叠加出现。可以使用任何绘画工具编辑快速蒙版或使用滤镜修改它。退出快速蒙版模式之后，蒙版将转换回为图像上的一个选区。

要更加长久地存储一个选区，可以将该选区存储为 Alpha 通道。Alpha 通道将选区存储为“通道”面板中的可编辑灰度蒙版。一旦将某个选区存储为 Alpha 通道，就可以随时重新载入该选区或将该选区载入到其他图像中。

——制作建筑场景素材

在 Photoshop 中经常需要将一幅图像中的一些图像元素转移到另一幅图片中，从中选取图像元素的过程就称为抠图。抠图的方式各种各样，可以用魔术棒、套索、钢笔甚至蒙版等工具来完成。利用“通道”也可以完成某些类型的抠图操作，可能比其他的工具更方便快捷。下面利用“通道”将建筑物从图中“抠”出来，成为一种场景素材，效果图如图 5-80 所示。

操作步骤 START

（1）执行“文件”→“打开”命令，在弹出的“打开”对话框中选择素材图片“建筑物.jpg”，单击“打开”按钮，打开如图 5-74 所示的素材图片。

（2）要把建筑物从背景中分离出，就要在 3 个通道中选择主体与背景反差最大的那一个通道。“通道”面板如图 5-75 所示。

图 5-74　打开“建筑物”图片

图 5-75　“通道”面板

（3）通过对“通道”面板中预览图的观察比较，蓝色通道的反差效果最明显，这里选择蓝色通道。将鼠标移到蓝色通道上，按住左键，把蓝色通道拖曳到“通道”面板底部“创建新通道”按钮上，建立“蓝拷贝”通道，在“通道”面板中选中“蓝 拷贝”通道，如图 5-76 所示。

图 5-76　复制蓝色通道

（4）虽然蓝色通道反差效果很好，但仍感到背景太灰，为了解决这个问题，选择调整图像的对比度、色阶来进一步拉大蓝通道反差，另外也可以用曲线工具来调整。下面用曲线工具调整，如图 5-77 所示。

调整之后的图像效果如图 5-78 所示。

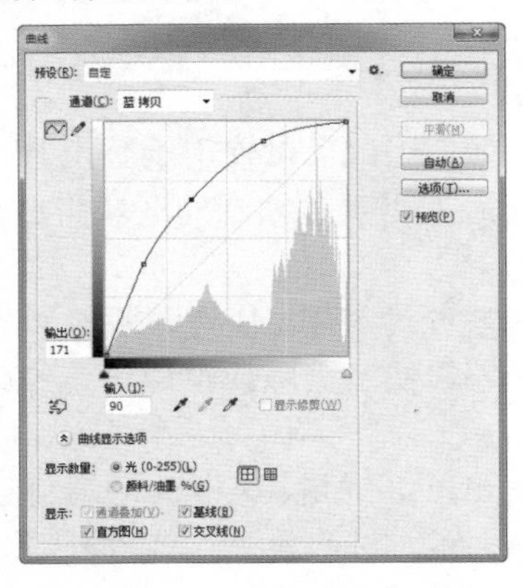

图 5-77 利用曲线工具调整反差

图 5-78 利用曲线工具调整后的建筑物效果

（5）选择“画笔工具”，设置前景色为黑色，把图片尽量放大一些，把建筑物完全抹黑。调整画笔颜色，将人物之外非选取部分完全抹白，效果如图 5-79 所示。

（6）执行“图像”→“调整”→“反相”命令，效果如图 5-80 所示。

图 5-79 画笔涂抹后的效果

图 5-80 反相效果

（7）单击“通道”面板下方的“将通道作为选区载入”按钮，回到“图层”面板，建筑物已被选中。如图 5-81 所示。

（8）新建图层，将选中的建筑物复制到新图层中，得到建筑场景素材，效果如图 5-82 所示。

图 5-81 载入通道

图 5-82 建筑场景素材效果

项目总结

后期处理是建筑效果图制作中的最后一个重要环节，通过使用 Photoshop 图形图像处理软件重点解决三维软件渲染制作中不足的地方，通过亮度/对比度、色相/饱和度、曲线、USM 锐化等命令，增强图像品质，使图像变得更加明亮、清晰。为场景添加必要的天空、人物、植物、花草、树木、汽车等配景及物体的阴影倒影等，烘托场景气氛，使场景变得更加生动、真实、富有情趣。

职业技能训练

（1）对照项目 1 的处理过程，按照自己的想法试对素材图片“客厅渲染图”进行后期效果处理，处理后和“客厅效果图”进行对比，比较两种处理各有哪些优缺点，如图 5-83 所示。

（2）对照项目 2 的处理过程，按照自己的想法试对素材“度假别墅渲染图”进行后期效果处理，处理后和“度假别墅效果图”进行对比，比较两种处理各有哪些优缺点，如图 5-84 所示。

贴心提示 在平时设计工作中，设计师们往往制作和收集大量常用的透明背景的PSD格式的各种场景素材，如建筑物、花草、树木、人物、车辆等，这样可以使设计的效率大幅提高。

图 5-83　“客厅渲染图”与“客厅效果图”

图 5-84　“度假别墅渲染图”与“度假别墅效果图”

网页美工篇

项目 1　网站首页设计

项目 2　网站主页设计

电子商务行业的兴起带动了一个崭新的互联网领域。网站网页成为与客户交流的平台，网页美工设计也成为一个新的岗位，Photoshop 强大的图像处理功能，让网页平面图像设计变得更加简单。在网页设计方面主要是网站的整体设计，主页、分页设计，导航设计等，还包括网页设计中色彩的应用、版面的设计、场景界面的设计、各种论坛的设计、播放器的设计、按钮的制作、导航条的制作及各种动态广告的制作等。Photoshop 不仅可以设计出漂亮别致的网页及图片，而且为了在网站中方便使用这些图片，还能够使用“切片工具”将制作的图片方便地存储分割，方便浏览。目前有关网页美工的岗位有切图工、网页效果设计师、动画设计师等。

能力目标

1. 能设计制作网站的首页和主页。
2. 能设计制作网页页面中的横幅广告和按钮。

知识目标

1. 了解网页设计的基本知识。
2. 掌握切片工具的使用。
3. 掌握标尺及辅助线的使用。
4. 掌握“时间轴”的使用。
5. 掌握不同动画的制作方法。

岗位目标

1. 会根据需要进行网站首页及主页的设计制作。
2. 会制作页面各种基本元素。
3. 会进行动态广告的设计制作。

网站首页设计

项目背景及要求

“Apple Fans”是一家新成立的以苹果电子产品为主要经营范围的电子商务网站，为了拓展业务，给客户展示公司经营的产品，需要做一个自己的网站。作为一名网站设计员，就需要针对电子商务网站的特点进行网站的设计，首先使用Photoshop设计出网站的首页效果，以便根据客户需求把效果图制作成网页。

要求会灵活使用Photoshop的“渐变”、“图层样式”、“选框工具”等图像设计工具对页面进行设计，会使用调整图层及各种选区工具进行图像选取，会使用形状工具设计页面各个部分。参考效果如图6-1所示。

图6-1　参考效果图

在进行设计之前，要对页面进行分析与规划。确定页面的色系、背景、构图，观察是否符合电子商务网站的特点。还要观察是否符合客户的爱好和需求。这些都需要使用 Photoshop 进行规划设计。具体设计时，一般按“由大到小，由整体到局部”的顺序进行。本项目可以分解为以下 4 个任务。

项目分析

- 任务 1　网页背景设计；
- 任务 2　导航条设计；
- 任务 3　展示窗设计；
- 任务 4　制作首页切片。

操作步骤　START

任务 1　控制整体效果

（1）执行“文件”→“新建”命令，在弹出的“新建”对话框中根据输出网页的大小，选择图像大小的单位为“像素”，再设置新建文件的其他参数，参数设置如图 6-2 所示。

（2）选择“渐变工具”，单击工具选项栏的“点按可编辑渐变”按钮，在弹出的“渐变编辑器”对话框中选择渐变颜色的范围，从 RGB（141，141，141）到 RGB（210，210，210），如图 6-3 所示。单击“确定”按钮，其他设置为默认。

> **贴心提示**　因为页面设计要考虑用户电脑的配置，根据现在主流电脑显示器分辨率一般在 1024 × 768 以上，所以我们需要以 1024 × 768 分辨率为基础进行设计。为了不让页面太满，我们把宽度和高度设置在 1024 和 768 之内。

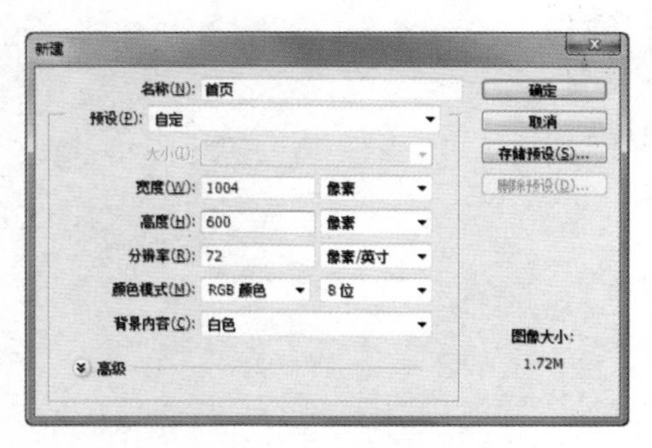

图 6-2　设置“新建”对话框参数

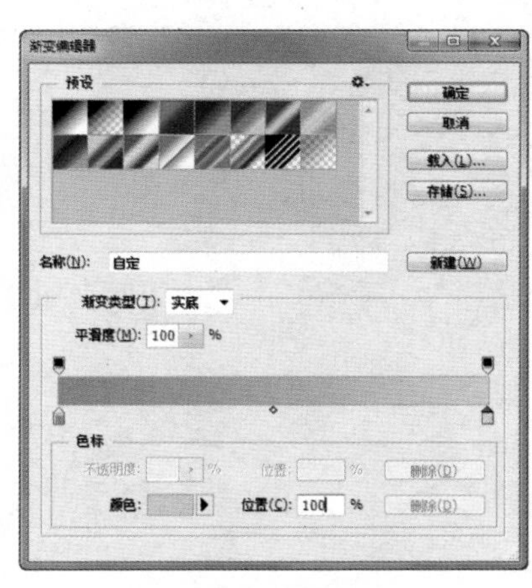

图 6-3　调整渐变颜色的范围

（3）在页面上从上到下拖动鼠标，使页面产生从深灰到浅灰的渐变，效果如图 6-4 所示。

图 6-4　页面渐变效果

小技巧

可以按鼠标拖动的方向和距离控制渐变的效果，如从左上角向右下角拖动或者从左向右拖动等，具体操作根据页面设计需要进行。

为了使制作的页面更加精确，通常需要执行“视图”→“标尺”命令或使用快捷键“Ctrl+R”调出 Photoshop 的标尺。

（4）选择“横排文字工具”T，在页面左上角输入电子商务网站的名字“Apple Fans”和 Logo，参数设置如图 6-5 所示。

图 6-5　设置网站名称字体参数

（5）网站名称和 Logo 的效果如图 6-6 所示。

图 6-6　网站名称和 logo 的效果

任务 2　导航条设计

（1）单击“圆角矩形工具”按钮，设置半径为 5 像素，在网站 Logo 和名称下方中间位置绘制一个 800 像素×50 像素的圆角矩形。

（2）双击“图层”面板中的圆角矩形所在图层，在弹出的“图层样式”对话框中设置圆角矩形的参数，如图 6-7 所示。

（3）单击“单列选框工具”，在导航条 1/8 处单击绘制一条纵向选区，执行“编辑”→“自由变换”命令，调整竖线的长度和位置，让它看起来是一条分割线。然后双击“图层”面板中的分割线图层，在弹出的“图层样式”对话框中进行参数设置，如图 6-8 所示。

（4）按住“Alt”键，把分割线向右拖动，根据标尺的刻度，再复制 5 条分割线，效果如图 6-9 所示。

（5）分别在前 6 格中使用“横排文字工具”T输入导航条的栏目，效果如图 6-10 所示。

（6）单击“圆角矩形工具”按钮，设置半径为 10 像素，在最右侧的栏目格中间位置绘制一个圆角矩形，并且设置图层样式如图 6-11 所示。

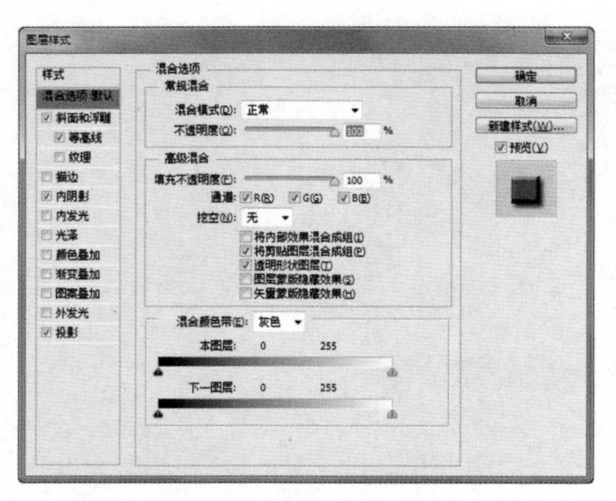

图 6-7　设置圆角矩形的参数

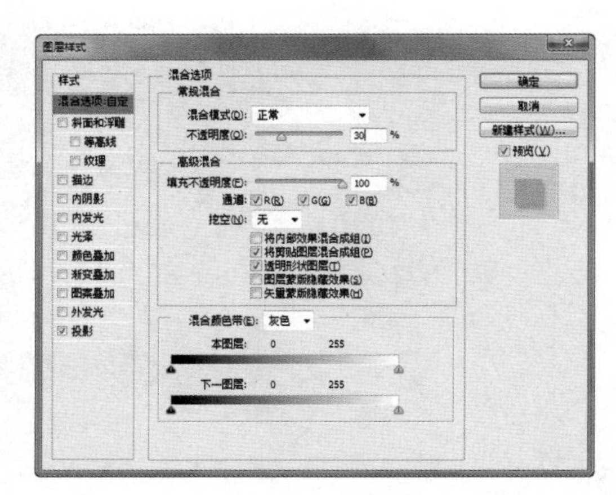

图 6-8　设置分割线图层样式

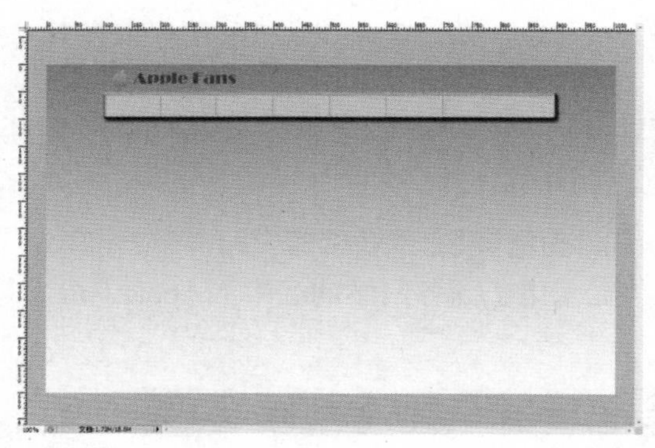

图 6-9　复制分割线效果

图 6-10　输入导航条栏目

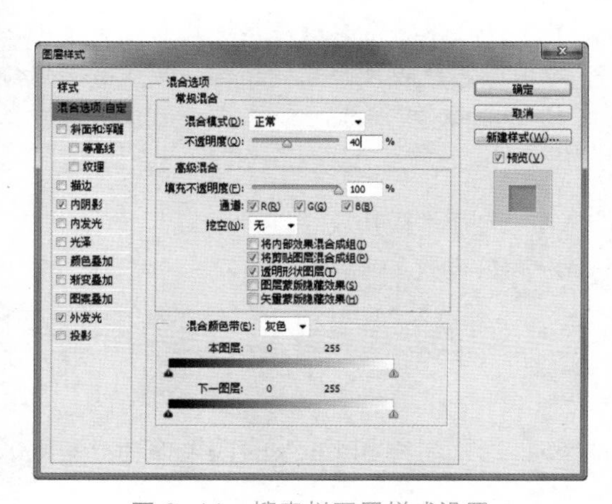

图 6-11　搜索栏图层样式设置

（7）执行“文件”→“置入”命令，置入图片“find”，效果如图 6-12 所示。

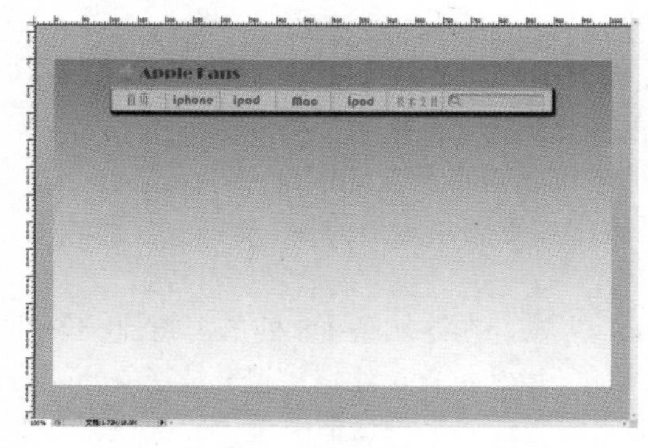

图 6-12　置入图片效果

任务 3　展示窗设计

（1）单击“矩形工具”按钮，在导航栏下方中央绘制一个矩形区域，工具选项栏设置如图 6-13 所示。

（2）单击“路径”面板下方的“将路径作为选区载入”按钮，然后按“Ctrl+Delete”快捷键填充背景色为白色，效果如图 6-14 所示。

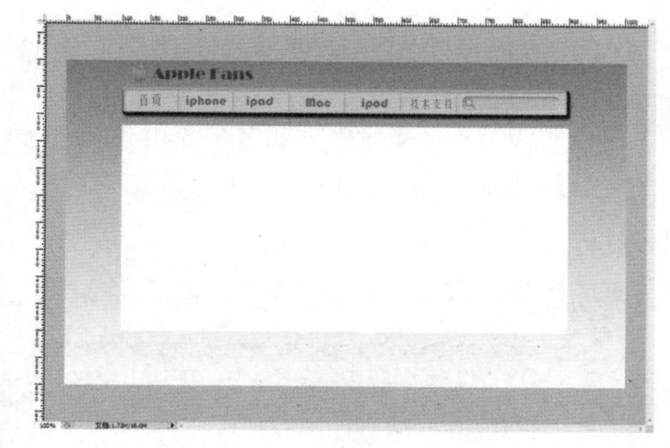

图 6–13　设置“矩形工具”工具选项栏

图 6–14　填充矩形选区背景色

（3）在白色矩形上置入图片“iphone”和“title”，并安排好其位置，效果如图 6-15 所示。

（4）置入图片“arrow”，并调整其大小、形状，其效果如图 6-16 所示，如同一个向左的按钮。

图 6–15　置入图片“iPhone”和“title”

图 6–16　置入图片“arrow”

（5）使用相同的方法，再制作一个使箭头方向向右的按钮，效果如图 6-17 所示。

（6）在页面最下方中间处，先使用“单行选框工具”绘制出两条平行线，再使用“单列选框工具”绘制出分隔符。在每格中使用“横排文字工具”标出版权以及注意事项。首页效果如图 6-18 所示。

图 6–17　制作方向向右的按钮

图 6–18　首页效果

任务 4　制作首页切片

（1）将首页的图片切成小的图片。首先通过标尺对将要切的图形加上参考线，如图 6-19 所示。

（2）选择“切片工具”框选出第一个切片，右击切片名称，在弹出的快捷菜单中选择“编辑切片选项”命令，打开“切片选项”对话框，为该切片建立超级链接，参数设置如图 6-20 所示。

图 6-19　为首页添加参考线

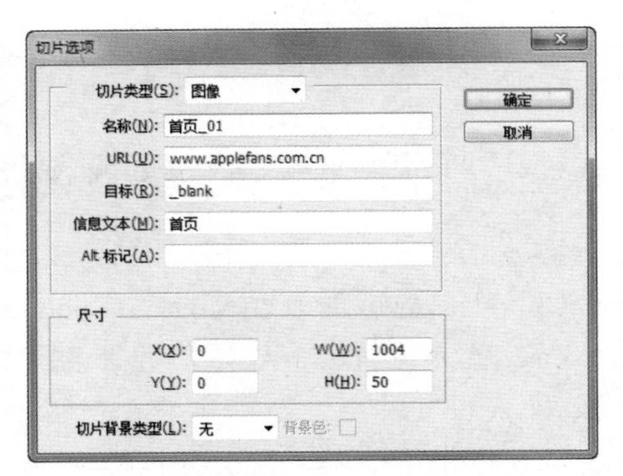

图 6-20　设置“切片选项”对话框参数

（3）用同样的方法，绘制切片并为每个切片建立超级链接，当划分完第 6 块大切片时，右击切片名称，在弹出的快捷菜单中选择“划分切片”命令，打开“划分切片”对话框，勾选“垂直划分为”复选框，并输入 3，如图 6-21 所示。

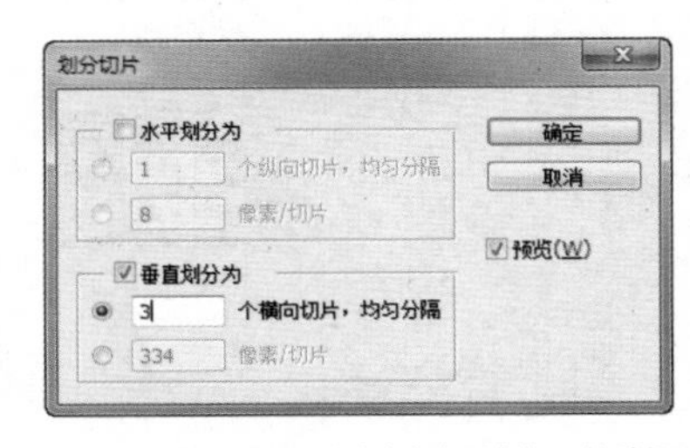

图 6-21　设置“划分切片”对话框

（4）单击“确定”按钮，此时切片效果如图 6-22 所示。

（5）为每个划分的切片建立超级链接。使用“切片工具”继续框选切片并建立超级链接，最终切片效果如图 6-23 所示。

（6）执行“文件”→“存储为 Web 所用格式”命令，打开“存储为 Web 所用格式”对话框，参数设置如图 6-24 所示。

图 6-22　划分切片效果

图 6-23　最终切片效果

（7）单击“存储”按钮，打开“将优化结果存储为”对话框，如图 6-25 所示，选择保存的位置和名称，单击“保存”按钮，保存后的切片图片均为独立的.gif 格式文件。

（8）合并图层，再次使用“存储为 Web 所用格式”命令将文件保存为“首页设计.html”，打开 IE 浏览器或 360 安全浏览器即可运行，最终效果如图 6-26 所示。

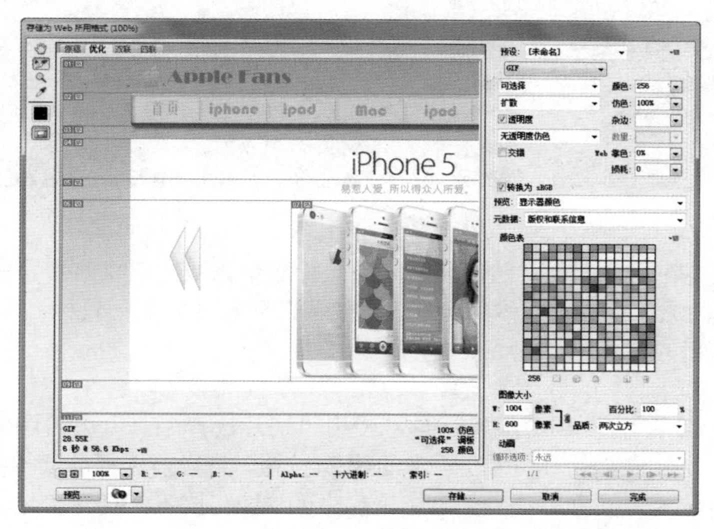

图 6-24　“存储为 Web 所用格式”对话框

图 6-25　“将优化结果存储为”对话框

图 6-26　首页设计最终效果

知识百宝箱

1. 切片工具

“切片工具”可以将一个完整的图像切割成几部分。“切片工具”主要用于分割图像。每分割一次图像就创建了一个带标号的切片。

> **贴心提示**　图像的切片是处理网络图像的核心操作，目的是建立链接和提高图片的下载速度，在创建切片的时候要保证图像的最大完整性和尽可能的小，如果是背景图像，只需要切出一个条状即可。

具体操作如下。

（1）双击工作区，在弹出的“打开”对话框中打开“自然风光.jpg”素材图像，如图 6-27 所示。

（2）使用“切片工具”，在图像中拖动鼠标绘制一个矩形块，释放鼠标，即在图像文件中创建一个名称为“01”的切片，如图 6-28 所示。使用相同的方法创建多个切片，如图 6-29 所示。

图 6–27　打开“自然风光”图片　　图 6–28　创建一个切片　　图 6–29　创建多个切片

（3）将光标放置在切片的任意边缘位置，当光标显示为双向箭头时按下鼠标左键并拖动鼠标，可以调整切片的大小；将光标移到切片内，按下鼠标左键并拖动鼠标，可调整切片的位置，释放鼠标后将产生新的切片，如图 6-30 所示。

2. 切片选择工具

“切片选择工具”主要用于编辑切片。使用“切片选择工具”单击图像文件中的切片名称显示为灰色的切片，并单击工具选项栏中的“提升”按钮，将当前选择的切片激活，此时该切片左上角的切片名称显示为蓝色。单击工具选项栏中的“划分...”按钮，打开“划分切片”对话框，如图 6-31 所示，可对当前切片进行均匀分隔。具体操作如下。

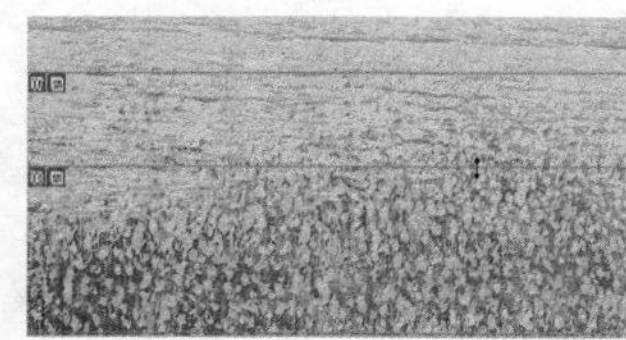

图 6–30　产生新切片　　图 6–31　均匀分隔切片

（1）在上面创建的切片文件基础上，使用“切片选择工具”选择其中一个切片，右击，在弹出的快捷菜单中选择“删除切片”命令，如图 6-32 所示，此时该切片被自动删除，效果如图 6-33 所示。

图 6–32　删除切片　　图 6–33　删除切片效果

（2）使用“切片选择工具”选择一个显示为灰色的切片，右击，在弹出的快捷菜单中选择“提升到用户切片”命令，则该切片被打开，其名称显示为蓝色，如图 6-34 所示。

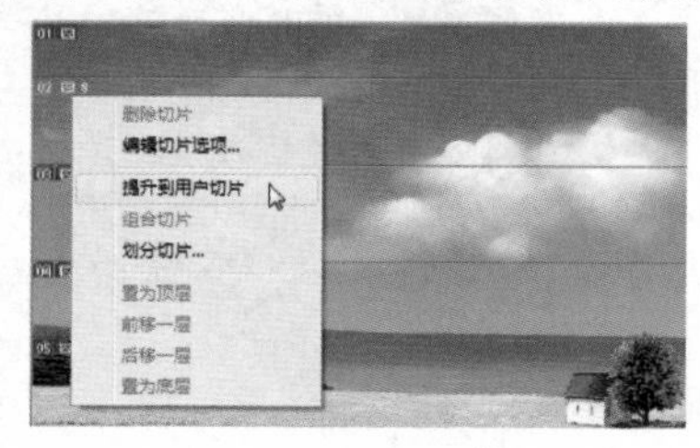

图 6–34　打开切片

——制作横幅广告 banner

操作步骤 START

（1）执行“文件”→“新建”命令，在弹出的“新建”对话框中设置图像大小为 800 像素×160 像素，如图 6-35 所示。

（2）新建图层，选择“渐变工具”，单击工具选项栏的“对称渐变”按钮，再单击“点按可编辑渐变”按钮，打开“渐变编辑器”对话框，设置渐变色为 RGB（159，159，159）到白色，如图 6-36 所示，单击“确定”按钮，由上到下填充，效果如图 6-37 所示。

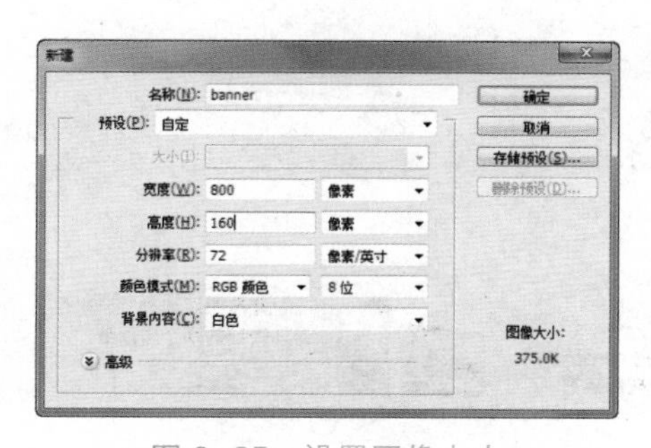

图 6-35　设置图像大小

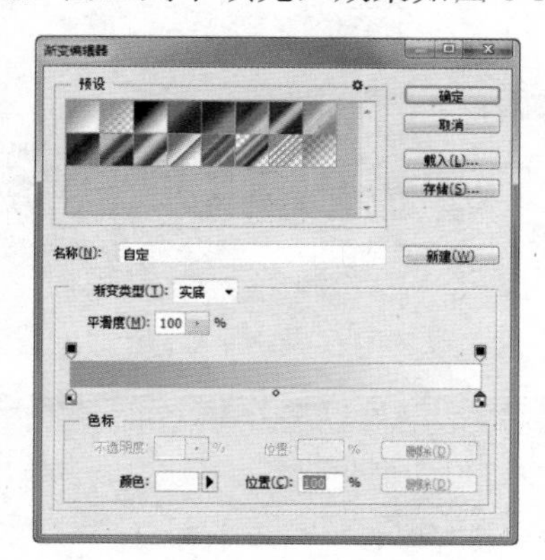

图 6-36　设置渐变色

（3）在图层上置入图片“ipad.jpg”、“title1.jpg”和“title2.jpg”，按“Ctrl+T”快捷键，调整其大小和位置，效果如图 6-38 所示。

图 6-37　banner 渐变填充效果

图 6-38　置入图片并调整

（4）选择“圆角矩形工具”，在工具选项栏上设置“选择工具模式”为“路径”，然后在“title2”图片下方绘制一个半径为 5 像素的圆角矩形，单击“路径”面板底部的“将路径作为选区载入”按钮，将路径转换为选区，如图 6-39 所示。

（5）双击“图层”面板中按钮所在的图层，在弹出的“图层样式”对话框中设置按钮样式，参数如图 6-40 所示。

（6）在按钮上使用“横排文字工具”T输入“立即购买”字样，如图 6-41 所示。

（7）执行“窗口”→“时间轴”命令，打开“时间轴”面板。选中第 1 帧，分别将图片下移出背景，左边文字左移出背景，右边文字及按钮右移出背景，效果如图 6-42 所示。

（8）单击“时间轴”面板下方的“复制所选帧”按钮，复制第 1 帧，如图 6-43 所示。

（9）在第 2 帧处分别将图片及文字由各自的位置移进背景区，效果如图 6-44 所示。

图 6-39　绘制按钮轮廓

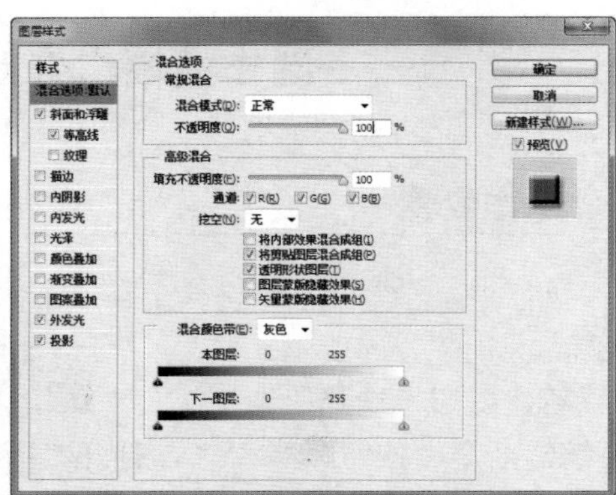

图 6-40　设置按钮参数

图 6-41　banner 效果

图 6-42　内容移出背景

图 6-43　复制第 1 帧

图 6-44　将内容移进背景区

（10）按住“Shift”键选择全部帧，单击“选择帧延迟时间”下三角按钮，在弹出的选项栏中选择延迟时间为“0.2”秒，如图 6-45 所示。

（11）单击“时间轴”面板下方的“过渡动画帧”按钮，在弹出的“过渡”对话框中选择“要添加的帧数”为 10，勾选“位置”复选框，如图 6-46 所示。

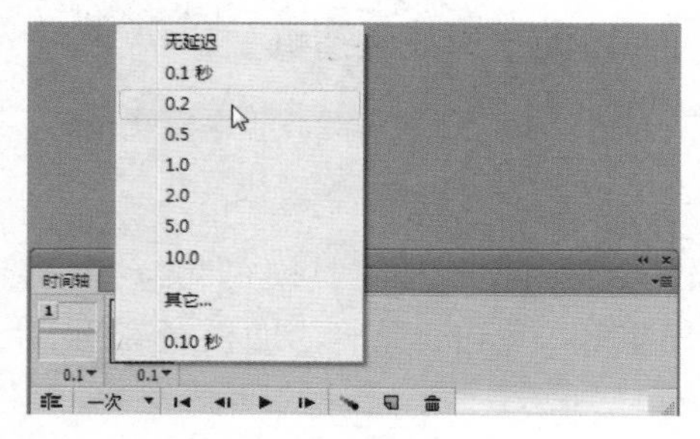

图 6-45　设置延迟时间

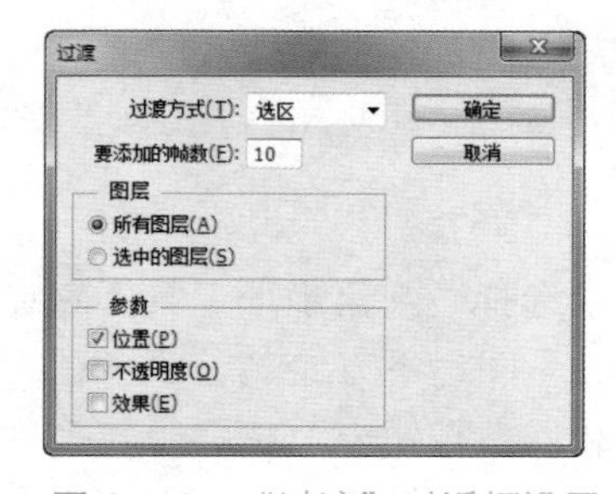

图 6-46　“过渡”对话框设置

（12）单击“确定”按钮，在两帧之间插入 10 个过渡帧，此时“时间轴”面板如图 6-47 所示。

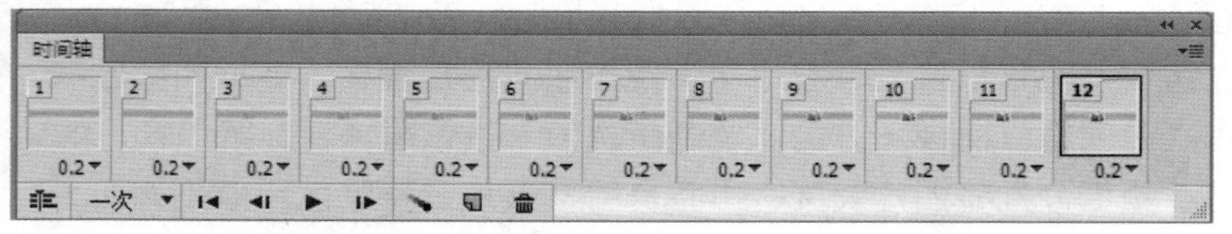

图 6-47　“时间轴”面板

（13）单击“时间轴”面板下方的“复制所选帧”按钮，复制第 12 帧，生成第 13 帧，如图 6-48 所示。

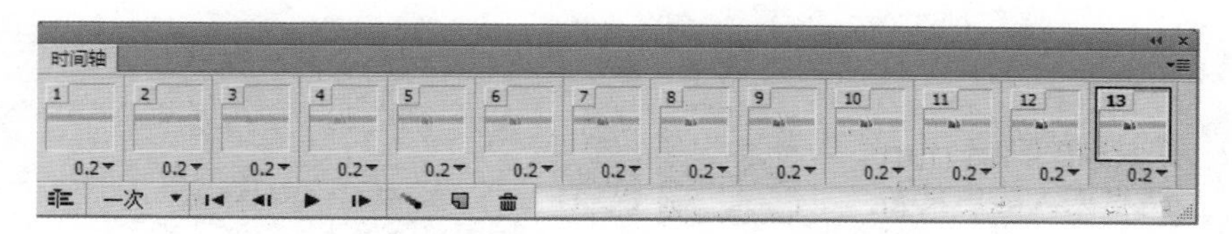

图 6-48 复制第 12 帧生成第 13 帧

（14）在第 13 帧处将图片、按钮的透明度均设置为“10%”，文字的透明度设置为“0%”，此时“图层”面板如图 6-49 所示。

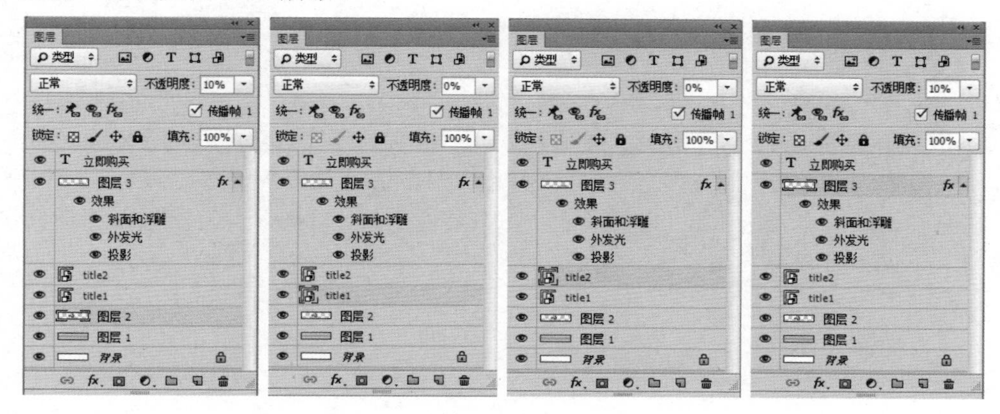

图 6-49 调整透明度的“图层”面板

（15）透明度调整完成后的效果如图 6-50 所示。

（16）按住“Shift”键依次选择第 12 帧和第 13 帧，单击“时间轴”面板下方的“过渡动画帧”按钮，在弹出的“过渡”对话框中选择“要添加的帧数”为 10，勾选“不透明度”复选框，如图 6-51 所示。

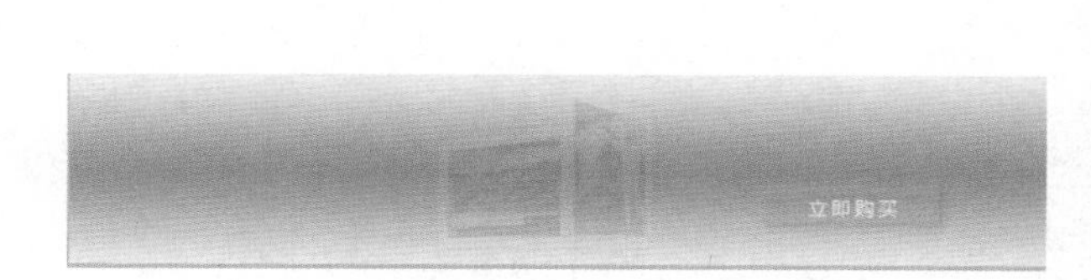

图 6-50 调整透明度后的效果

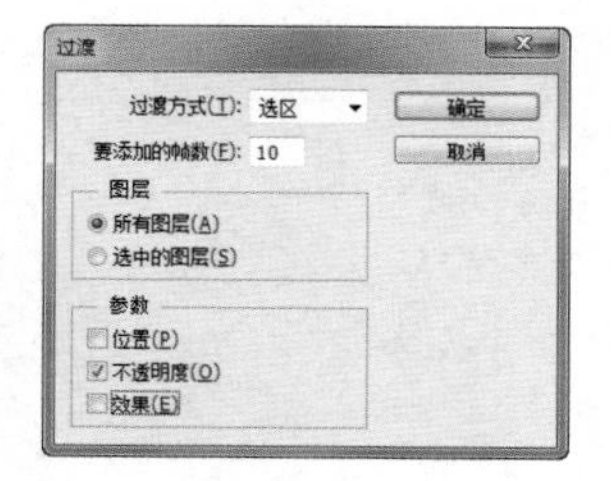

图 6-51 设置“过渡”对话框

（17）单击“确定”按钮，在两帧之间插入 10 个过渡帧，此时“时间轴”面板如图 6-52 所示。

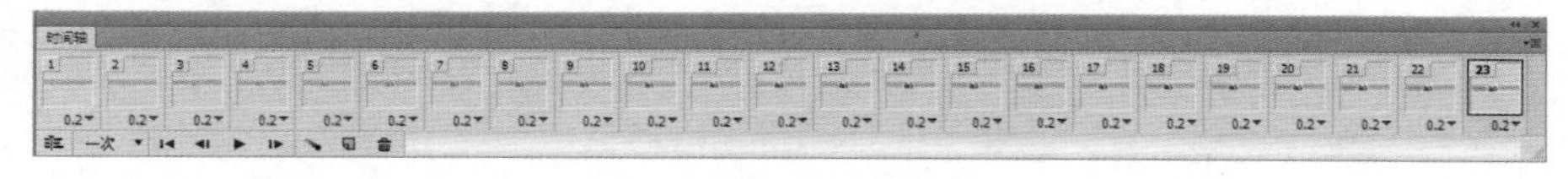

图 6-52 “时间轴”面板

（18）单击“时间轴”面板下方的“播放动画”按钮，预览 banner 效果。执行“文件”

→“存储为 Web 所用格式”命令，在弹出的对话框中单击“存储…”按钮，保存文件为“banner.gif”动画格式，效果如图 6-53 所示。

图 6-53　banner 效果

项目总结

本项目以电子商务网站首页的设计和 banner 横幅广告的制作为主线，介绍了 Photoshop 在网页美工方面的应用。在制作网页时要充分利用 Photoshop 自身在图像处理方面的优势，设计制作出用其他设计工具无法达到效果的网页，当需要制作动态 Logo 或动态广告时，可以利用“时间轴”面板来方便地制作那些网上常用的各类广告。

项目 2

网站主页设计

项目背景及要求

前面我们为“Apple Fans”电子商务网站设计了首页，本项目我们要对网站内的主页面进行设计，因此会用到上一个项目做的部分元素。

项目参考效果如图 6-54 所示。

图 6–54　项目参考效果图

项目分析

在此网页的设计中我们可以先对页面进行初步规划，既要与首页整体的风格相一致，又要与首页有区别。主页一般主要展示经营的商品，注重的是信息量，要在尽可能小的空间内发布主营的商品。但也要注意结构搭配，避免给顾客拥挤的感觉。

本项目的难点，一是页面布局的设计，二是综合运用各种工具进行设计操作。本项目可以分解为以下 3 个任务。

- 任务 1　页面主体设计；
- 任务 2　页面细节的设计；
- 任务 3　制作页面切片。

操作步骤　START

任务 1　页面主体设计

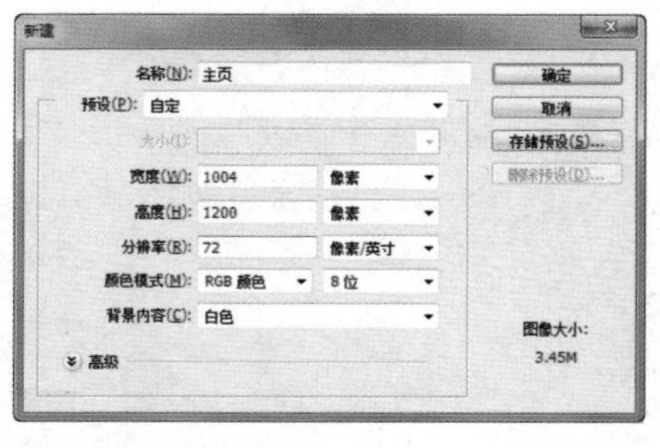

图 6–55　设置“新建”对话框参数

（1）执行“文件”→“新建”命令，在弹出的“新建”对话框中，设置长和宽分别为 1004 像素和 1200 像素，如图 6-55 所示，单击“确定”按钮，新建主页页面。

（2）因为主体页面设计要与首页风格相一致，所以先用“渐变工具”对背景进行渐变处理，渐变的参数参照首页设计。

图 6–56　复制图层

（3）打开“首页.psd”文件，在“图层”面板中找到网站名称、Logo 和导航条所在的图层，按住“Shift”键选中全部，右击，在弹出的快捷菜单中选择“复制图层”命令，如图 6-56 所示。

（4）在弹出的“复制图层”对话框中，在“目标”栏中的“文档”选项中选择“主页.psd”，如图 6-57 所示。

（5）单击“确定”按钮，此时可以看到新建的图像上方的网站名称、Logo 和导航条效果与首页一致了，如图 6-58 所示。

（6）根据页面需要对网页进行构图设计，效果如图 6-59 所示。

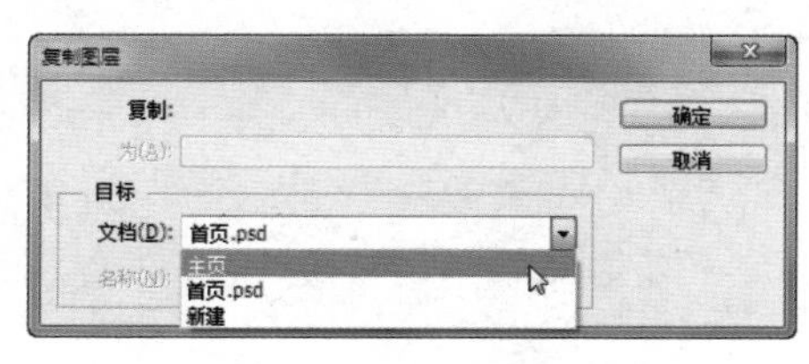

图 6–57　复制图层到目标文件

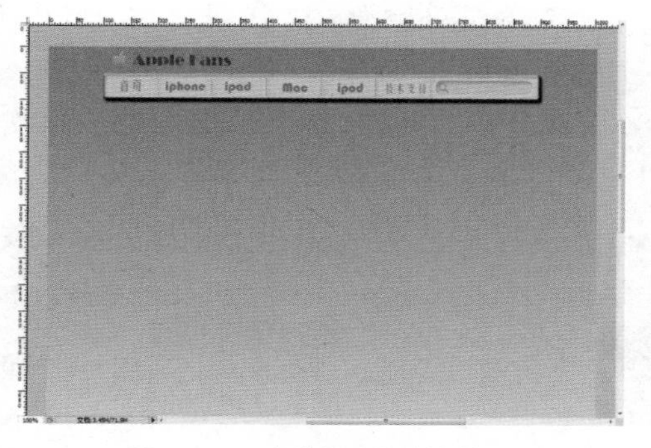

图 6–58 复制图层后的效果

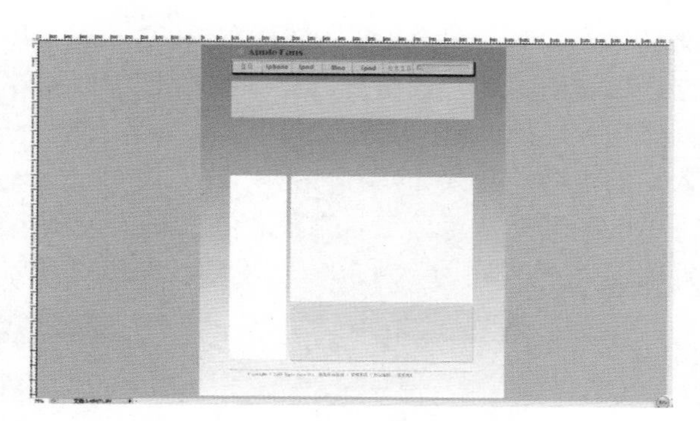

图 6–59 网页结构设计

任务 2 页面细节设计

（1）使用“圆角矩形工具”在导航栏下方绘制一个半径为 5 像素的圆角矩形，单击“设置背景色”按钮，打开“拾色器（背景色）”对话框，设置矩形颜色为 RGB（213，213，213），如图 6-60 所示，单击“确定”按钮，为圆角矩形填充指定颜色。

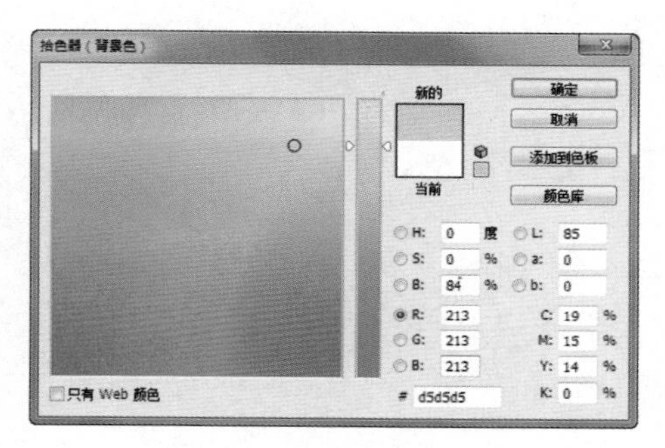

图 6–60 设置矩形颜色

（2）新建图层，选择“单列选框工具”，在矩形 1/4 处绘制一条选框，调整选框长短和位置，使其比矩形的高度略小，并且设置颜色略深于圆角矩形，形成一条分割线效果如图 6-61 所示。

（3）按住“Alt”键单击“移动工具”按钮，拖动分割线，把矩形 4 等分，效果如图 6-62 所示。

图 6–61 分割线绘制

图 6–62 4 等分矩形

（4）执行“文件”→“置入”命令，在矩形区域内依次置入图片“shopiphone.png”、“shopipad.png”、“shopmac.png”和“shopipod.png”，分别放置在分割的区域内，作为分页导航，效果如图 6-63 所示。

（5）执行“文件”→“置入”命令，置入前面制作的 banner 广告，效果如图 6-64 所示。

图 6–63 分页导航效果

图 6–64 置入 banner 广告

（6）在 banner 下方的左侧绘制一个圆角矩形作为竖排导航栏，填充白色背景色，在竖排导航栏上方绘制一个矩形，填充颜色 RGB（107，107，107）。单击工具栏的“横排文字工具”T，选择合适的字体，使用白色在导航栏上方输入文字“配件选购”，效果如图 6-65 所示。

（7）选择“横排文字工具”T，根据导航内容，选择合适的字体、字号在导航栏中依次输入导航内容，效果如图 6-66 所示。

（8）选择“矩形工具”，在主项上绘制矩形，填充 RGB（109，109，109）颜色，并设置图层“不透明度”为 30%，效果如图 6-67 所示。

图 6-65　左侧竖排导航设计

图 6-66　左侧竖排导航内容

图 6-67　竖排导航主项设计

（9）在竖排导航栏右方绘制一个矩形作为展示窗，依次使用“单行选框工具”、“单列选框工具”在展示窗中绘制分割线，效果如图 6-68 所示。

（10）执行“文件”→“置入”命令，依次置入图片“iphone.jpg”、“ipad.png”、“mac.png”、“ipod.png”、“耳机.jpg”和“保护套.jpg”，并且在图片下面使用“横排文字工具”T输入有关产品的描述和说明，如图 6-69 所示。

图 6-68　展示窗内分割线效果

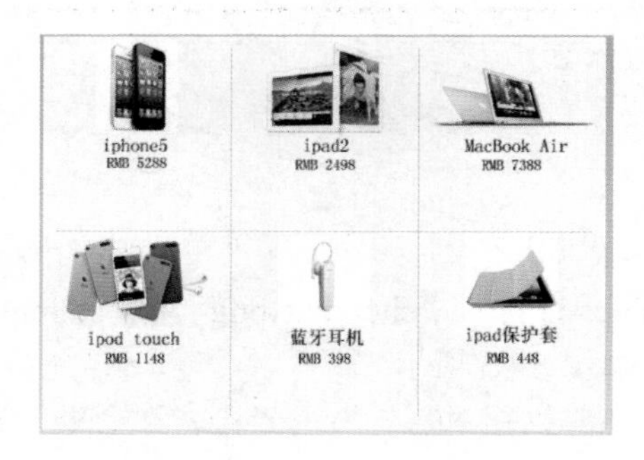

图 6-69　展示窗内容添加

（11）新建一个图层，在每个展示窗内绘制一个按钮，单击“圆角矩形工具”按钮，调整半径为 10 像素，双击图层，在弹出的“图层样式”对话框中设置如图 6-70 所示的图层样式。

（12）选择“横排文字工具”T，在按钮上输入文字“立即购买”，效果如图 6-71 所示。

（13）在按钮的右边再绘制一个按钮，颜色与左侧的按钮有区别，并且排列对称，效果如图 6-72 所示。

（14）使用同样的方法为其他的展示窗绘制按钮，整体效果如图 6-73 所示。

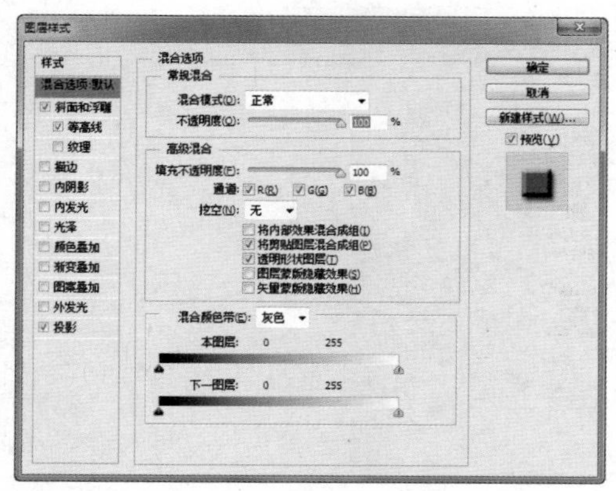

图 6–70　设置按钮图层样式

图 6–69 按钮文字设计

图 6–72　展示窗按钮效果

（15）选择“矩形工具”，在展示窗下方绘制一个矩形，单击“图层”面板下方的“添加图层样式”按钮，打开“图层样式”对话框，设置如图 6-74 所示参数。

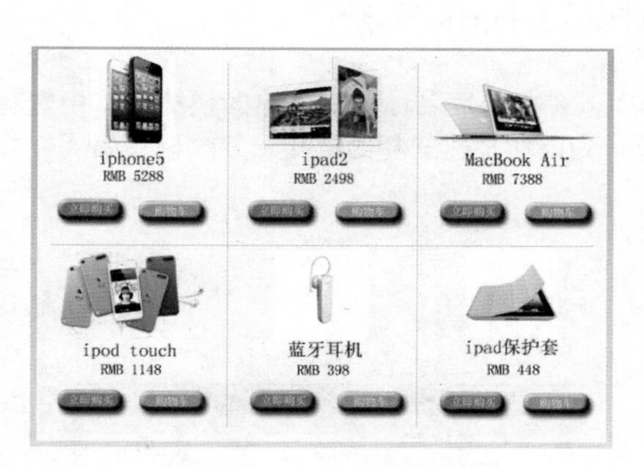

图 6–73　展示窗整体效果

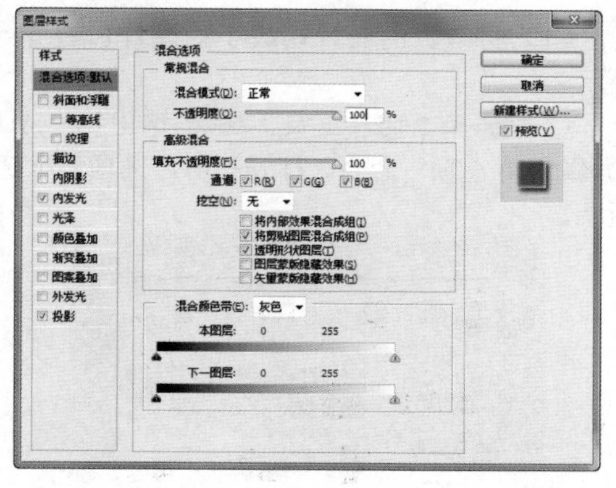

图 6–74　设置矩形“图层样式”对话框参数

（16）选择“单列选框工具”在其中绘制分割线，把矩形三等分。

（17）执行“文件”→“置入”命令，分别在其中置入图片“免费送货.png”、“分期付款.png”和“免费退换.png”，并使用“横排文字工具”在图片下方输入说明及销售承诺，效果如图 6-75 所示。

图 6–75　说明销售承诺设计

（18）在页面的最下端，使用与首页制作导航条相同的方法，从“首页.psd”中复制图层“版权信息”，整体效果如图 6-76 所示。

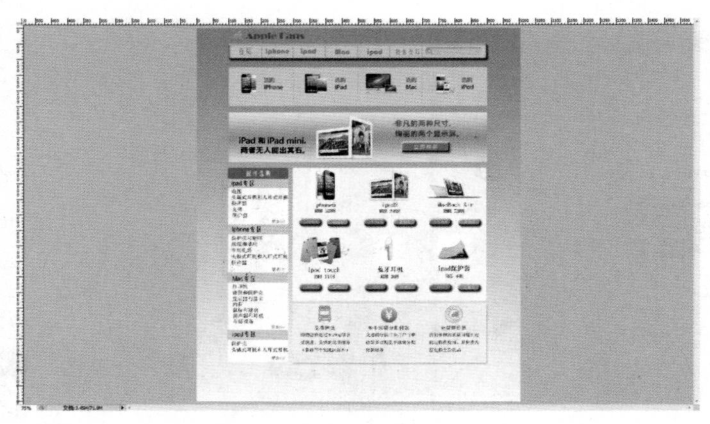

图 6-76　页面整体效果

任务 3　制作页面切片

（1）将首页的图片切成小的图片。首先通过标尺对将要切的图形加上参考线，如图 6-77 所示。

（2）选择“切片工具”框选出第一个切片，右击切片名称，在弹出的快捷菜单中选择“编辑切片选项”命令，打开“切片选项”对话框，为该切片建立超级链接，参数设置如图 6-78 所示。

图 6-77　为主页添加参考线

图 6-78　设置“切片选项”对话框参数

（3）用同样的方法，绘制切片并为每个切片建立超级链接，当划分完第 4 块大切片时，右击切片名称，在弹出的快捷菜单中选择“划分切片”命令，打开“划分切片”对话框，勾选“水平划分为”复选框，并输入 4；勾选“垂直划分为”复选框，并输入 3，如图 6-79 所示。

（4）单击“确定”按钮，手工调整切片大小，此时切片效果如图 6-80 所示。

（5）为每个划分的切片建立超级链接。继续使用“切片工具”框选切片并建立超级链接，最终切片效果如图 6-81 所示。

（6）执行“文件”→“存储为 Web 所用格式”命令，打开“存储为 Web 所用格式”对话框，参数设置如图 6-82 所示。

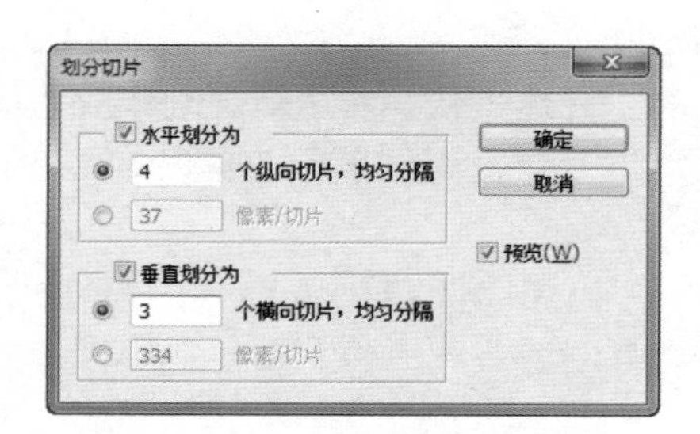

图 6-79　设置“划分切片”对话框

图 6-80　划分切片效果

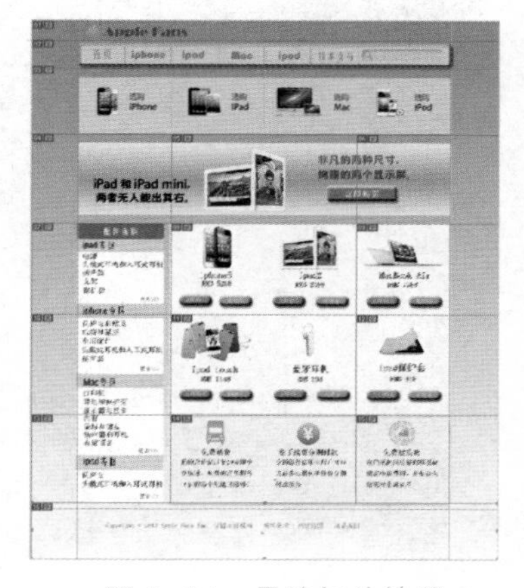

图 6-81　最终切片效果

图 6-82　设置“存储为 Web 所用格式”对话框

（7）单击“存储”按钮，打开“将优化结果存储为”对话框，如图 6-83 所示，选择保存的位置和名称，单击“保存”按钮，保存后的切片图片均为独立的.gif 格式文件。

（8）合并图层，再次使用“存储为 Web 所用格式”命令将文件保存为“首页设计.html”，打开 IE 浏览器或 360 安全浏览器即可运行，最终效果如图 6-84 所示。

图 6-83　“将优化结果存储为”对话框

图 6-84　主页设计最终效果

知识百宝箱

一、网络广告

网络广告是指利用网页上的广告横幅、文本及图片链接、多媒体等在互联网上刊登或发布广告，通过网络传递到互联网用户的一种高科技广告运作方式。

同传统的广告相比，网络广告具有得天独厚的优势，它速度快、费用低、制作成本低、效果理想，是中、小企业实施现代营销媒体策略，发展壮大及广泛开展国际业务的重要途径。

1. 分类

网络广告包括横幅式广告（banner）、通栏式广告、弹出式广告（pop-up ads）、按钮式广告、插播式广告、电子邮件广告、赞助式广告、分类广告、互动游戏式广告、软件端广告、文字链接广告、浮动式广告、联播网广告、关键字广告以及比对内容式广告等。

2. 特点

网络广告具有如下特点。

- 覆盖面广，观众数目庞大，有广阔的传播范围。
- 不受时间限制，广告效果持久。
- 方式灵活，互动性强。
- 可以分类检索，广告针对性强。
- 制作简捷，广告费用低。
- 可以准确的统计受众数量。

3. 计费方式

国际流行的计费方式有按千人印象成本收费（CPM）、按每点击成本收费（CPC）、按每行动成本收费（CPA）、按每回应成本收费（CPR）、按每购买成本收费（CPP）等。在国内常用的收费方式是以时间来购买，即按每日投放成本收费或按每周投放成本收费。

> **贴心提示**
> 网络广告标准规格要求（单位：像素）：横幅广告（旗帜广告）为 468 × 60；导航广告为 392 × 72；半幅广告为 234 × 60；方形按钮广告为 125 × 125；按钮广告为 120 × 90 或 120 × 60；小按钮广告为 88 × 31；竖幅广告为 120 × 240；正方形弹出式广告为 250 × 250；长方形广告为 180 × 150；中长方形广告为 300 × 250；大长方形广告为 336 × 280；竖长方形广告为 240 × 400。

二、动画及时间轴面板

1. 什么是动画

动画就是在一定时间内显示的一系列图像或帧。每一帧较前一帧都有轻微的变化，当连续、快速地显示这些帧时就会创造出运动的效果或其他变化的错觉。

处理图层是创建动画的基础，通过将动画的每一幅图像置于其自身所在的图层上，可使用“图层”面板命令和选项更改一系列帧的图像位置和外观。

2. 时间轴面板

在 Photoshop CC 中，“时间轴”面板以“帧”模式出现，显示动画中每个帧的缩览图。使用面板底部的工具可浏览各个帧、设置循环选项、添加和删除帧以及预览动画。

执行“窗口”→“时间轴”命令即可打开“时间轴”面板，“时间轴”面板有时间轴和帧两种模式，如图 6-85 所示。时间轴模式主要用于创建和编辑视频，而帧模式则主要用于创建和编辑动画。

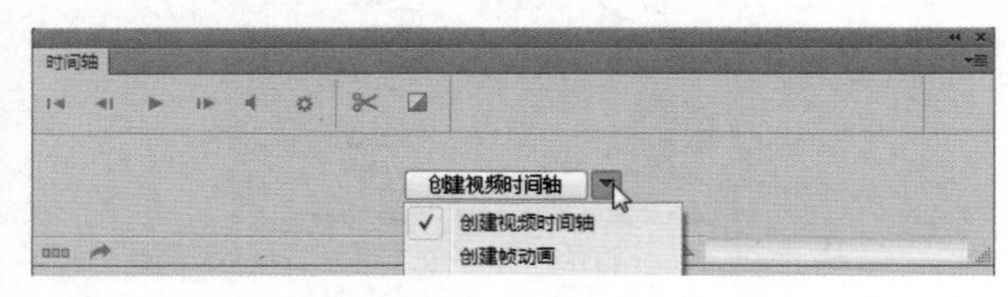

图 6-85 “时间轴”面板

如果打开“时间轴”面板时为时间轴模式，如图 6-86 所示，可单击“转换为帧动画”按钮▭▭▭，将其切换为帧模式，如图 6-87 所示。

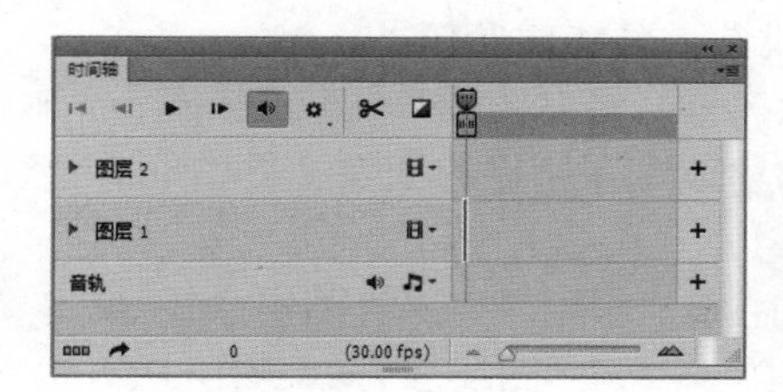

图 6–86　时间轴模式

图 6–87　帧模式

在“时间轴”面板中，各按钮的功能如下。

- 转换为视频时间轴按钮：单击此按钮，“时间轴”面板将由帧模式转换为时间轴模式，如图 6-86 所示。
- 选择循环选项按钮一次：单击此按钮将弹出下拉菜单以选择动画播放的次数。
- 选择第一帧按钮：单击此按钮将选择第一帧的画面。
- 选择上一帧按钮：单击此按钮将选择当前帧的前一帧，如果当前帧是第一帧，则选择最后一帧。
- 播放动画按钮：单击此按钮即可连续运行动画的各个帧，此时该按钮变成停止动画按钮■。
- 选择下一帧按钮：单击此按钮将选择当前帧的下一帧，如果当前帧是最后一帧，则选择第一帧。
- 过渡动画帧按钮：单击此按钮将打开“过渡”对话框，如图 6-88 所示。在此对话框中用户可以对添加的帧参数进行设置。
- 复制所选帧按钮：单击此按钮将在当前选定的若干帧之后复制这些帧。
- 删除所选帧按钮：单击此按钮将打开消息框如图 6-89 所示，以确认删除操作，若单击“是”按钮将删除选定的若干帧。若单击“否”按钮将取消删除操作。

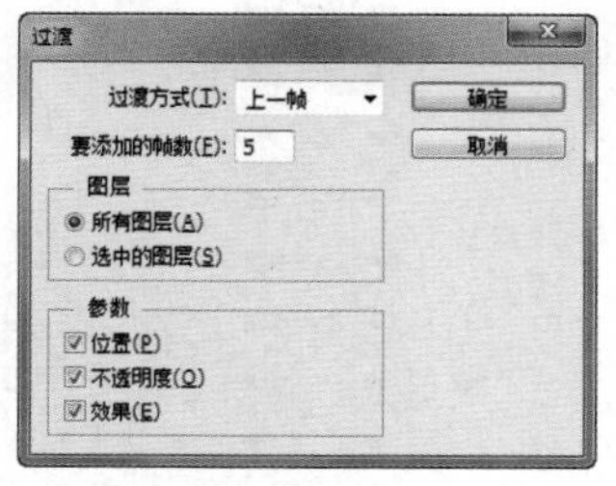

图 6–88　“过渡”对话框

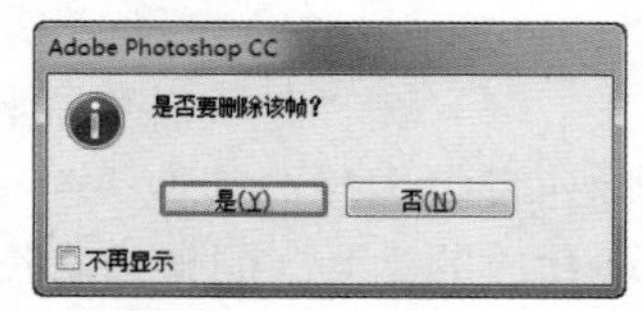

图 6–89　删除消息框

- 音轨按钮：单击此按钮可启用音频播放。
- 渲染视频按钮：单击此按钮，在播放头的左、右出现渲染的起始点和终止点，位于渲染之间的帧在工作区中由深入浅显示出来，当前帧的颜色最深。
- 缩小时间轴按钮：单击此按钮可缩小时间轴预览图。

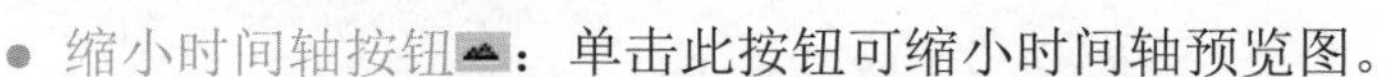

- 缩放滑块：移动此滑块可缩小或放大时间轴预览图。
- 放大时间轴按钮：单击此按钮可放大时间轴预览图。
- 转换为帧动画按钮▭▭▭：单击此按钮，“时间轴”面板将由时间轴模式转换为帧模式，如图 6-85 所示。

三、创建动画

1. 创建逐帧动画

逐帧动画的工作原理与电影放映十分相似，都是将一些静止的、表现连续动作的画面以较快的速度播放出来，利用图像在人眼中具有暂存的原理产生连续的播放效果。

首先将“时间轴”面板设置为帧模式，然后结合使用“时间轴”面板和“图层”面板就可以创建逐帧动画了，用户可以从原来的多图层图像创建动画帧，然后为每一帧指定延迟时间，使用“过渡”命令生成新帧并为动画指定循环属性。具体操作如下。

（1）新建一个97像素×118像素的文件，依次打开素材图片“水花1.png”～“水花9.png”。

（2）选择“移动工具”，依次将素材图片拖曳至新建的图像文件中，并使它们在同一位置，此时“图层”面板如图6-90所示。

（3）在“图层”面板中，显示“图层1”，隐藏“图层2”～“图层9”，单击“时间轴”面板底部的“复制所选帧”按钮，显示“图层2”，隐藏“图层3”～“图层9”，再次单击“复制所选帧”按钮，显示“图层3”，隐藏“图层4”～“图层9”，……直到显示“图层9”，此时，“时间轴”面板如图6-91所示。

（4）按住“Shift”键并在“时间轴”面板中单击第1帧，再单击最后一帧，选中所有帧，单击“选择帧延迟时间”按钮0.07▾，在弹出的列表中选择延迟时间即两帧之间的播放时间间隔为“0.2”秒，如图6-92所示。

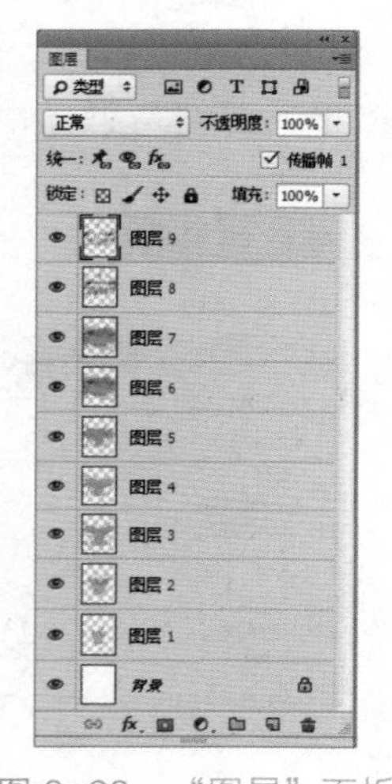

图6-90　“图层”面板

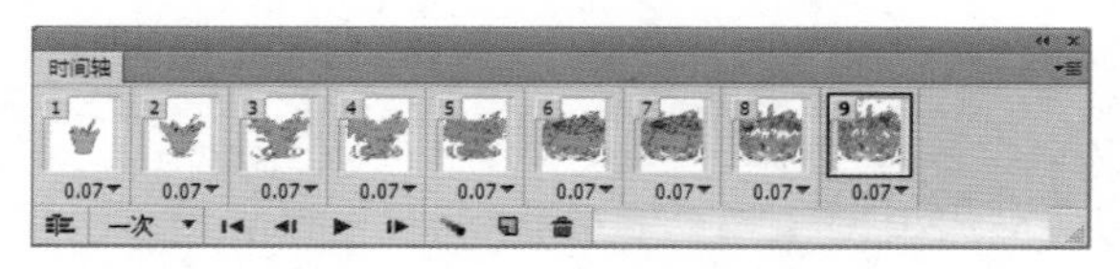

图6-91　“时间轴”面板

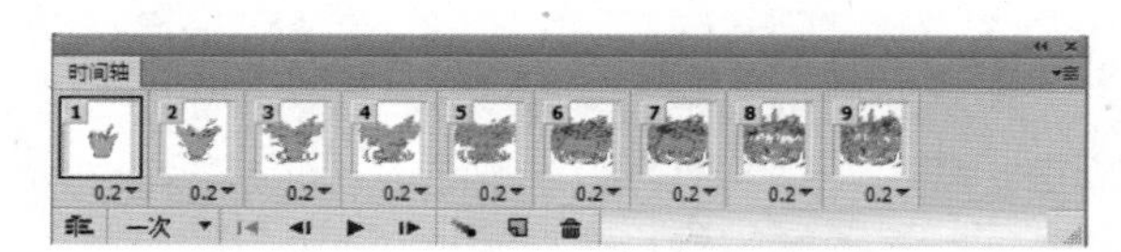

图6-92　设定延迟时间为0.2秒

（5）在“时间轴”面板中单击“选择循环选项”按钮一次▾设定循环次数，在弹出的下拉列表中选择“其他…”可打开“设置循环次数”对话框，如图6-93所示，在此设置动画循环播放的次数。如果一直循环，则选择“永远”，否则只循环一次。这里选择“永远”，如图6-94所示。

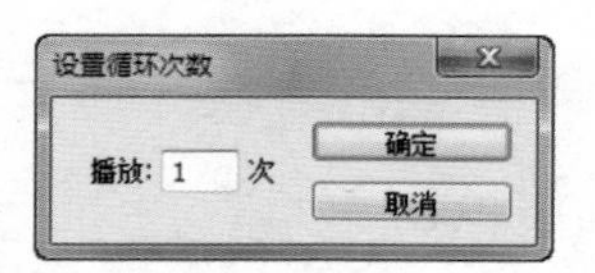

图6-93　“设置循环次数”对话框

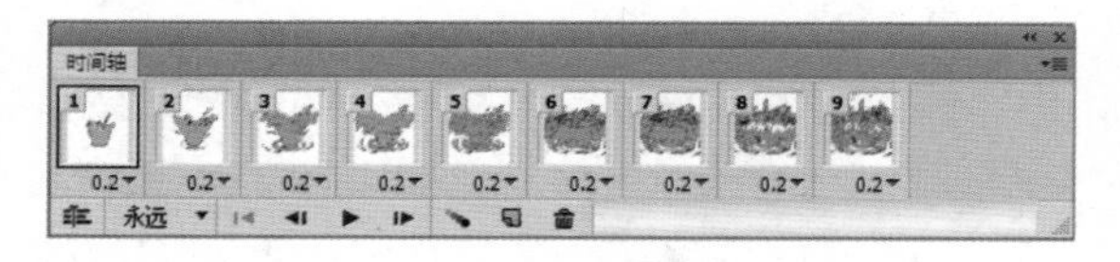

图6-94　设定循环次数为“永远”

（6）单击“播放动画”按钮▶，可以测试动画效果，若满意，执行“文件”→“存储为Web所用格式”命令保存文件为.gif格式，双击该文件就可以看到如图6-95所示动画的效果了。

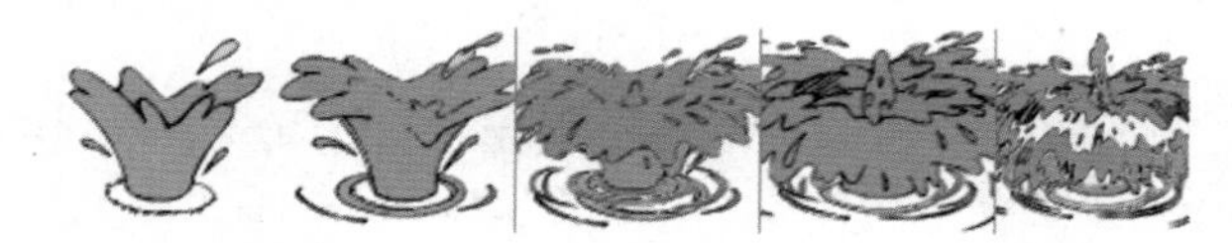

图6-95　动画效果

2. 创建过渡动画

在 Photoshop CC 中，除了可以逐帧地修改图像以创建动画外，还可以使用“过渡”命令让系统自动在两帧之间产生位置、不透明度或图层效果的过渡动画。

创建过渡动画时，可以根据不同的过渡动画设置不同的选项。单击“时间轴”面板底部的“过渡动画帧”按钮，可以打开“过渡”对话框，参数设置如图 6-96 所示。

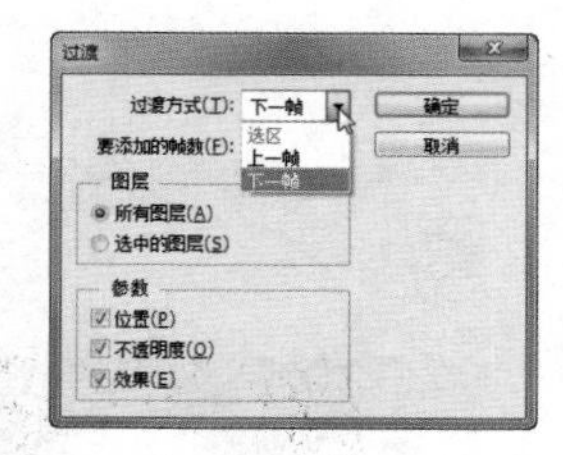

图 6–96　“过渡”对话框

（1）创建位移过渡动画具体操作如下。

位移过渡动画是同一图层中的图像由一端移动到另一端的动画。在创建位移动画之前，首先要创建起始帧与结束帧。打开“时间轴”面板后，确定主体（小汽车）位置，如图 6-97 所示。

复制第 1 帧为第 2 帧，在第 2 帧中移动同图层中的主体（小汽车）至其他位置，如图 6-98 所示。

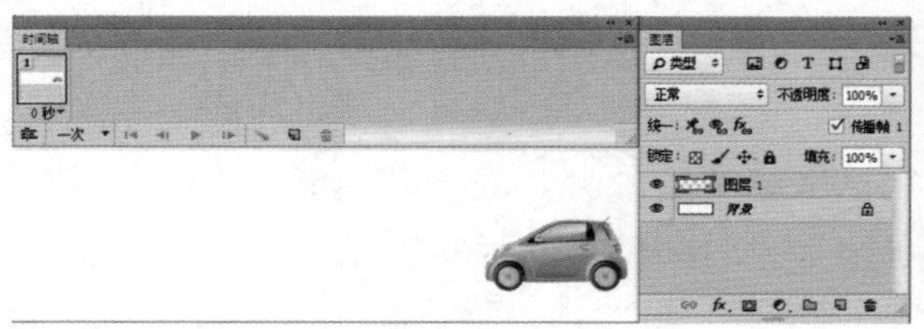

图 6–97　确定起始帧中的主体位置

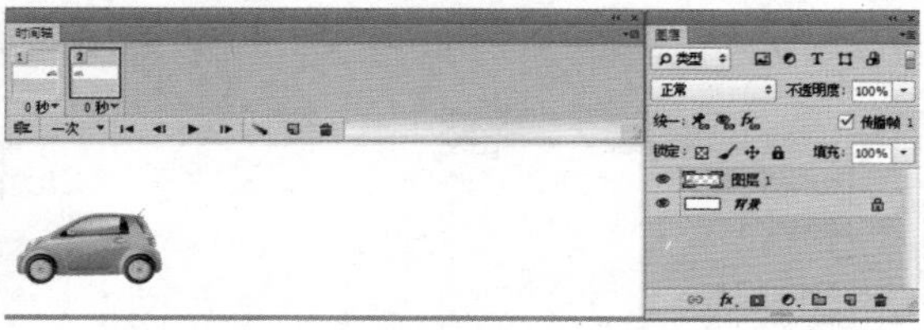

图 6–98　确定结束帧中的主体位置

然后，按“Shift”键，同时选中起始帧和结束帧，单击“时间轴”面板底部的“过渡动画帧”按钮，打开“过渡”对话框，在“参数”选项组中勾选“位置”复选框，其他选项默认，如图 6-99 所示，单击“确定”按钮后，在两帧之间创建过渡动画帧，如图 6-100 所示。

选择所有的帧，设置“选择帧延迟时间”为“0.2”秒，循环次数为 10 次，此时，“时间轴”面板如图 6-101 所示。

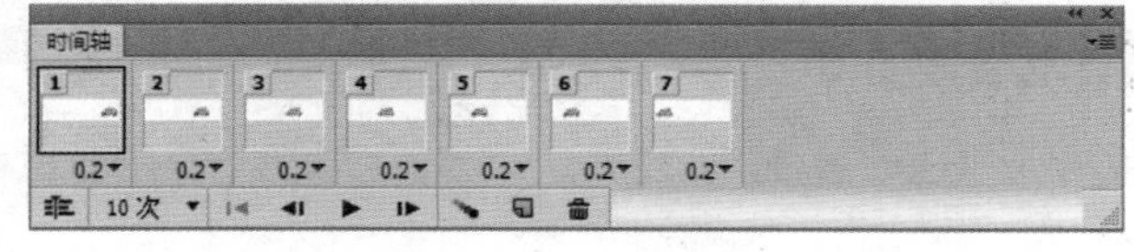

图 6–100　创建位置过渡动画

图 6–99　设置“过渡”对话框

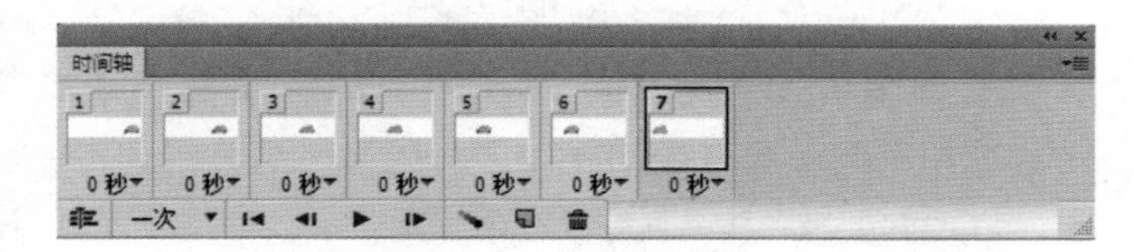

图 6–101　“时间轴”面板

最后，单击“播放动画”按钮，对动画进行测试，满意后保存为.gif 格式动画文件。

（2）创建不透明度过渡动画

不透明度过渡动画是两幅图像之间显示与隐藏的过渡动画。与位置过渡动画的创建前提相同，必须创建过渡动画的起始帧与结束帧。具体操作如下。

首先，在“时间轴”面板第 1 帧中，设置“图层 1”的“不透明度”为 100%，如图 6-102 所示。

然后复制第 1 帧为第 2 帧，在第 2 帧中设置该图层的“不透明度”为 0%，如图 6-103 所示。

图 6-102　设置起始帧的不透明度为 100%

图 6-103　设置第 2 帧的不透明度为 0%

同时选中第 1 帧和第 2 帧，单击“过渡动画帧”按钮，在“过渡”对话框中勾选“不透明度”复选框，如图 6-104 所示，单击“确定”按钮后，在两帧之间创建过渡动画帧，如图 6-105 所示。

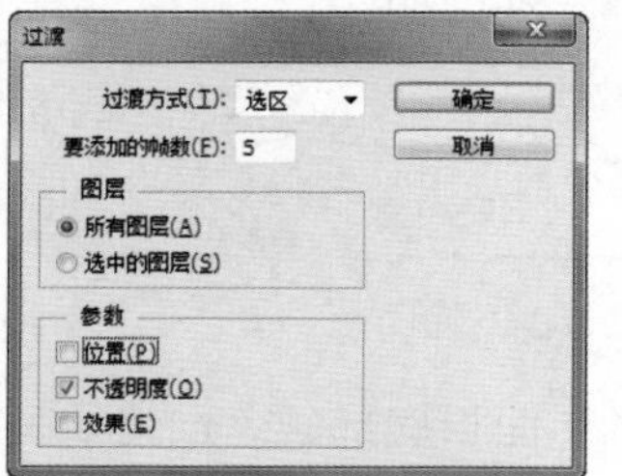

图 6-104　“过渡”对话框

最后按“Shift”键选择所有的帧，设置帧延迟时间为“0.2”秒，循环次数为“永远”，“时间轴”面板状态如图 6-106 所示。

单击“播放动画”按钮，对动画进行测试，满意后保存为.gif 格式动画文件。

（3）创建效果过渡动画

效果过渡动画是一幅图像的颜色或效果的显示与隐藏的过渡动画。比如设置同一图层的“渐变叠加”或者“颜色叠加”样式的图像效果，或者字体变形的过渡动画。例如，图像的颜色过渡动画的创建。具体操作如下。

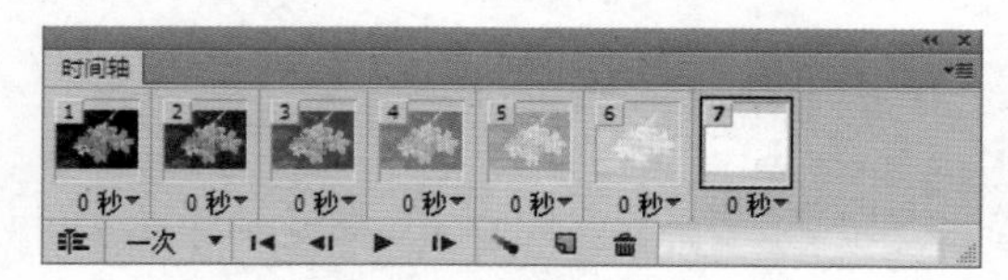

图 6-105　创建不透明度过渡动画帧

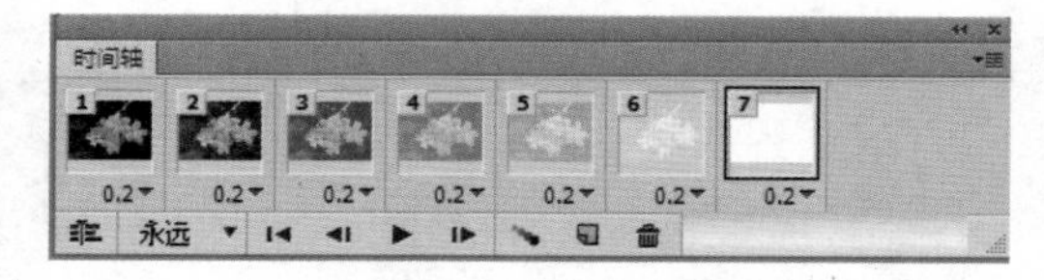

图 6-106　“时间轴”面板状态

首先在第 1 帧中为图像添加“颜色叠加”图层样式，选择“红色”，如图 6-107 所示。

接着复制第 1 帧为第 2 帧，在第 2 帧中设置“颜色叠加”图层样式中的“颜色”选项，选择“黄绿色”，如图 6-108 所示。

图 6-107　制作起始帧颜色

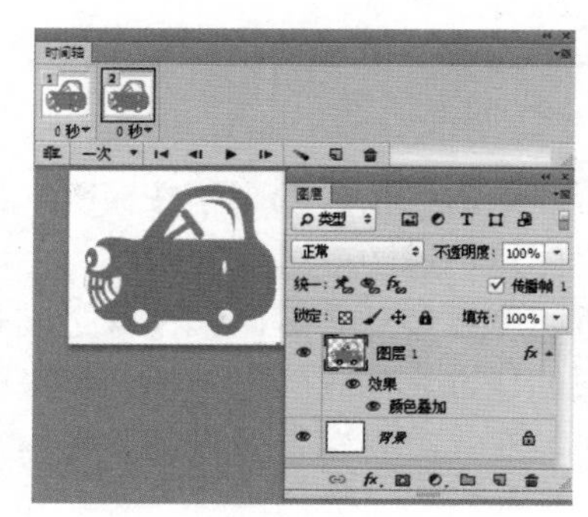

图 6-108　修改第 2 帧颜色

按“Shift”键同时选中第1帧和第2帧，单击“过渡动画帧”按钮，在打开的“过渡”对话框中勾选“效果”复选框，如图6-109所示，单击“确定”按钮后，在两帧之间创建效果过渡动画帧，如图6-110所示。

最后选择所有的帧，设置帧延迟时间为“0.5”秒，循环次数为“3次”，“时间轴”面板状态如图6-111所示。

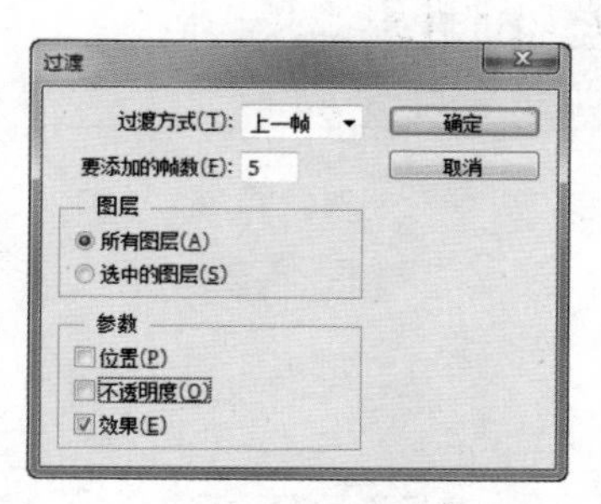

图6-109 “过渡”对话框

图6-110 创建效果过渡动画帧

图6-111 “时间轴”面板状态

单击“播放动画”按钮，对动画进行测试，满意后保存为.gif格式动画文件。

3. 创建照片切换动画

在Photoshop CC中，使用“过渡”命令可以添加或修改两个现有帧之间的一系列帧，均匀改变新帧之间的图层属性以创建运动外观。具体操作如下。

（1）执行“文件”→“打开”命令，打开素材图片“花香.psd”，如图6-112所示，“图层”面板如图6-113所示。

（2）在“图层”面板中隐藏“图层3”和“图层1”两个图层，单击“时间轴”面板底部的“复制所选帧”按钮；隐藏“图层3”并显示“图层2”，再次单击“时间轴”面板底部的“复制所选帧”按钮；隐藏“图层2”并显示“图层1”，得到动画的3个帧，如图6-114所示。

图6-112 打开“花香”图片

图6-113 “图层”面板

图6-114 获得动画的3个帧

（3）按住“Ctrl”键同时选中第1帧和第2帧，单击“时间轴”面板底部的“过渡动画帧”按钮，打开“过渡”对话框，设置“要添加的帧数”为1，如图6-115所示。

（4）单击“确定”按钮，运用与上述相同的方法，在第3帧和第4帧之间创建一个过渡动画帧，如图6-116所示。

（5）设置所有帧的延迟时间为“0.5”秒，循环次数为“永远”，如图6-117所示，单击“播放”按钮即可浏览制作的照片切换效果。

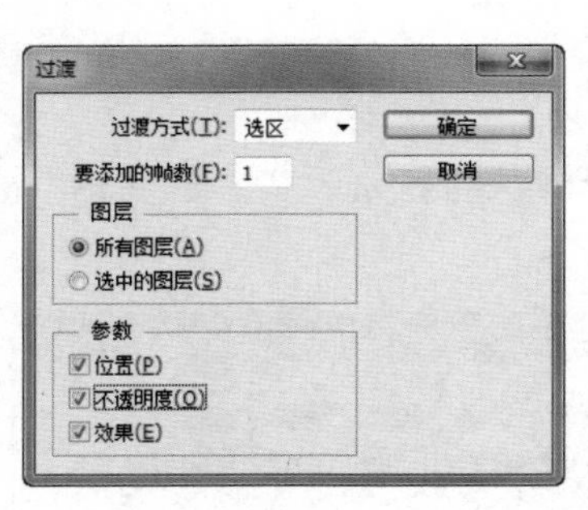

图 6–115　“过渡”对话框

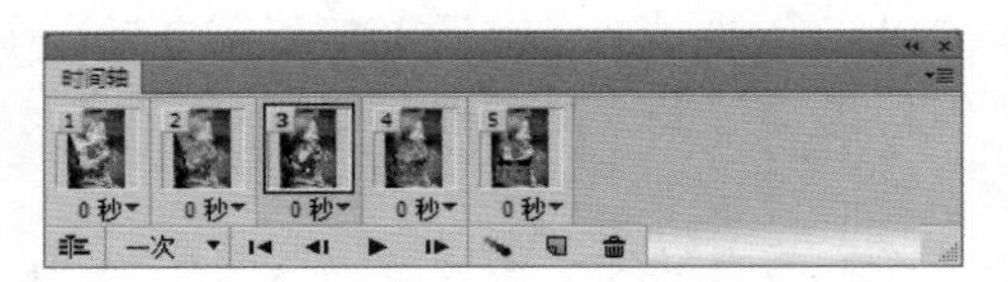

图 6–116　创建过渡动画帧

图 6–117　设置延迟时间及循环次数

——设计制作小按钮

操作步骤 START

（1）执行“文件”→“新建”命令，弹出“新建”对话框，设置“名称”为按钮，“宽度”为 560 像素，“高度”为 520 像素，其他参数默认，如图 6-118 所示，单击“确定”按钮，新建图像文件。

（2）新建“图层 1”，选择“椭圆选框工具”，按“Shift”键，在图像编辑窗口绘制正圆选区，如图 6-119 所示。

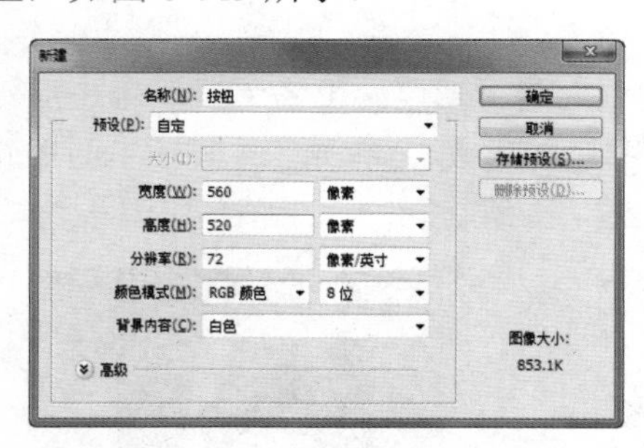

图 6–118　设置“新建”对话框参数

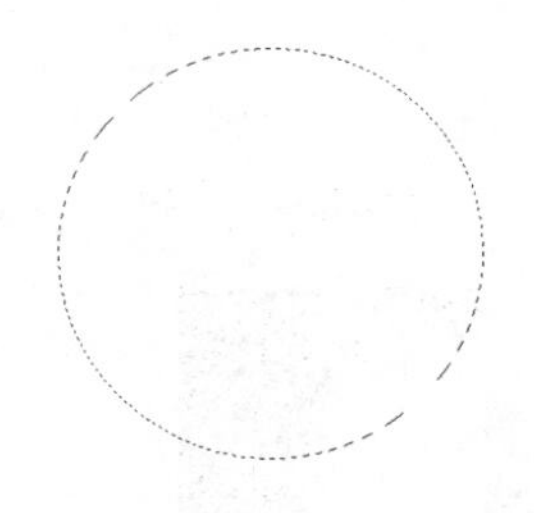

图 6–119　绘制正圆选区

（3）选择“渐变工具”，在工具选项栏单击“径向渐变”按钮，再单击“点按可编辑渐变”按钮，打开“渐变编辑器”对话框，设置如图 6-120 所示的渐变颜色，并在图像编辑窗口拖动鼠标填充径向渐变，如图 6-121 所示。

（4）按“Ctrl+D”快捷键取消选区，新建“图层 2”，使用“椭圆选框工具”在刚刚绘制的圆形上创建椭圆选区，如图 6-122 所示。

（5）选择“渐变工具”，在工具选项栏单击“线性渐变”按钮，再单击“点按可编辑渐变”按钮，打开“渐变编辑器”对话框，设置如图 6-123 所示的渐变颜色，并在图像编辑窗口拖动鼠标填充线性渐变，如图 6-124 对话框所示。

（6）按“Ctrl+D”快捷键取消选区，按“Ctrl”键单击“图层 1”的图层缩览图，载入选区，执行“选择”→“变换选区”命令，调出变换框，按“Shift+Alt”快捷键对选区进行等比例放大，如图 6-125 所示。

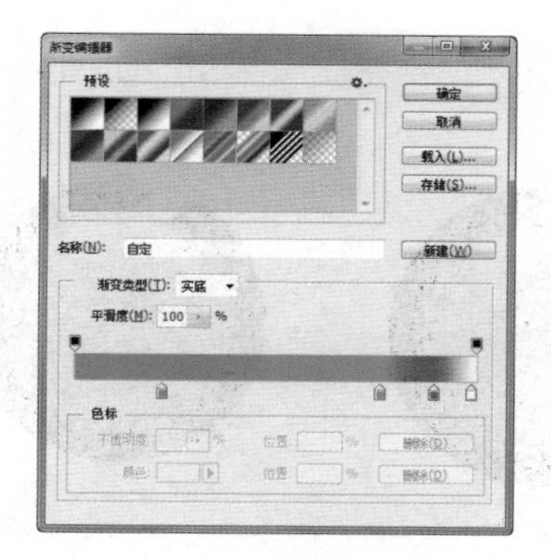

图 6-120　设置渐变颜色　　图 6-121　填充径向渐变　　图 6-122　绘制椭圆选区

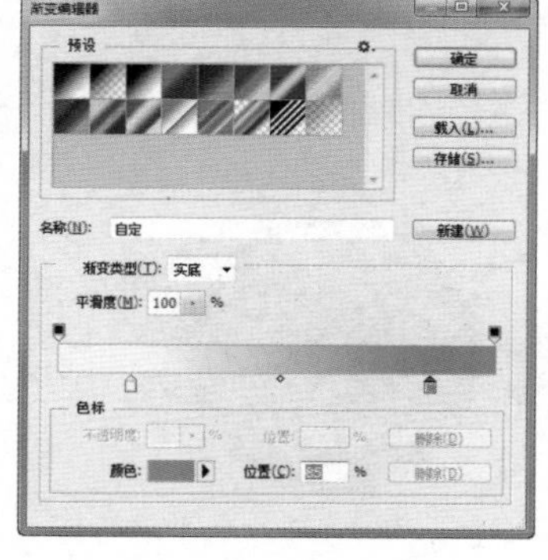

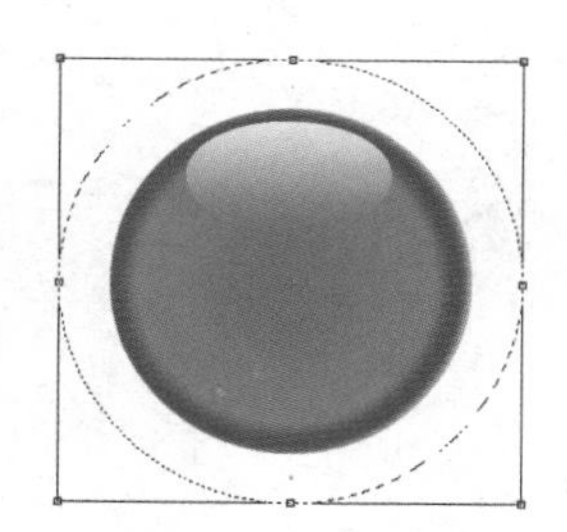

图 6-123　编辑渐变色　　图 6-124　填充线性渐变　　图 6-125　放大选区

（7）单击工具选项栏的“提交变换”按钮✔，确认变换。新建“图层3”，执行“编辑”→“填充”命令，为选区填充黑色，如图6-126所示，此时“图层”面板如图6-127所示。

（8）按“Ctrl+D”快捷键取消选区，再次载入“图层1”选区，按“Ctrl+T”快捷键对选区进行适当缩放，如图6-128所示，单击工具选项栏的“提交变换”按钮✔，确认变换。按“Delete”键删除选区内图像，效果如图6-129所示。

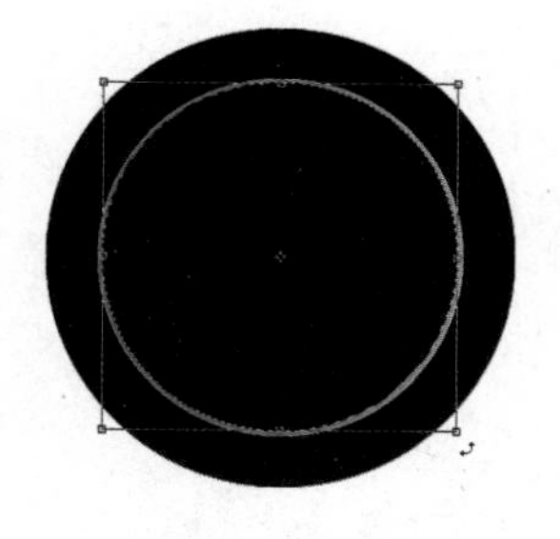

图 6-126　填充黑色　　图 6-127　“图层”面板　　图 6-128　缩放选区

（9）选择“多边形套索工具”，绘制如图 6-130 所示的选区，按“Delete”键删除选区内容，按“Ctrl+D”快捷键取消选区，效果如图 6-131 所示。

（10）新建“图层 4”，使用“多边形工具”，在工具选项栏设置“选择工具模式”为像素，“边”为 3，设置前景色为黑色，在图像编辑窗口绘制正三角形，如图 6-132 所示。

（11）按“Ctrl+E”快捷键将“图层 4”向下合并，得到“图层 3”。双击该图层，在弹出的“图层样式”对话框中设置“渐变叠加”参数如图 6-133 所示。单击“确定”按钮，效果如图 6-134 所示。

图 6-129 删除选区内图像 图 6-130 绘制选区 图 6-131 删除部分内容 图 6-132 绘制正三角形

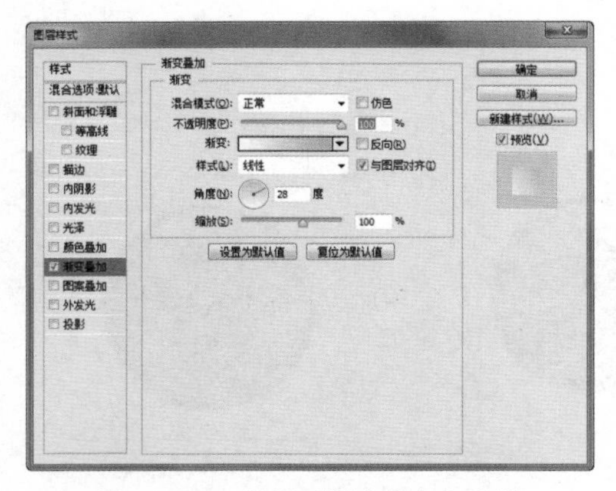

图 6-133 设置“渐变叠加”参数

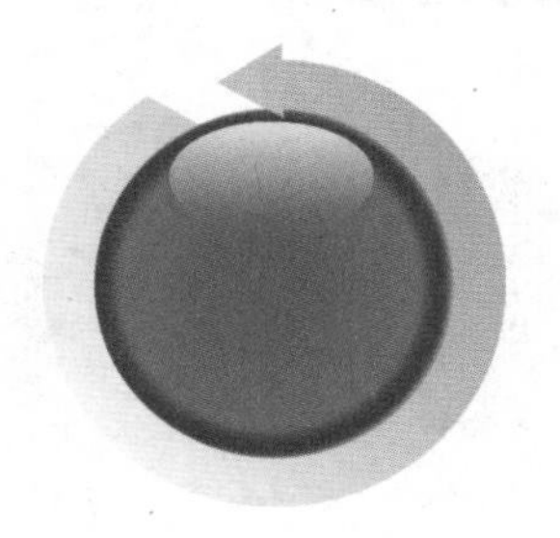

图 6-134 “渐变叠加”效果

（12）新建“图层 4”，使用“椭圆工具”，在工具选项栏设置“选择工具模式”为像素，设置前景色为浅灰色，在图像编辑窗口绘制椭圆形；双击编辑区，打开素材图片“电源符号.png”，使用“移动工具”拖曳至绘制的图像上，生成“图层 5”，调整大小和位置，效果如图 6-135 所示。

（13）选中“图层 4”，执行“滤镜”→“模糊”→“高斯模糊”命令，打开“高斯模糊”对话框，设置“半径”为 5 像素，如图 6-136 所示，单击“确定”按钮，完成按钮的制作，效果如图 6-137 所示。

> **贴心提示**
>
> 作为 UI 界面设计的关键元素，按钮在 UI 交互界面的设计中无所不在。随着人们对审美、时尚、趣味的不断追求，按钮的样式也在不断翻新，其设计越来越精美、新颖、富于创造力和想象力，按钮在 UI 界面中更重要的作用是具有良好的实用性。

图 6-135 调整“电源符号”效果

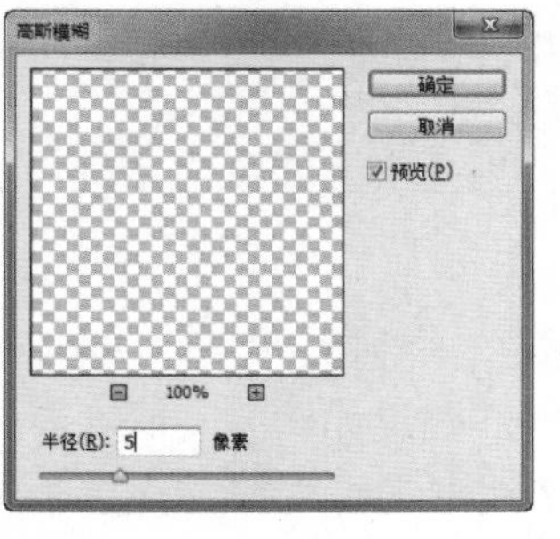

图 6-136 “高斯模糊”对话框

图 6-137 “高斯模糊”效果

（14）使用相同的方法完成其他颜色按钮的制作，最终效果如图 6-138 所示。

图 6-138　按钮最终效果

项目总结

本项目以主页页面制作和按钮制作为主线，介绍了 Photoshop 在网页美工方面的另一个应用。在设计主页时要注重色彩的调整、版面的设计；使用 Photoshop 制作按钮可以综合运用渐变填充、图层样式及滤镜等工具，制作具有其自身特点的时尚美观的按钮。

职业技能训练

1．试使用 Photoshop CC 参照项目 1 制作电子商务网站“buy18”商务网站的首页，参考效果如图 6-139 所示。

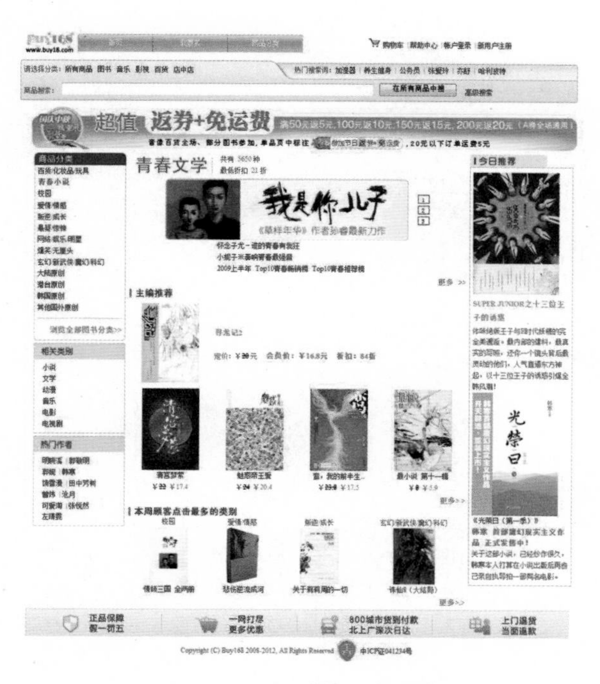

图 6-139　网站首页参考效果

2．使用 Photoshop 的“时间”轴面板制作某公司宣传网页上的 468 像素×60 像素大小的横幅广告 banner，效果如图 6-140 所示。

图 6–140 横幅广告效果

3．使用 Photoshop CC 制作如图 6-141 所示的按钮。

图 6–141 按钮效果

数字绘画篇

项目1　Q版人物设计

项目2　场景设计

随着计算机图形技术的蓬勃发展，Photoshop 在电脑绘画即 CG 上得到了广泛的应用。现在的漫画、动画及游戏行业的CG数码作品都离不开Photoshop的使用。我们常常利用Photoshop制作 CG 人物插画、场景设计及材质设计等工作。目前有关游戏制作的岗位有：CG 人物插画设计、场景设计师、CG 人物上色师及工艺特效设计师。

能力目标

1．能使用 Photoshop 结合数位板绘制线条。
2．能使用 Photoshop 结合数位板进行上色。
3．能正确绘制出 Q 版人物和场景的结构及明暗关系。

知识目标

1．掌握数位板的使用方法。
2．掌握画笔工具及钢笔工具的使用方法。
3．掌握画笔属性的调节方法。
4．掌握绘制线条的方法。
5．掌握 Photoshop 填色技巧。
6．掌握 Q 版人物和场景的基本绘制方法。

岗位目标

1．会使用 Photoshop 结合数位板画出流畅的线条。
2．会绘制基本的 Q 版人物造型和场景。
3．会绘制静态原画和设计动态原画。

Q 版人物设计

项目背景及要求

“Q 版人物”是目前动画作品及游戏产业中广泛运用的角色绘制方法。作为一名动漫行业或者游戏行业从业者，绘制出合格的 Q 版人物造型，是必备的技能之一。要求通过 Photoshop 结合数位板，运用以往学过的美术基本知识及卡通人物造型知识进行 Q 版人物的绘制。项目参考图如图 7-1 所示。

图 7–1　项目参考图

项目分析

本项目首先需要设计一个人物角色动作、服饰、使用道具，然后勾出清晰的线，确定其基本色，最后进行刻画。本项目可分解为以下 7 个任务。

- 任务 1　Q 版人物设计要点分析；
- 任务 2　设计 Q 版人物草图；
- 任务 3　为 Q 版人物勾线；
- 任务 4　为 Q 版人物平涂填色；
- 任务 5　调整 Q 版人物明暗关系；
- 任务 6　Q 版人物的整体刻画；
- 任务 7　为 Q 版人物画色线。

操作步骤 START

任务 1　Q 版人物设计要点分析

设计 Q 版人物时，首先要考虑角色特性，包括五官、服饰、性格特点等，其次是设计人物时使用的是哪种风格，因为 Q 版的概念是在写实的基础上做夸张手法，而这个夸张的程度就是风格的一种指引，最后是根据角色特点，归纳出角色会做出何种动作。

任务 2　设计 Q 版人物草稿图

（1）执行“文件”→“新建”命令，打开“新建”对话框，设置“名称”为“Q 版人物”，图像“宽度”为 15 厘米，“高度”为 12 厘米，“分辨率”为 300 像素/英寸，如图 7-2 所示。

（2）单击“确定”按钮新建空白文档。单击“图层”面板上的“创建新图层”按钮，新建“图层 1”，将图层重命名为“草稿”，如图 7-3 所示。选择“画笔工具”，在工具选项栏上设置画笔“大小”为 19 像素，“硬度”为 100%，笔头为圆形，如图 7-4 所示。

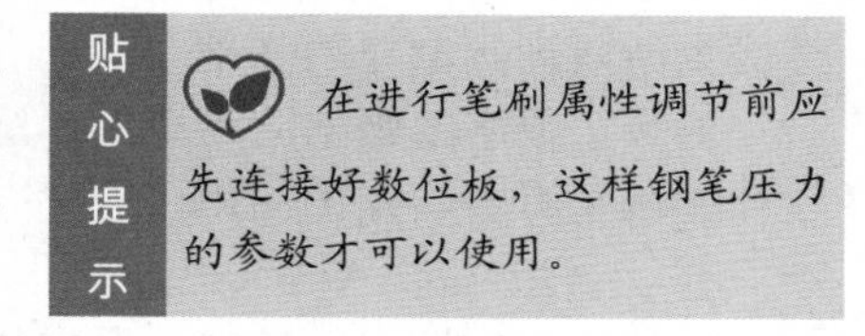

贴心提示

在进行笔刷属性调节前应先连接好数位板，这样钢笔压力的参数才可以使用。

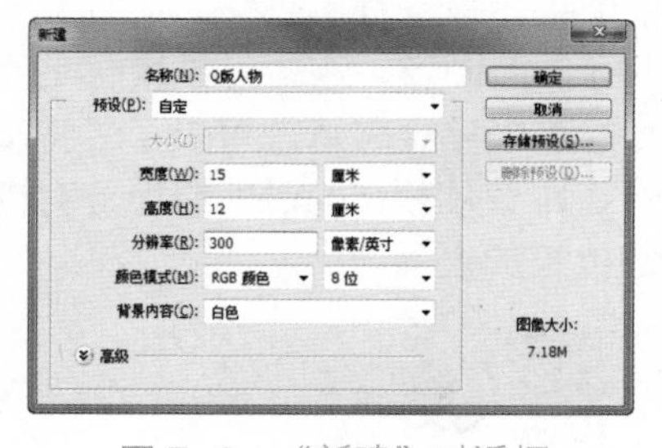

图 7-2　“新建”对话框

图 7-3　“草稿”图层

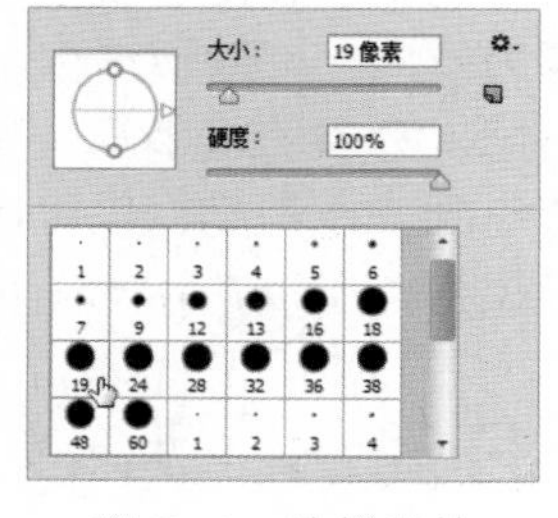

图 7-4　选择画笔

（3）单击工具选项栏上的“切换画笔面板”按钮，打开“画笔”面板，进行如图 7-5 所示的笔刷属性调节。

（4）利用数位板和画笔工具绘制如图 7-6 所示的角色，添加动作形象和元素时注意透视、前大后小以及人物形体的动态走势等。

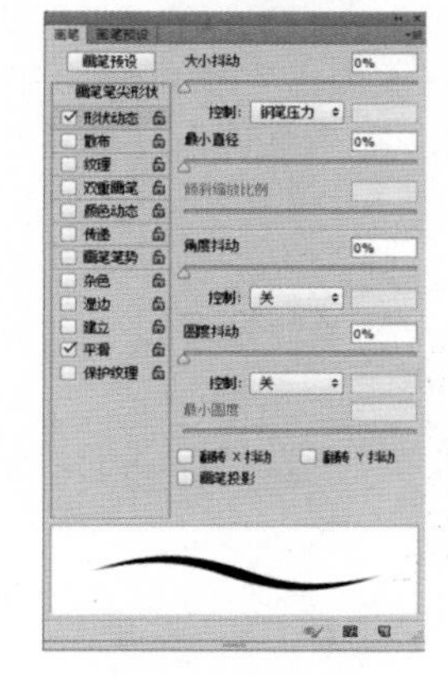

图 7-5　笔刷属性调节

图 7-6　绘制 Q 版人物角色

知识百宝箱

1. 数位板

在现代数码绘画领域，数位板被人们称为数字绘画的笔与纸。

传统绘画中人们都是用笔在纸上做画，而在数字信息化的今天人们开始使用数位板在电脑上作画，数位板就相当于以前的纸和笔。

2. 数字绘画

数字绘画是近几年发展起来的一门新兴艺术。数字绘画相对于传统绘画而言在传播、存储、复制等方面有着不可替代的优势，广泛应用在信息时代的各个相关领域，发展十分迅速，在动画和游戏领域表现得尤为突出。数字绘画推动着动画制作向无纸化方向发展，这是动画制作的一个重大变革。无纸动画使得动画制作周期大大缩短并且可以节约大量的成本，越来越多的公司正采用此技术制作动画，如《加勒比海盗》、《博物馆之夜》和《黑夜传说 2》中大量运用到数字绘画技术，大大提高了制作效率，并且制作出了令人叹为观止的画面效果。数字绘画已经成为游戏动画制作的基础。

如今，数字绘画的应用更为广泛，在工业设计、服装设计、环艺设计、建筑设计乃至珠宝设计领域都有着广泛的应用。

3. 压感笔的使用

压感笔一般配合数位板一起使用。这种电子笔不但可以像手写板一样写出字，而且笔头具有压力感应，可以根据你用力的大小，模仿出用不同压力下画出的图像，这样可以模仿毛笔等画出层次分明的水墨画，等等。只要用平常握铅笔或钢笔的方法来握压感笔就可以了。将压感笔倾斜到一定程度，以可以舒服地控制压感笔，压感笔能够在距数位板 5mm 外的地方对内容进行识别，所以在移动光标时，没有必要一定让笔尖紧触数位板的表面。

任务 3　为 Q 版人物勾线

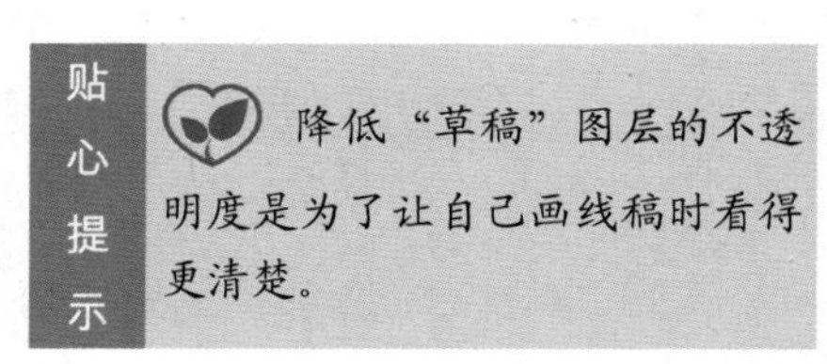

（1）单击“图层”面板上的“创建新图层”按钮，新建“图层 1”，将图层重命名为“线稿”，选择“草稿”图层，将其“不透明度”调整为 27%，如图 7-7 所示。

（2）选择“画笔工具”，依然使用 19 号硬的圆头笔将前面绘制的草稿图清理整洁，形成线稿图，效果如图 7-8 所示。

（3）完成线稿的绘制以后，选择“草稿”层，单击该图层前面的“指示图层可见性”按钮，将“草稿”层隐藏起来，或者单击“删除图层”按钮，将“草稿”层删除。

图 7-7　调整不透明度

图 7-8　清理干净的线稿图

知识百宝箱

1. 画笔工具

“画笔工具”可以在空白的画布中绘制图画，也可以在已有的图像中对图像进行再创作。掌握好“画笔工具”的使用可以使设计的作品更精彩。

“画笔工具”的工具选项栏如图 7-9 所示。

这里对各项内容一一介绍。

图 7-9 “画笔工具”工具选项栏

- “工具预设选取器”按钮：选择预设的画笔。
- “画笔预设选取器”按钮：用于设置画笔的笔头形状、大小和硬度。
- “切换画笔面板”按钮：单击可打开“画笔”面板，可以对画笔进行属性调节。
- “模式”选项：用于选择混合模式，用“喷枪工具”操作时，选择不同的模式，将产生丰富的效果。
- “不透明度”选项：用于设定画笔的不透明度。
- “绘图板压力不透明度”按钮：用于设置绘图板钢笔压力的不透明度。
- “流量”选项：用于设定喷笔压力，压力越大，喷色越浓。
- “启用喷枪模式”按钮：打开喷枪效果。
- “绘图板压力大小”按钮：用于设置绘图板钢笔压力的大小。

2. 使用画笔

单击“画笔工具”按钮，在选项栏中设置画笔属性，然后就可以使用“画笔工具”在画布中单击并按住鼠标左键进行设计，如果事先连接了数位板，则关于画笔的属性设置均为数位板的画笔的设置。

3. 选择画笔

单击“画笔工具”选项栏的“画笔预设选取器”按钮右侧的按钮，将弹出如图 7-10 所示的“画笔选择”面板。在此面板中可以选择画笔形状，拖曳“大小”选项下的滑块或输入数值可以设置画笔大小，拖拽“硬度”选项下的滑块或输入数值可以设置画笔的软硬度。

单击“画笔选择”面板右上方的按钮，在其弹出的下拉菜单中选择“描边缩览图”选项，“画笔选择”面板的显示将变为如图 7-11 所示的外观。

在“画笔选择”面板中单击“从此画笔创建新的预设”按钮，将打开“画笔名称”对话框，如图 7-12 所示。

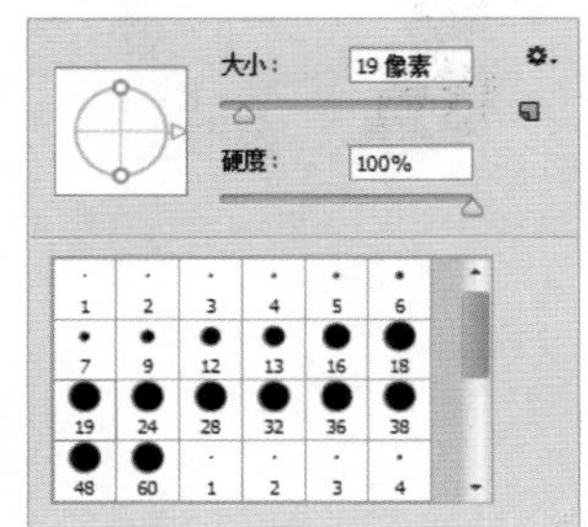

图 7-10 “画笔选择”面板

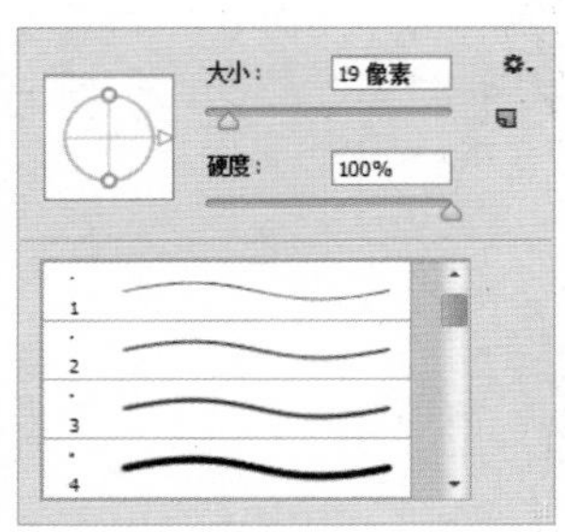

图 7-11 “画笔选择”面板

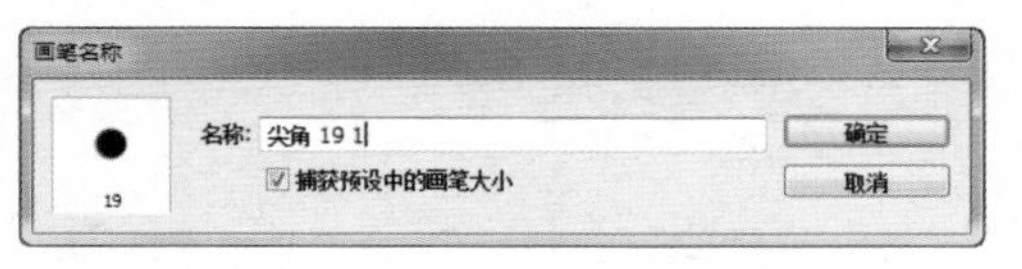

图 7-12 “画笔名称”对话框

任务4　为Q版人物平涂填色

（1）为了确定人物整体色调，需要制作"平涂"图层。单击"图层"面板上的"创建新图层"按钮，新建"图层1"，将图层重命名为"平涂"，将其置于"线稿"图层下方，如图7-13所示。

图7-13　新建"平涂"图层

（2）利用"钢笔工具"和"画笔工具"将角色的各部分填满颜色。首先使用"钢笔工具"勾出鱼竿的形状，如图7-14所示。

（3）鱼竿形状勾好后按"Ctrl+Enter"快捷键将路径转换为选区，如图7-15所示。

（4）单击工具箱中的"设置前景色"按钮，打开"拾色器（前景色）"对话框，在此选取深棕色进行填充，颜色代码如图7-16所示。

图7-14　勾勒鱼竿形状

图7-15　路径转换为选区

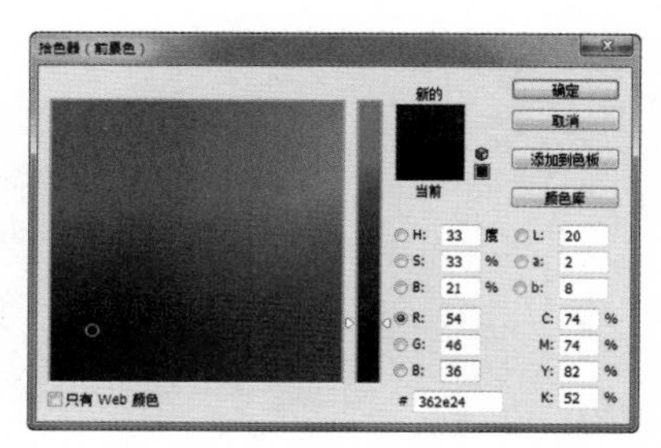

图7-16　设置"拾色器（前景色）"对话框参数

（5）单击"确定"按钮，按"Alt+Delete"快捷键将鱼竿选区填充前景色，效果如图7-17所示。

（6）按照相同的方法设置前景色为RGB（239，214，198），填充皮肤和手部的颜色，填充效果如图7-18所示。

（7）继续按照此方法将其他部分的颜色填充好，最终平涂添色的效果如图7-19所示。

图7-17　鱼竿选区填充前景色

图7-18　皮肤及手部填充颜色效果

图7-19　平涂添色的效果

知识百宝箱

设置画笔

单击"画笔工具"选项栏中的"切换画笔面板"按钮，弹出如图7-20所示的"画笔"面板。

1. 画笔笔尖形状设置

在“画笔”面板中，单击“画笔笔尖形状”选项，如图 7-19 所示，可以设置画笔的笔尖形状。

> **贴心提示** 按“[”键，可以使画笔笔头减小，按“]”键，可以使画笔笔头增大。按“Shift+[”或“Shift+]”快捷键可以减小或增大画笔笔头的硬度。

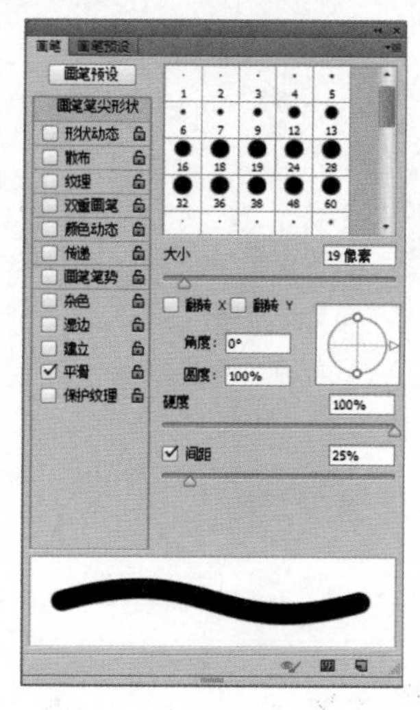

图 7-20 “画笔”面板

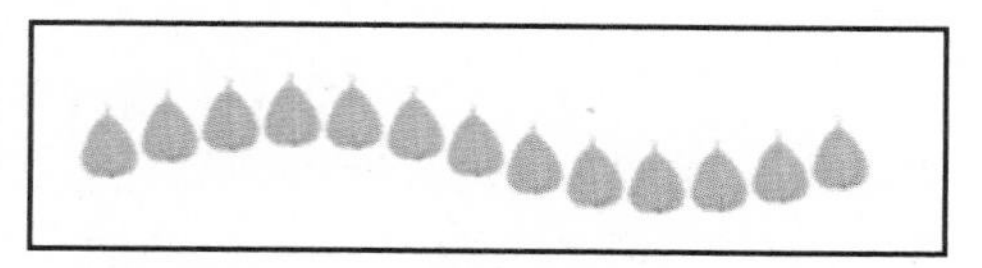

角度值为 0°

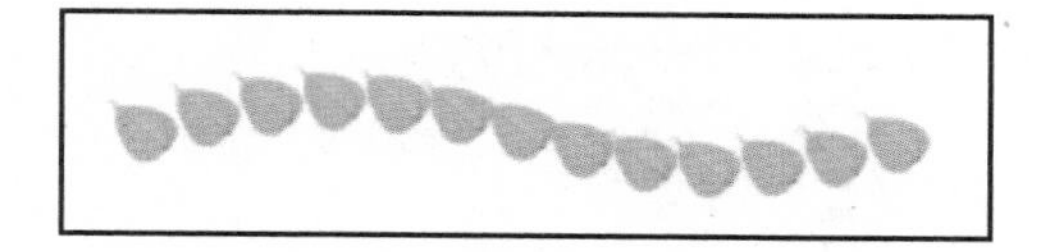

角度值为 45°

图 7-21 画笔不同倾斜角度效果

- “大小”选项：用于设置画笔的大小。
- “角度”选项：用于设置画笔的倾斜角度。不同倾斜角度的画笔绘制的线条效果如图 7-21 所示。
- “圆度”选项：用于设置画笔的圆滑度，在右侧的预视窗口中可以观察和调整画笔的角度和圆度。不同圆度的画笔绘制的线条效果如图 7-22 所示。

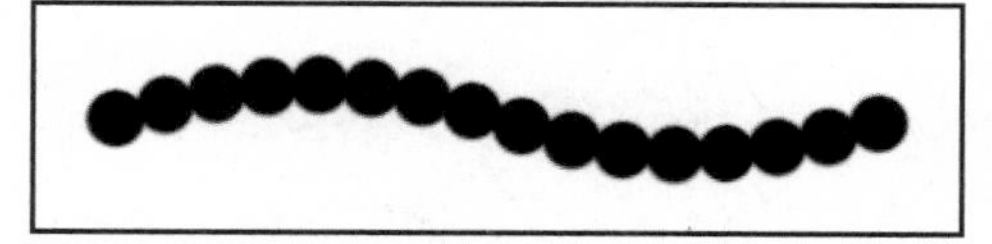

圆度为 100%

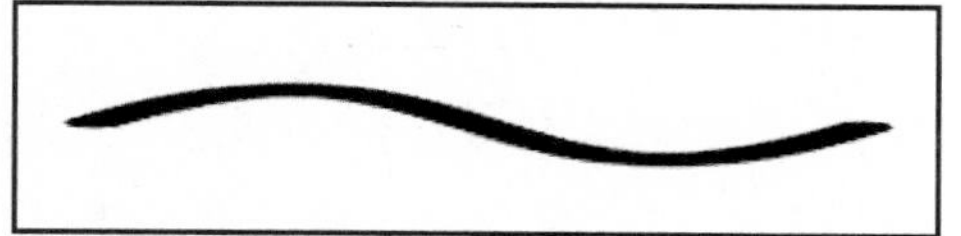

圆度为 15%

图 7-22 画笔不同圆度效果

- “硬度”选项：用于设置画笔所绘制图像的边缘的柔化程度。硬度的数值用百分比表示。不同硬度的画笔绘制的线条效果如图 7-23 所示。

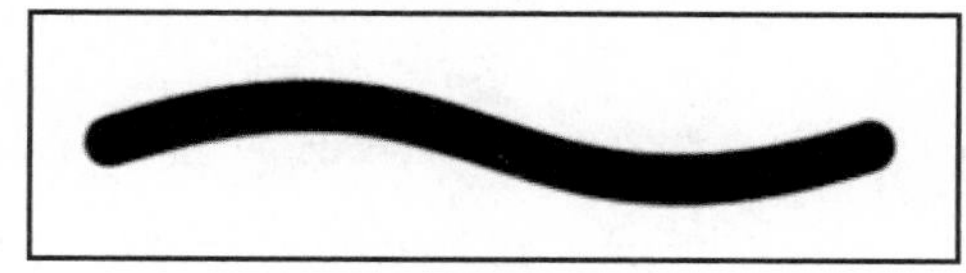

硬度为 100%

硬度为 0%

图 7-23 画笔不同硬度效果

- “间距”选项：用于设置画笔绘制的标记点之间的间隔距离。不同间距的画笔绘制的线条效果如图 7-24 所示。

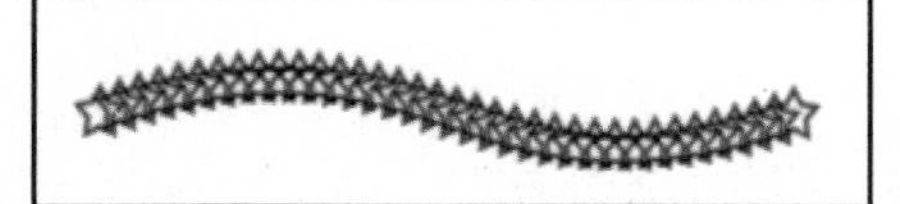

间距为 25%

间距为 100%

图 7-24　画笔间距效果

2. 画笔形状动态设置

在“画笔”面板中，勾选“形状动态”复选框，如图 7-25 所示，“形状动态”选项可以增加画笔的动态效果。

> **贴心提示**　“画笔笔尖形状”主要用于设置画笔的笔尖形状；“控制”选项下的“渐隐”是以指定数量的步长渐隐元素，每个步长等于画笔笔尖的一个笔迹，该值的范围为 1 ~ 9999。

- “大小抖动”选项：用于设置动态元素的自由随机度。数值设置为 100％时，画笔绘制的元素会出现最大的自由随机度，数值设置为 0%时，画笔绘制的元素没有变化，如图 7-26 所示。

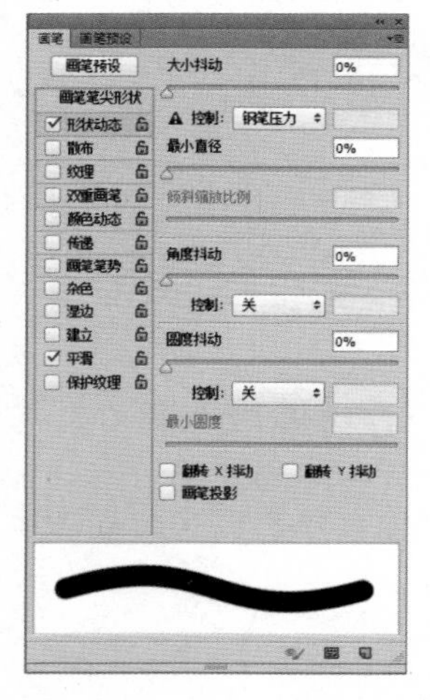

图 7-25　“形状动态”选项

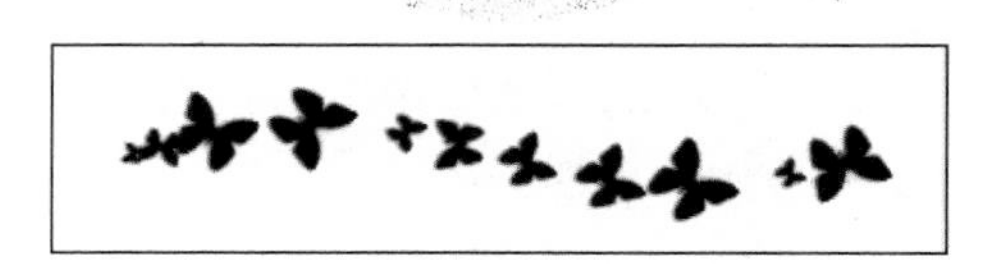

大小抖动+角度抖动

角度抖动

图 7-26　大小抖动效果

- “控制”选项：在下拉菜单中可以选择关、渐隐、钢笔压力、钢笔斜度、光笔轮和旋转 6 个选项。各个选项可以控制动态元素的变化。

例如，选择“渐隐”选项，在其右侧的数值框中输入数值 10，将“最小直径”选项设置为 100%，画笔绘制的效果如图 7-27 所示；将“最小直径”选项设置为 10%，画笔绘制的效果如图 7-28 所示。

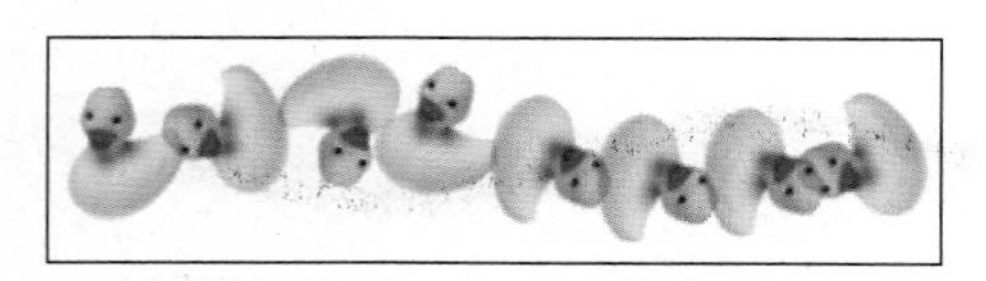

图 7-27　最小直径为 100%

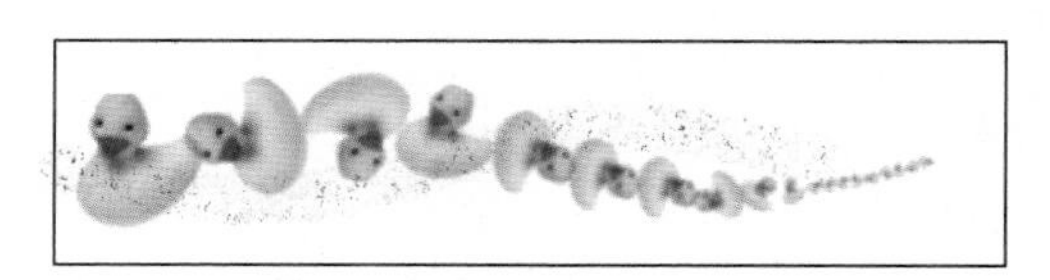

图 7-28　最小直径为 10%

- “最小直径”选项：用来设置画笔标记点的最小尺寸。
- “角度抖动”选项：用于设置画笔在绘制线条的过程中标记点角度的动态变化效果；在

“控制”选项的下拉菜单中，可以选择各个选项来控制抖动角度的变化。设置不同抖动角度数值后，画笔绘制的效果如图 7-29 所示。

角度抖动为 10%

角度抖动为 50%

图 7-29　角度抖动效果

- “圆度抖动”选项：用于设置画笔在绘制线条的过程中标记点圆度的动态变化效果；在“控制”选项的下拉菜单中，可以通过选择各个选项来控制圆度抖动的变化，设置不同圆度抖动数值后，画笔绘制的效果如图 7-30 所示。

圆度抖动为 0%

圆度抖动为 50%

图 7-30　圆度抖动效果

- “最小圆度”选项：用于设置画笔标记点的最小圆度。

3. 画笔的散布设置

在“画笔”面板中，勾选“散布”复选框，“画笔”面板如图 7-31 所示，“散布”选项可以用于设置画笔绘制的线条中标记点的分布效果。

- “两轴”选项：不勾选该选项，画笔的标记点的分布与画笔绘制的线条方向垂直，效果如图 7-32 所示；勾选该选项，画笔标记点将以放射状分布，效果如图 7-33 所示。
- “数量”选项：用于设置每个空间间隔中画笔标记点的数量。设置不同数量的数值后，画笔绘制的效果如图 7-34 所示。
- “数量抖动”选项：用于设置每个空间间隔中画笔标记点的数量变化。在“控制”选项的下拉菜单中可以选择各个选项，来控制数量抖动的变化。

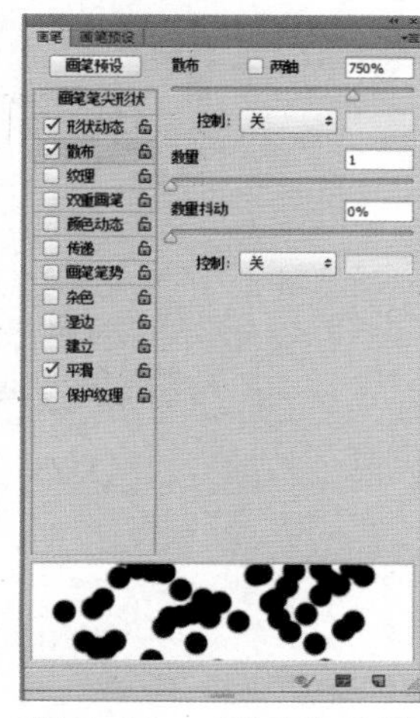

图 7-31　“散布”选项

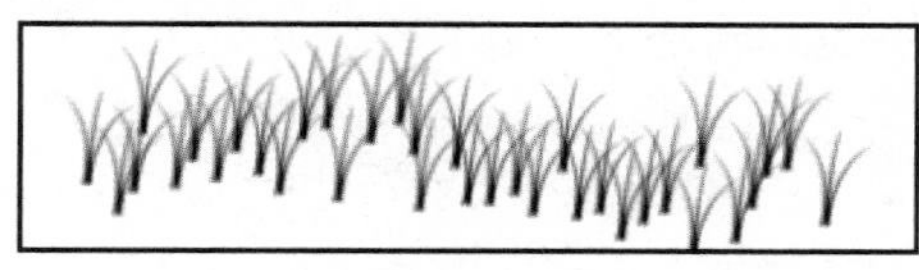
图 7-32　不勾选“两轴”复选框

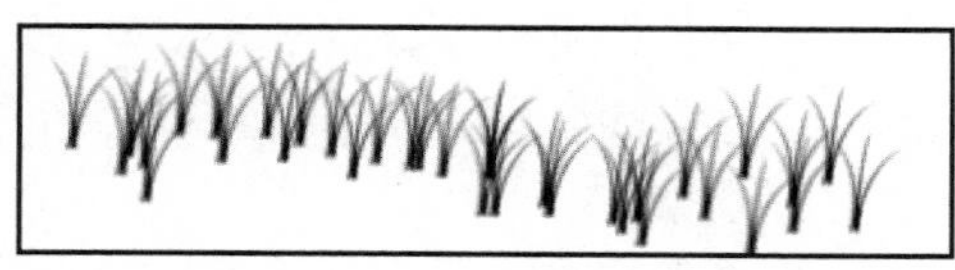
图 7-33　勾选“两轴”复选框

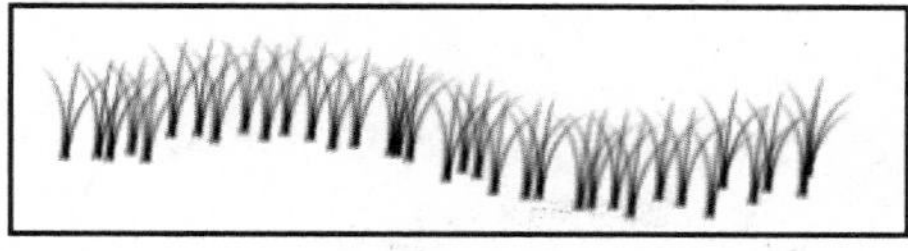
设置数量为 1

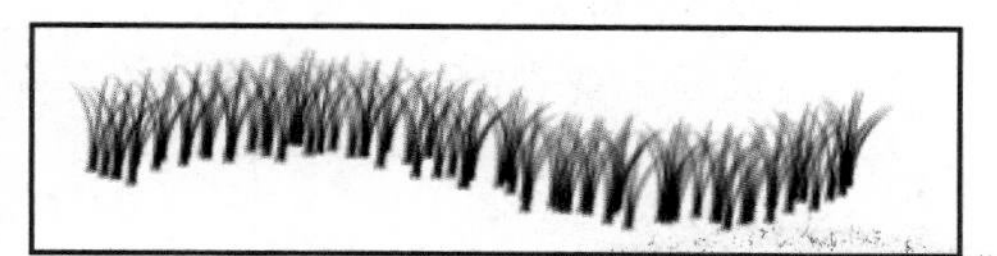
设置数量为 5

图 7-34　数量效果

4. 画笔的纹理设置

在“画笔”面板中，勾选“纹理”复选框，“画笔”面板如图 7-35 所示，“纹理”选项可以使画笔纹理化。

- “缩放”选项：用于设置图案的缩放比例。
- “为每个笔尖设置纹理”复选框：用于设置是否分别对每个标记点进行渲染。勾选此项，其下面的“深度”和“深度抖动”选项变为可用。
- “模式”选项：用于设置画笔和图案之间的混合模式。
- “深度”选项：用于设置画笔混合图案的深度。
- “深度抖动”选项：用于设置画笔混合图案的深度变化。

5. 双重画笔设置

在“画笔”面板中，勾选“双重画笔”复选框，如图 7-36 所示，双重画笔效果就是两种画笔效果的混合。

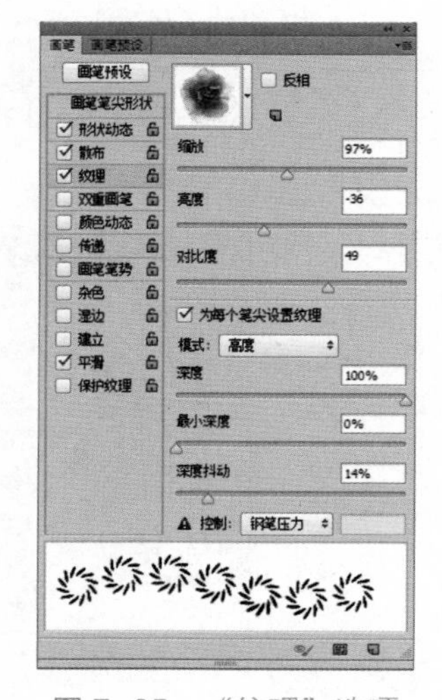

图 7-35 “纹理”选项

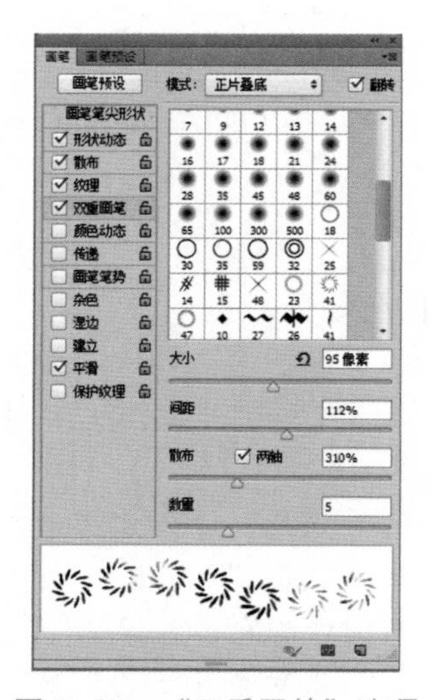

图 7-36 “双重画笔”选项

- “模式”选项：在下拉菜单中可以选择两种画笔的混合模式。在画笔预视框中选择一种画笔作为第 2 个画笔。
- “大小”选项：用于设置第 2 个画笔的大小。
- “间距”选项：用于设置第 2 个画笔在所绘制的线条中标记点的分布效果。不勾选“两轴”复选框，画笔的标记点的分布与画笔绘制的线条方向垂直。勾选“两轴”复选框，画笔标记点将以放射状分布。
- “数量”选项：用于设置每个空间间隔中第 2 个画笔标记点的数量。

选择第 1 个画笔 17 后绘制的效果如图 7-37 所示。选择第 2 个画笔 134 并对其进行设置后，绘制的双重画笔混合效果如图 7-38 所示。

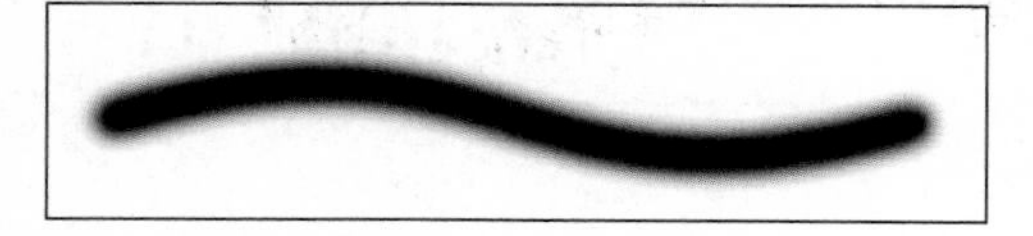

图 7-37 单个画笔绘制效果

图 7-38 双重画笔混合效果

6. 画笔的颜色动态设置

在“画笔”面板中，勾选“颜色动态”复选框，如图 7-39 所示，“颜色动态”选项用于设置画笔绘制过程中颜色的动态变化情况。

- “前景 / 背景抖动”选项：用于设置画笔绘制的线条在前景色和背景色之间的动态变化。
- “色相抖动”选项：用于设置画笔绘制线条的色相动态变化范围。
- “饱和度抖动”选项：用于设置画笔绘制线条的饱和度的动态范围。
- “亮度抖动”选项：用于设置画笔绘制线条的亮度范围。
- “纯度”选项：用于设置颜色的纯度。

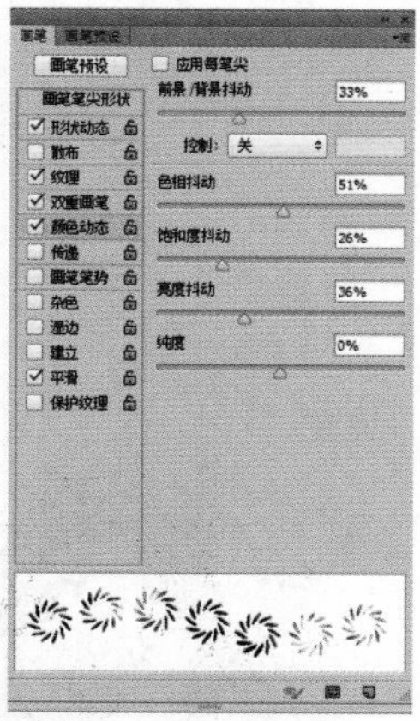

图 7-39 “动态颜色”选项

设置不同的颜色动态数值后，画笔绘制的效果如图 7-40 和图 7-41 所示。

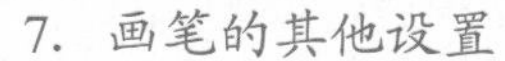

7. 画笔的其他设置

- “传递”选项：确定色彩在描边路线中的改变方式。
- “杂色”选项：可以为画笔增加杂色效果。
- “湿边”选项：可以为画笔增加水笔的效果。
- “建立”选项：可以使画笔变为喷枪的效果。
- “平滑”选项：可以使画笔绘制的线条产生更平滑顺畅的曲线。
- “保护纹理”选项：可以对所有的画笔应用相同的纹理图案。

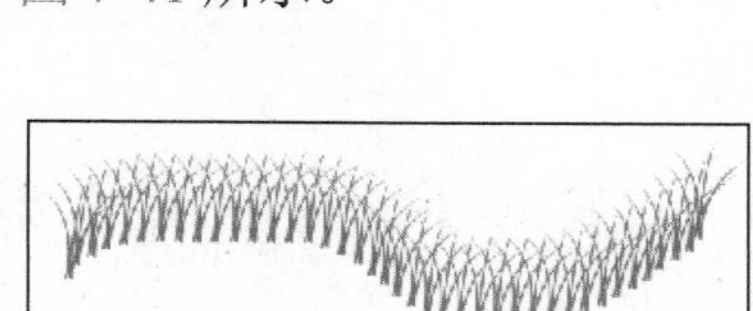

图 7-40 纯度调整

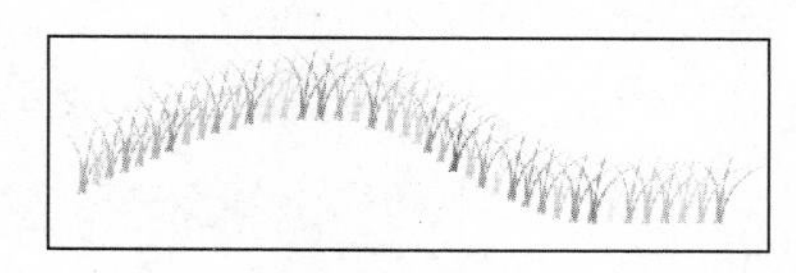

图 7-41 饱和度抖动调整

任务 5 调整 Q 版人物明暗关系

（1）单击“图层”面板上的“创建新图层”按钮，新建“图层 1”，将图层重命名为“明暗”，将其置于“平涂”图层上方，如图 7-42 所示。

（2）在前面平涂颜色的基础上单击“画笔工具”按钮，依然选择 19 号圆头硬笔，在“画笔”面板中调节其属性，设置“形状动态”和“传递”参数，如图 7-43 所示，

图 7-42 新建“明暗”图层

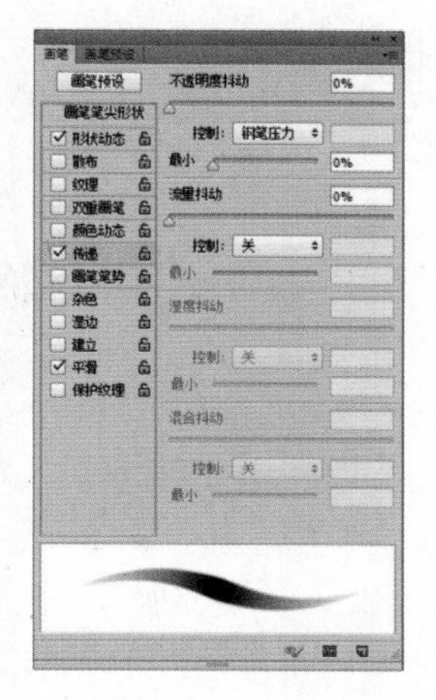

图 7-43 “形状动态”及“传递”属性调节

（3）绘制各部件的明暗关系，局部效果如图 7-44 所示。

（4）使用“画笔工具” 继续调整其他部位的明暗关系，整体效果如图 7-45 所示。

图 7-44　局部明暗效果

图 7-45　整体效果

任务 6　Q 版人物的整体刻画

（1）单击“图层”面板上的“创建新图层”按钮，新建“图层 1”，将图层重命名为“刻画”，将其置于“明暗”图层上方，如图 7-46 所示。

（2）使用“画笔工具” 对人物进行细致的刻画，刻画完成后的效果如图 7-47 所示。

图 7-46　新建“刻画”图层

图 7-47　最终刻画效果

任务 7　为 Q 版人物画色线

（1）选择“线稿”图层，单击“锁定透明像素”按钮将该图层锁定，如图 7-48 所示。

（2）选择“画笔工具” ，在“画笔”面板中设置默认属性的 19 号硬头画笔，如图 7-49 所示。

（3）分别选择比各部分最深的颜色还深的颜色来修改线的颜色。各线层的颜色变化细节如图 7-50 所示。

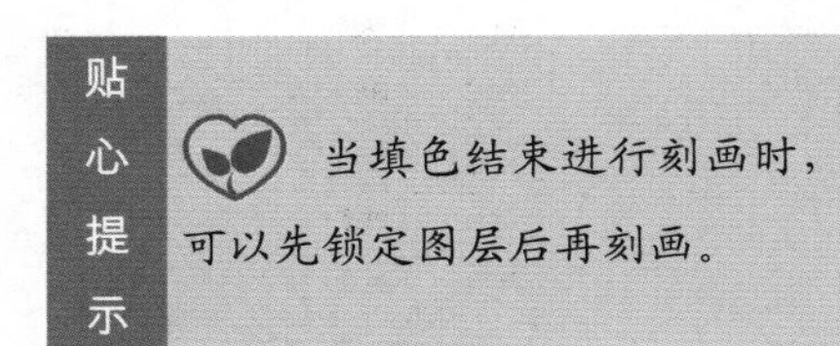

（4）经过对各部分的线的颜色修改，各线层的颜色变化整体效果如图 7-51 所示。

图 7-48 锁定图层

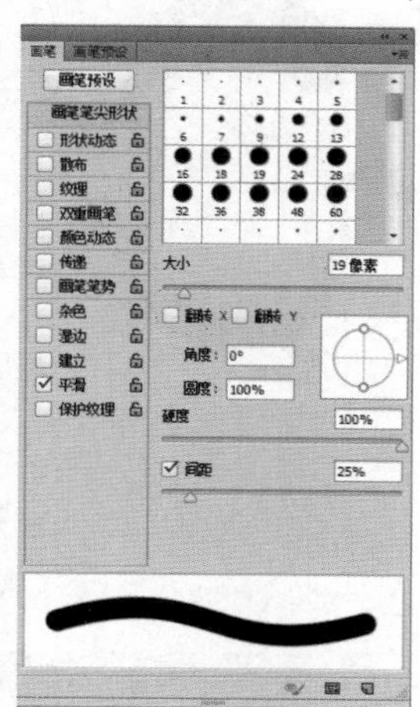

图 7-49 画笔属性设置

图 7-50 各线层的颜色变化细节

图 7-51 各线层颜色变化整体效果

小技巧

在进行 CG 角色或场景绘制中，灵活使用 Photoshop 的快捷键可以大大提高工作效率。这里，“B”键为画笔工具；“E”键为橡皮工具；“Ctrl+D”快捷键取消选区；“Alt+Delete”快捷键填充前景色；“Ctrl+Delete”快捷键填充背景色。

牛刀小试——卡通原画设计

设计如图 7-52 所示的卡通原画

操作步骤 START

（1）执行“文件”→“新建”命令，在弹出的“新建”对话框中设置“名称”为“卡通原画”，图像“宽度”为 400 像素，“高度”为 500 像素，“分辨率”为 300 像素/英寸，如图 7-53 所示。

图 7-52　卡通原画参考图

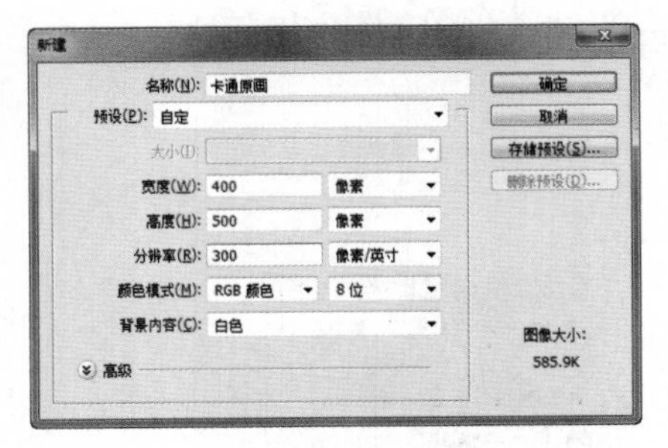

图 7-53　设置“新建”对话框参数

（2）单击“确定”按钮，新建空白文档。新建“图层 1”，选择“画笔工具”，在工具选项栏单击“切换画笔面板”按钮，在打开的“画笔”面板中设置如图 7-54 所示的笔刷。

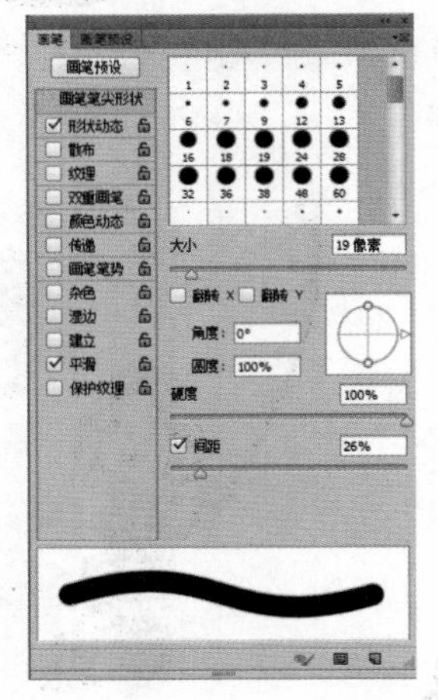

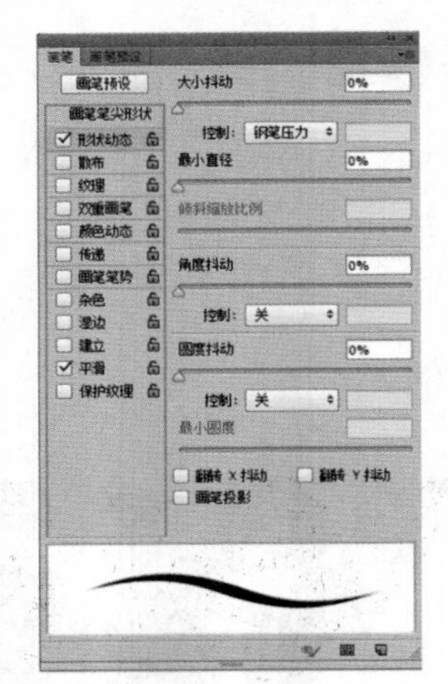

图 7-54　设置笔刷

（3）绘制人物草图，效果如图 7-55 所示。

（4）勾线。单击“图层”面板上的“创建新图层”按钮，新建“图层 2”，选择“图层 1”，将其“不透明度”调整为 30%，在“图层 2”选择“画笔工具”，依然使用 19 号硬的圆头笔将前面绘制的草稿图清理整洁。

（5）选择“图层 1”，单击该图层前面的“指示图层可见性”按钮，将图层隐藏起来，得到如图 7-56 所示线稿图。

图 7-55　绘制人物草图

图 7-56　线稿图

（6）填充中间色。使用“钢笔工具”勾出卡通的形状，然后按“Ctrl+Enter”快捷键将路径转换为选区。单击工具箱中的“设置前景色”按钮，打开“拾色器（前景色）”对话框，在此选取“蓝绿色”进行填充。

（7）选择“画笔工具”，在工具选项栏单击“切换画笔面板”按钮，在打开的“画笔”面板中设置如图 7-57 所示的笔刷。

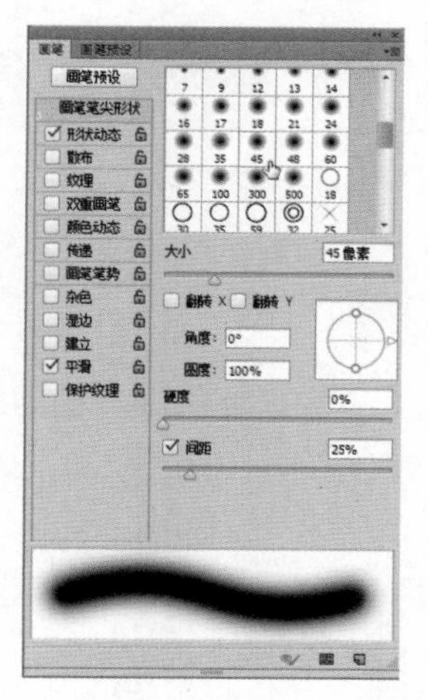

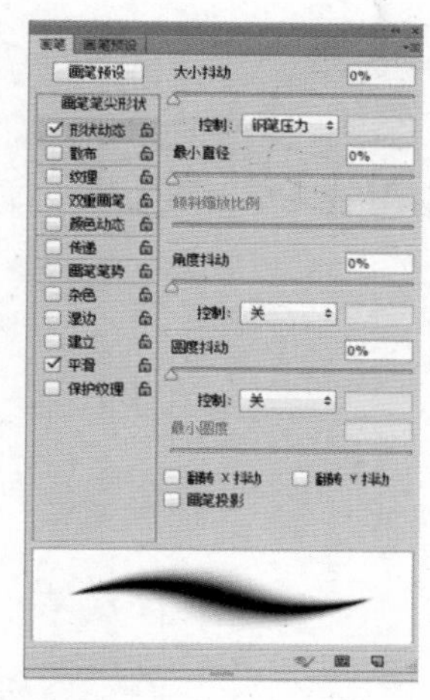

图 7–57　设置笔刷

（8）为卡通勾边并填充中间部分的颜色，效果如图 7-58 所示。

（9）刻画。继续使用“画笔工具”对卡通进行中间颜色的刻画，最后效果如图 7-59 所示。

图 7–58　勾边并填充中间部分的颜色

图 7–59　最终效果

项目总结

在进行 Q 版人物的绘制过程中要能够运用美术功底通过 Photoshop 结合数位板，灵活使用压感笔及画笔工具进行人物造型设计。而画笔工具是 Photoshop 中最基础，绘制 CG 数码作品时最常用的一个工具，它相当于我们手中的画笔，调节其各项属性，可以绘画出各种各样的笔刷效果，甚至可以自己载入喜欢的笔刷，因此需要重点掌握，这样才能得心应手地绘制作品。

场景设计

项目背景及要求

场景设计是动漫游戏作品中重要的组成部分。作为一名动漫游戏行业从业者，常常需要设计一些场景。要求使用 Photoshop 结合数位板，进行场景的设计和制作。项目参考如图 7-60 所示。

图 7-60　项目参考图

项目分析

本项目首先需要选择一张有清晰线稿的背景稿，使用 Photoshop 中的各种工具对其填色，做出光影效果。难点是能准确无误地将颜色填对图层、压感笔的熟练使用以及 Photoshop 快捷键的熟悉。本项目可分解为以下 4 个任务。

- 任务 1　提取透明线层；
- 任务 2　为场景线稿填色；
- 任务 3　为场景图制作阴影；
- 任务 4　为场景画色线。

操作步骤

START

任务1 提取透明线层

（1）执行“文件”→“打开”命令，在弹出的“打开”对话框中，选择已经准备好的“场景设计”线稿文件，如图 7-61 所示。

（2）打开“通道”面板，按住“Ctrl”键并单击“RGB”通道，如图 7-62 所示。此时，线稿以外空白的区域载入了选区，如图 7-63 所示。

图 7-61 打开“场景设计”线稿文件

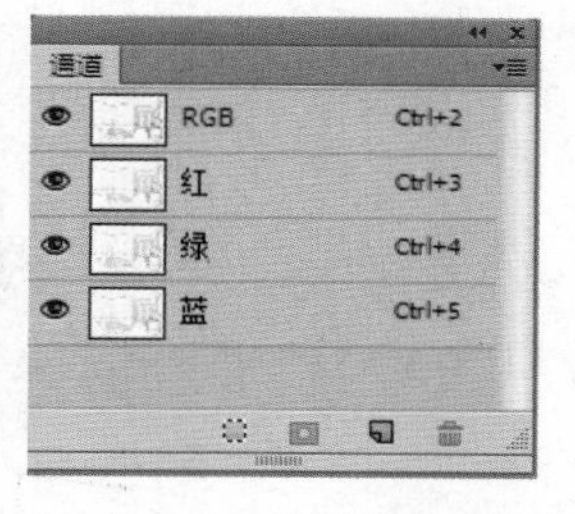

图 7-62 “通道”面板

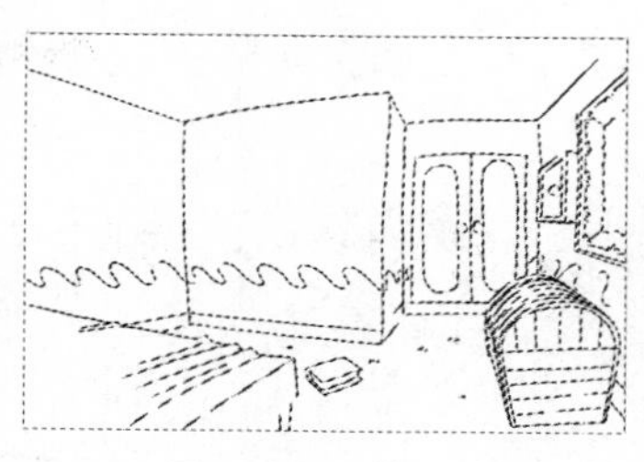

图 7-63 载入选区

小技巧

按住“Ctrl”键并单击通道中的“RGB”通道可选出线稿中的空白区域。

（3）执行“选择”→“反向”命令，反方向选取选区，如图 7-64 所示。

（4）单击“图层”面板底部的“新建图层”按钮，新建“图层 1”，设置前景色为黑色，按“Alt+Delete”快捷键给选区填充前景色，按“Ctrl+D”快捷键取消选区，最终提线效果如图 7-65 所示。

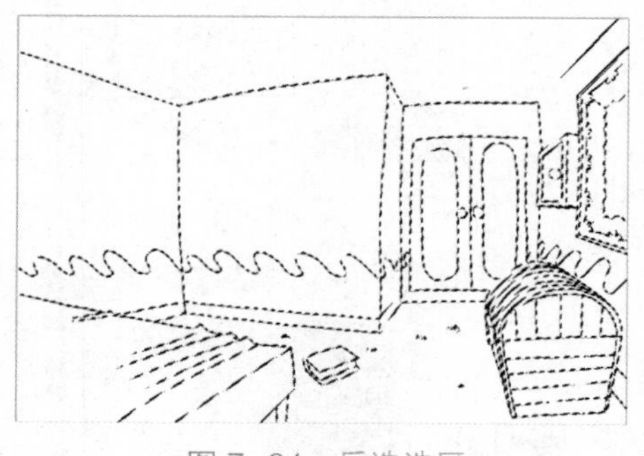

图 7-64 反选选区

图 7-65 提线效果

知识百宝箱

1. 将线稿转换为 Photoshop 透明线稿

按住“Ctrl”键并单击“通道”面板中的“RGB”通道，选出线稿图层中的空白区域，执行“选择”→“反向”命令，然后新建图层并在所选好的区域内填色，取消选区后再回到原线稿图层将其填充为白色（底色），即完成将线稿转换为 Photoshop 透明线稿的过程。

2. 动画场景的基本绘制

首先平涂颜色，然后勾选各个物体的投影与暗部形体并进行填色，最终锁定线层用画笔工具改变线条颜色。

任务 2　为场景线稿填色

（1）在线稿所在图层的下方新建“图层 2”，单击“魔棒工具”按钮，在工具选项栏进行如图 7-66 所示的参数设置。

取样大小：取样点　容差：32　☑ 消除锯齿　☑ 连续　☑ 对所有图层取样

图 7-66　“魔棒工具”工具选项栏

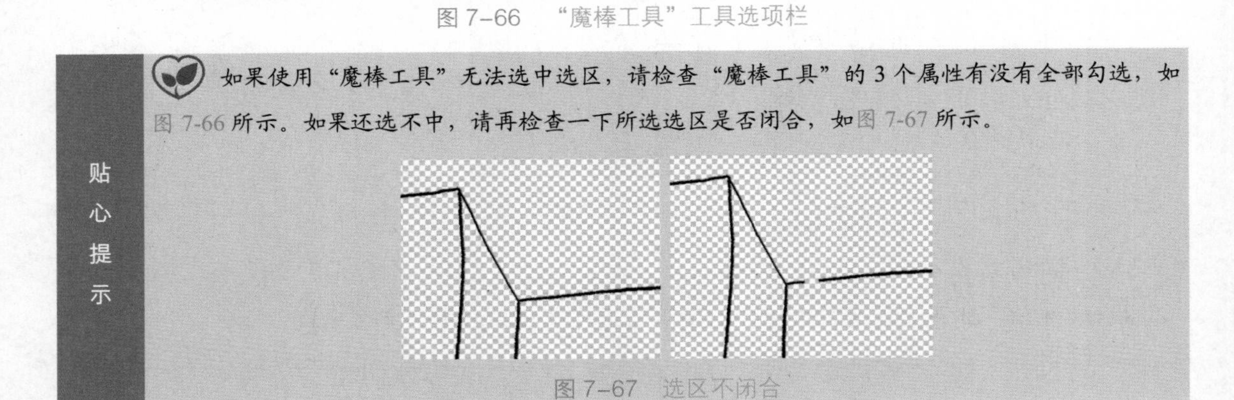

贴心提示

如果使用“魔棒工具”无法选中选区，请检查“魔棒工具”的 3 个属性有没有全部勾选，如图 7-66 所示。如果还选不中，请再检查一下所选选区是否闭合，如图 7-67 所示。

图 7-67　选区不闭合

（2）单击所要填色的区域，制作填色选区，如图 7-68 所示。

（3）执行“选择”→“修改”→“扩展”命令，打开“扩展选区”对话框，将所选区域扩展 1 个像素点，如图 7-69 所示，单击“确定”按钮，扩展选区。

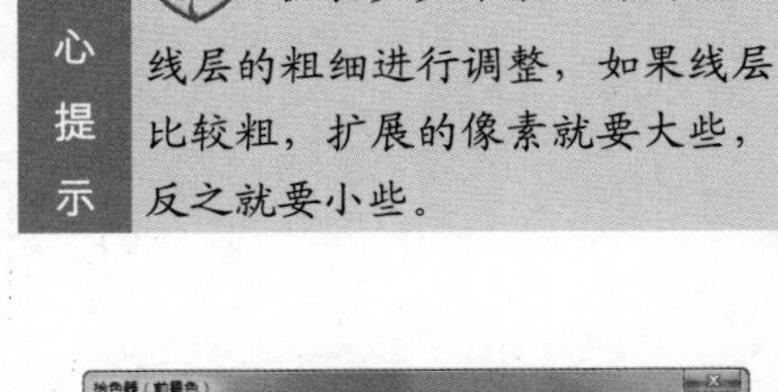

贴心提示

扩展多少像素，需要根据线层的粗细进行调整，如果线层比较粗，扩展的像素就要大些，反之就要小些。

（4）单击工具箱的“设置前景色”按钮，打开“拾色器（前景色）”对话框，设置前景色为 RGB（121，172，187），如图 7-70 所示，单击“确定”按钮。

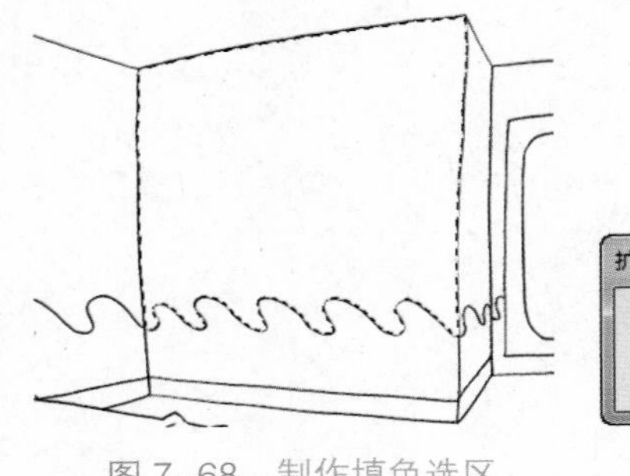

图 7-68　制作填色选区

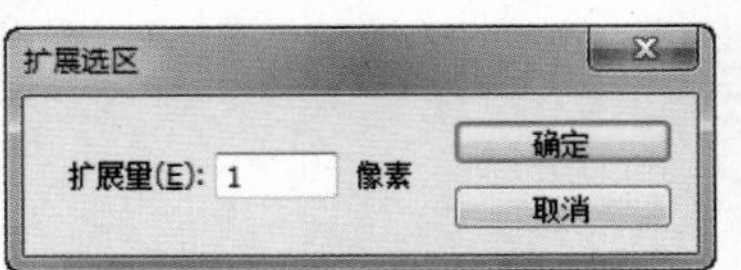

图 7-69　“扩展选区”对话框

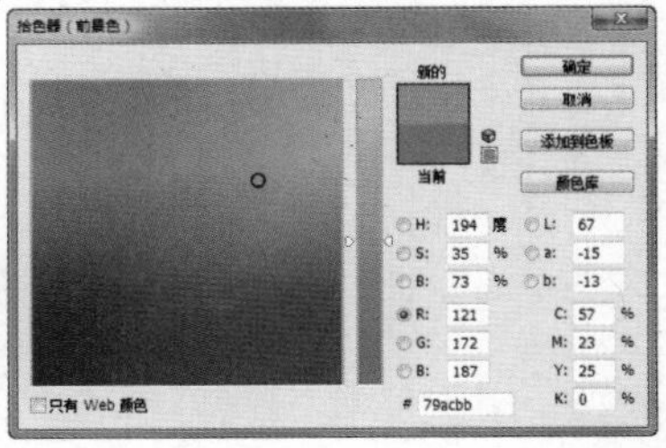

图 7-70　设置前景色

（5）使用“油漆桶工具”，在所选区域内单击，填充前景色，效果如图 7-71 所示。

（6）采用相同的方法将场景线稿图的其他部分也填充颜色，填色后的效果如图 7-72 所示。

图 7-71　在选区内填充前景色

图 7-72　填色后的效果

任务 3　为场景图制作阴影

（1）使用“多边形套索工具”制作出所要刻画的阴影选区，如图 7-73 所示。

（2）新建一个图层，作为阴影图层，填充“紫色”，设置该图层的图层模式为“正片叠底”，“不透明度”为 50%，如图 7-74 所示，效果如图 7-75 所示。

（3）按照上述相同的方法完成场景画面其他阴影的制作，最后场景整体的阴影效果如图 7-76 所示。

图 7-73　制作阴影选区

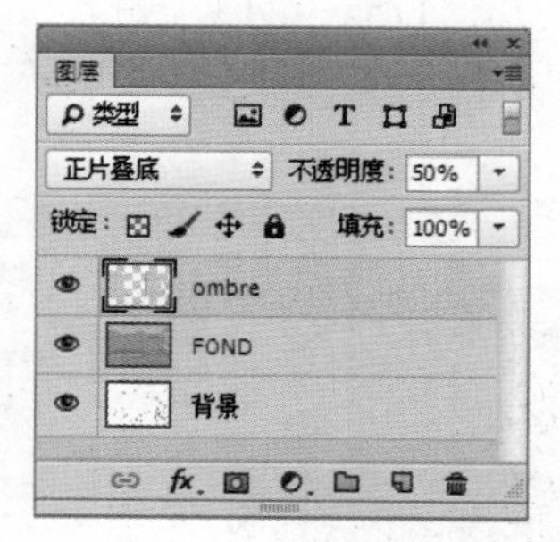

图 7-74　设置图层参数

图 7-75　选区阴影效果

图 7-76　场景整体的阴影效果

任务 4　为场景画色线

（1）在“图层”面板中单击线稿所在的图层，然后再单击“锁定透明像素”按钮，将线稿图层锁定，如图 7-77 所示。

（2）选择“画笔工具”，在工具选项栏中单击“切换画笔面板”按钮，打开“画笔”面板，选择硬画笔，如图 7-78 所示。

图 7–77　锁定线稿图层

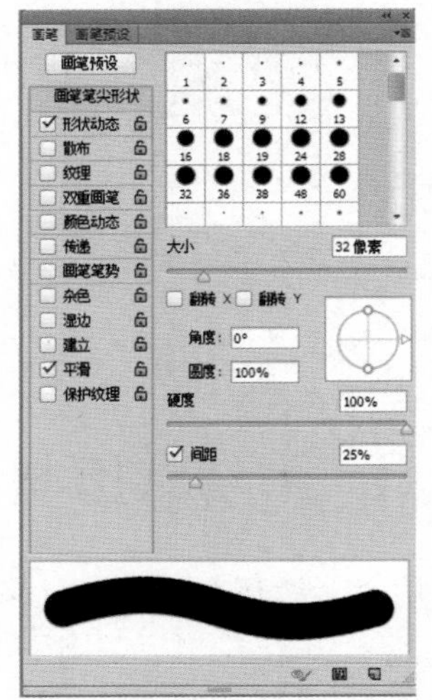

图 7–78　选择硬画笔

（3）单击工具箱的“设置前景色”按钮，打开“拾色器（前景色）”对话框，设置前景色为 RGB（70，115，131），如图 7-79 所示。

（4）使用选定的“画笔工具”及选定的前景色画出色线，得到色线的最后效果如图 7-80 所示。

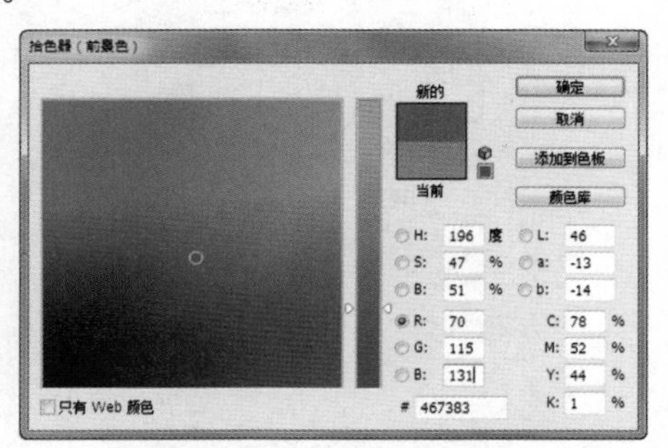

图 7–79　设置前景色

图 7–80　色线的最后效果

牛刀小试——动态的原画设计

操作步骤　START

（1）执行“文件”→“新建”命令，新建一个名为“动态原画设计”，大小为 1000 像素×300 像素的文档。如图 7-81 所示。

（2）单击“确定”按钮，新建文档。打开如图 7-59 所示的卡通原画，使用“魔棒工具”选择白色背景并按“Delete”键删除背景，将卡通原画拖入新建文档中并放置在图像编辑窗口右侧，如图 7-82 所示。

（3）执行“窗口”→“时间轴”命令，打开“时间轴”面板，如图 7-83 所示。

（4）单击“创建帧动画”按钮，切换到帧时间轴，如图 7-84 所示。

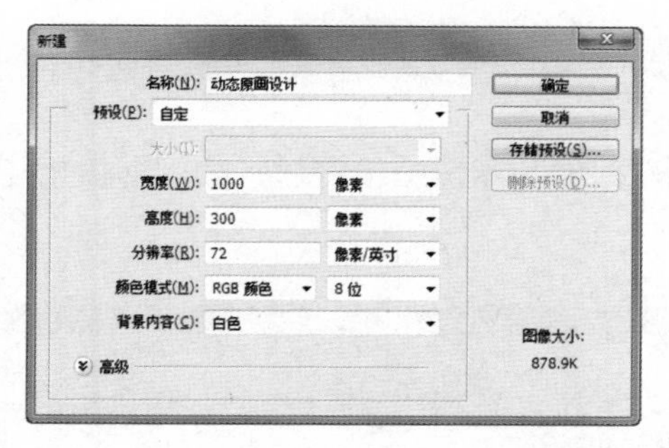

图 7–81　设置“新建”对话框参数

图 7–82　图像编辑窗口效果

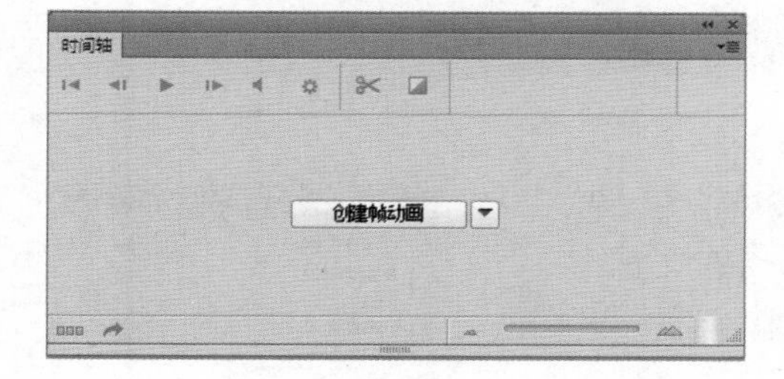

图 7–83　“时间轴”面板

图 7–84　帧时间轴

（5）单击“复制所选帧”按钮，复制第 1 帧，在图像窗口中将卡通原画水平向左移至中间位置，如图 7-85 所示。

（6）按“Ctrl”键，使用“移动工具”，选择第 1 帧和第 2 帧，单击“过渡动画帧”按钮，弹出“过渡”对话框，参数设置如图 7-86 所示。

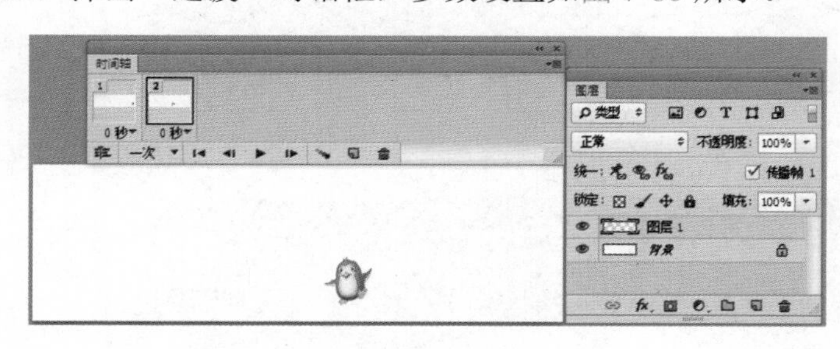

图 7–85　移动卡通原画位置

图 7–86　设置“过渡”对话框参数

（7）单击“确定”按钮，在第 1 帧和第 2 帧之间添加 5 帧过渡帧，如图 7-87 所示。

（8）单击“复制所选帧”按钮，复制第 7 帧，在图像窗口，将卡通原画向上移动到如图 7-88 所示位置。

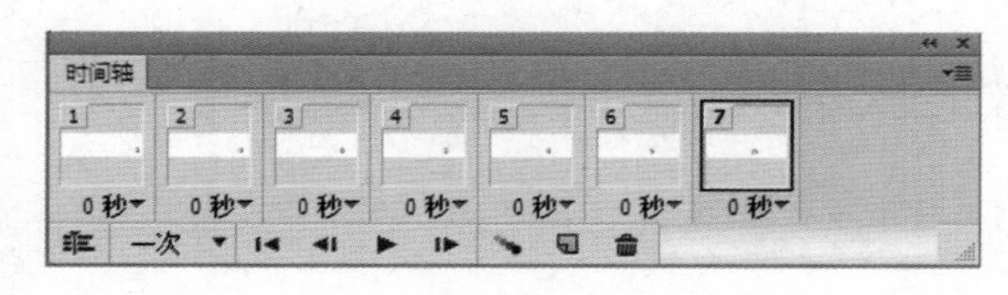

图 7–87　添加“过渡帧”

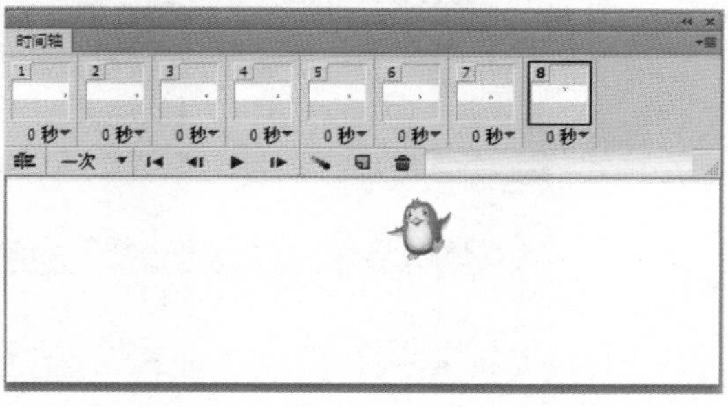

图 7–88　向上移动卡通原画

（9）再次单击“复制所选帧”按钮，复制第 8 帧，在图像窗口中将卡通原画向下移动到如图 7-89 所示位置。

（10）重复第 8 步和第 9 步两次，此时“时间轴”面板和图像编辑窗口，如图 7-90 所示。

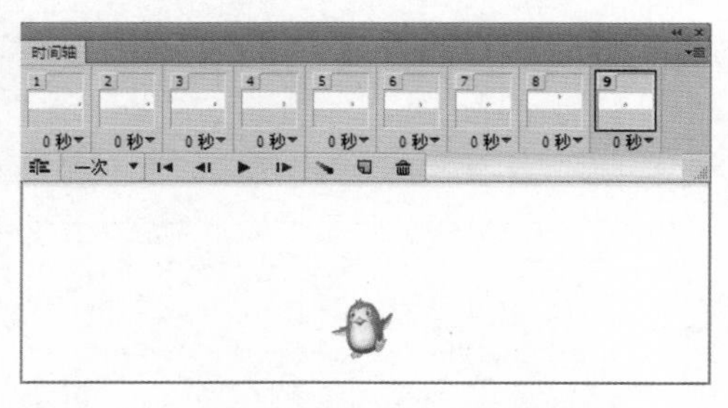

图 7–89　向下移动卡通原画位置

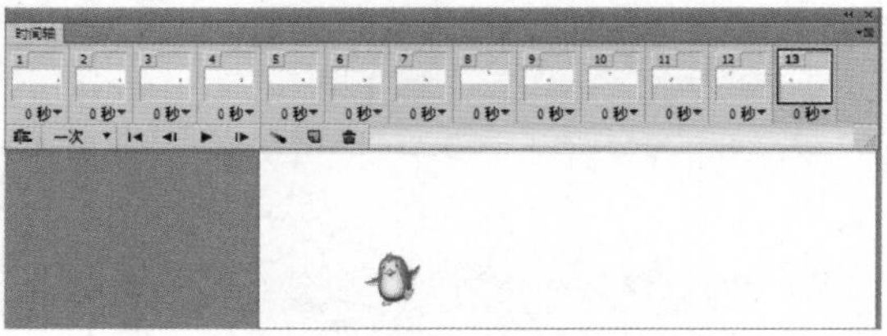

图 7–90　重复第 8 步和第 9 步

（11）单击“复制所选帧”按钮，复制第 13 帧，在图像窗口，将卡通原画向左移至图像编辑窗口左侧，按“Ctrl”键，依次单击第 13 帧和第 14 帧，单击“过渡动画帧”按钮，在弹出“过渡”对话框中设置如图 7-91 所示的参数。

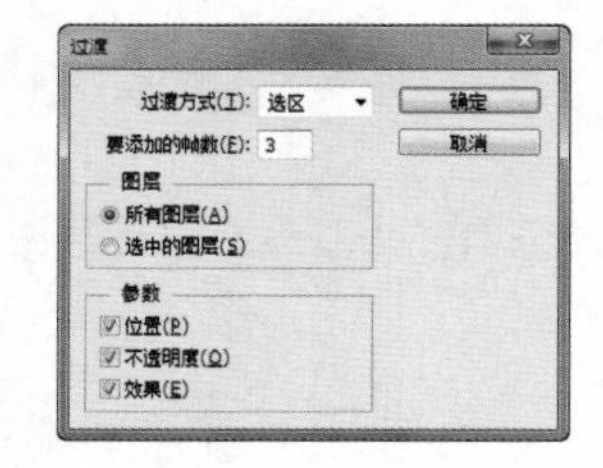

图 7–91　设置“过渡”对话框参数

（12）单击“确定”按钮，添加 3 个过渡帧，此时，“时间轴”面板如图 7-92 所示。

（13）按“Shift”键依次单击第 1 帧和第 17 帧，选中所有的帧，设置“选择延迟时间”为“0.2”秒，“选择循环选项”为“永远”，如图 7-93 所示。

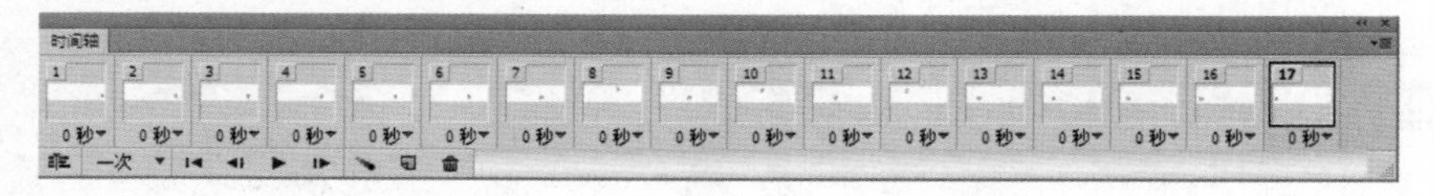

图 7–92　添加过渡帧后的“时间轴”面板

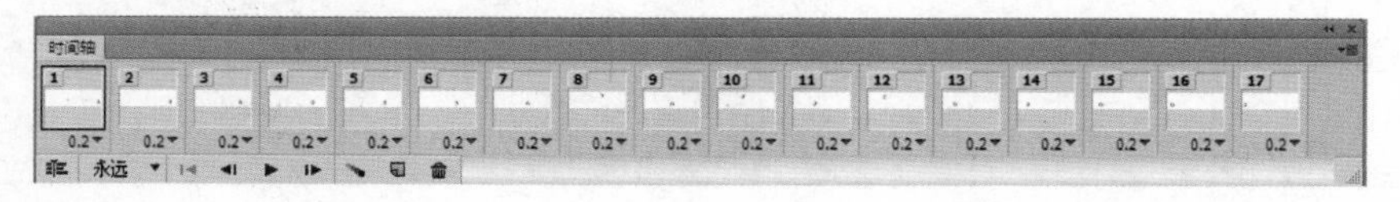

图 7–93　设置时间轴参数

（14）此时动态卡通原画制作完成，单击“时间轴”面板底部的“播放动画”按钮，对动画进行测试，效果如图 7-94 所示。

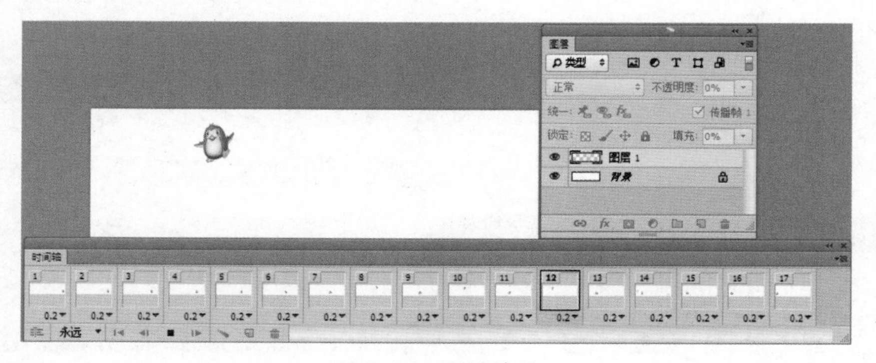

图 7–94　测试效果

（15）满意后，执行“文件”→“存储为Web所用格式”命令保存为.gif格式动画文件。

项目总结

在进行CG场景的绘制中，重点是要学会如何将线稿转换为Photoshop的透明线稿以及动画场景的基本绘制方法，这样才能轻松地进行场景的设计。

职业技能训练

1．模仿项目1的“Q版人物”的绘制方法，制作如图7-95所示的“Q版人物”。

图7–95 “Q版人物”参考效果

2．模仿项目2的场景的绘制方法，制作如图7-96所示的“场景设计”。

图5–96 “场景设计”参考效果

Adobe Photoshop CC 快捷键

一、工具、面板和对话框

帮助　“F1”

剪切　“F2”

复制　“F3”

粘贴　“F4”

隐藏/显示画笔面板　“F5”

隐藏/显示颜色面板　“F6”

隐藏/显示图层面板　“F7”

隐藏/显示信息面板　“F8”

隐藏/显示动作面板　“F9”

恢复　“F12”

填充　“Shift+F5”

羽化　“Shift+F6”

选择→反选　“Shift+F7”

隐藏选定区域　“Ctrl+H”

取消选定区域　“Ctrl+D”

关闭文件　“Ctrl+W”

退出 Photoshop　“Ctrl+Q”

取消操作　“Esc”

矩形、椭圆选框工具　“M”

裁剪工具　“C”

移动工具　“V”

套索、多边形套索、磁性套索　“L”

魔棒工具　“W”

喷枪工具　“J”

画笔工具　“B”

橡皮图章、图案图章　　“S”
历史记录画笔工具　　“Y”
橡皮擦工具　　“E”
铅笔、直线工具　　“N”
模糊、锐化、涂抹工具　　“R”
减淡、加深、海绵工具　　“O”
钢笔、自由钢笔、磁性钢笔　　“P”
添加锚点工具　　“+”
删除锚点工具　　“-”
直接选取工具：　　“A”
文字、文字蒙版、直排文字、直排文字蒙版　　“T”
度量工具　　“U”
直线渐变、径向渐变、对称渐变、角度渐变、菱形渐变　　“G”
油漆桶工具　　“K”
吸管、颜色取样器　　“I”
抓手工具　　“H”
缩放工具　　“Z”
默认前景色和背景色　　“D”
切换前景色和背景色　　“X”
切换标准模式和快速蒙版模式　　“Q”
标准屏幕模式、带有菜单栏的全屏模式、全屏模式　　“F”
临时使用移动工具　　“Ctrl”
临时使用吸色工具　　“Alt”
临时使用抓手工具　　“Tab”
打开工具选项面板　　“Enter”
快速输入工具选项（当前工具选项面板中至少有一个可调节数字）　　“0”～至“9”
循环选择画笔　　“[”或“]”
选择第一个画笔　　“Shift + [”
选择最后一个画笔　　“Shift +]”
建立新渐变（在渐变编辑器中）　　“Ctrl + N”
关闭当前图像　　“Ctrl + W”
打开“预置”对话框　　“Ctrl + K”
显示最后一次显示的“预置”对话框　　“Alt + Ctrl + K”
设置“常规”选项（在预置对话框中）　　“Ctrl + 1”
设置“存储文件”（在预置对话框中）　　“Ctrl + 2”
设置“显示和光标”（在预置对话框中）　　“Ctrl + 3”
设置“透明区域与色域”（在预置对话框中）　　“Ctrl + 4”
设置“单位与标尺”（在预置对话框中）　　“Ctrl + 5”
设置“参考线与网格”（在预置对话框中）　　“Ctrl + 6”
设置“增效工具与暂存盘”（在预置对话框中）　　“Ctrl + 7”

设置“内存与图像高速缓存”（在预置对话框中）　　“Ctrl + 8”

二、编辑操作

还原/重做前一步操作　　“Ctrl + Z”

还原两步以上操作　　“Ctrl + Alt + Z”

重做两步以上操作　　“Ctrl + Shift + Z”

剪切选取的图像或路径　　“Ctrl + X”或“F2”

复制选取的图像或路径　　“Ctrl + C”或“F3”

复制合并层后选取的图像或路径　　“Ctrl + Shift + C”

剪贴板的内容粘到当前图形中　　“Ctrl + V”或“F4”

将剪贴板的内容粘到选框中，并以展现选框的方式产生遮罩　　“Ctrl + Shift + V”

将剪贴板的内容粘到选框中，并以隐藏选框的方式产生遮罩　　“Ctrl + Shift + Alt + V”

自由变换　　“Ctrl + T”

应用自由变换（在自由变换模式下）　　“Enter”

从中心或对称点开始变换（在自由变换模式下）　　“Alt”

限制（在自由变换模式下）　　“Shift”

扭曲（在自由变换模式下）　　“Ctrl”

取消变形（在自由变换模式下）　　“Esc”

自由变换复制的像素数据　　“Ctrl + Shift + T”

再次变换复制的像素数据并建立一个副本　　“Ctrl + Shift + Alt + T”

删除选框中的图案或选取的路径　　“Del”

用前景色填充所选区域或整个图层　　“Alt + BackSpace”或“Alt + Del”

用背景色填充所选区域或整个图层　　“Ctrl + BackSpace”或“Ctrl + Del”

弹出“填充”对话框　　“Shift + BackSpace”或“Shift + F5”

用前景色填充当前图层的不透明区域性　　“Shift + Alt + Del”

用背景色填充当前图层的不透明区域性　　“Shift + Ctrl + Del”

从历史记录中填充　　“Alt + Ctrl + Backspace”

三、图像调整

按住“Alt”键不放再选图像调整命令，各选项将以上次使用该命令时的设置值为其缺省值

调整色阶　　“Ctrl + L”（同上“Ctrl + Alt + L”调整色阶的选项是以历史设置值为缺省值）

自动调整色阶　　“Ctrl + Shift + L”

打开曲线调整对话框　　“Ctrl + M”

移动所选点（“曲线”对话框中）　　“↑”/“↓”/“←”/“→”

以 10 点为增幅移动所选点以 10 点为增幅（“曲线”对话框中）　　“Shift + 箭头”

选择多个控制点（“曲线”对话框中）　　“Shift”加点按前移控制点（“曲线”对话框中）“Ctrl + Tab”

后移控制点（“曲线”对话框中）　　“Ctrl + Shift + Tab”

取消选择所选通道上的所有点（“曲线”对话框中）　　“Ctrl + D”

使曲线网格更精细或更粗糙（“曲线”对话框中）　　“Alt”

加点按网格 选择彩色通道（“曲线”对话框中）　　“Ctrl + ～”

选择单色通道（“曲线”对话框中） “Ctrl +数字”
打开“色彩平衡”对话框 “Ctrl + B”
打开“色相/饱和度”对话框 “Ctrl + U”
全图调整（在“色相/饱和度”对话框中） “Ctrl + ～”
只调整红色（在“色相/饱和度”对话框中） “Ctrl + 1”
只调整黄色（在“色相/饱和度”对话框中） “Ctrl + 2”
只调整绿色（在“色相/饱和度”对话框中） “Ctrl + 3”
只调整青色（在“色相/饱和度”对话框中） “Ctrl + 4”
只调整蓝色（在“色相/饱和度”对话框中） “Ctrl + 5”
只调整洋红（在“色相/饱和度”对话框中） “Ctrl + 6”
去色 “Ctrl + Shift + U”
反相 “Ctrl + I”

四、图层操作

从对话框新建一个图层 “Ctrl + Shift + N”
以默认选项建立一个新的图层 “Ctrl + Alt + Shift + N”
通过复制建立一个图层 “Ctrl + J”
通过复制建立一个图层并重命名新图层 “Ctrl + Alt + J”
通过剪切建立一个图层 “Ctrl + Shift + J”
通过剪切建立一个图层并重命名新图层 “Ctrl + Alt + Shift + J”
与前一图层编组 “Ctrl + G”
取消编组 “Ctrl + Shift + G”
向下合并或合并连接图层 “Ctrl + E”
合并可见图层 “Ctrl + Shift + E”
盖印或盖印连接图层 “Ctrl + Alt + E”
盖印可见图层到当前层 “Ctrl + Alt + Shift + E”
将当前层下移一层 “Ctrl + [”
将当前层上移一层 “Ctrl +]”
将当前层移到最下面 “Ctrl + Shift + [”
将当前层移到最上面 “Ctrl + Shift +]”
激活下一个图层 “Alt + [”
激活上一个图层 “Alt +]”
激活底部图层 “Shift + Alt + [”
激活顶部图层 “Shift + Alt +]”
调整当前图层的透明度（当前工具为无数字参数的，如移动工具）“0”～“9”
保留当前图层的透明区域（开关） /
去层的效果 “Alt”＋ 双击“效果”图标
投影效果（在“效果”对话框中） “Ctrl + 1”
内阴影效果（在“效果”对话框中） “Ctrl + 2”
外发光效果（在“效果”对话框中） “Ctrl + 3”
内发光效果（在“效果”对话框中） “Ctrl + 4”
斜面和浮雕效果（在”效果”对话框中） “Ctrl + 5”

应用当前所选效果并使参数可调（在“效果”对话框中）　“A”

五、图层混合模式

循环选择混合模式　“Shift + Alt + -”或“Shift + Alt + +”
正常　“Shift + Alt + N”
阈值（位图模式）　“Shift + Alt + L”
溶解　“Shift + Alt + I”
背后　“Shift + Alt + Q”
清除　“Shift + Alt + R”
正片叠底　“Shift + Alt + M”
屏幕　“Shift + Alt + S”
叠加　“Shift + Alt + O”
柔光　“Shift + Alt + F”
强光　“Shift + Alt + H”
颜色减淡　“Shift + Alt + D”
颜色加深　“Shift + Alt + B”
变暗　“Shift + Alt + K”
变亮　“Shift + Alt + G”
差值　“Shift + Alt + E”
排除　“Shift + Alt + X”
色相　“Shift + Alt + U”
饱和度　“Shift + Alt + T”
颜色　“Shift + Alt + C”
光度　“Shift + Alt + Y”
去色　“海绵工具+ Shift + Alt + J”
加色　“海绵工具+ Shift + Alt + A”
暗调　“减淡/加深工具 + Shift + Alt + W”
中间调　“减淡/加深工具 + Shift + Alt + V”
高光　“减淡/加深工具+ Shift + Alt + Z”

六、选择功能

全部选取　“Ctrl + A”
取消选择　“Ctrl + D”
恢复最后的那次选择　“Ctrl + Shift + D”
羽化选择　“Ctrl + Alt + D”或“Shift + F6”
反向选择　“Ctrl + Shift + I”或“Shift + F7”
路径变选区数字键盘的“Enter”（V6.0 后变成了“Ctrl +数字键盘的 Enter”）
载入选区　“Ctrl +点按图层、路径、通道面板中的缩略图”
载入对应单色通道的选区　“Ctrl + Alt + 数字”

七、滤镜操作

按上次的参数再做一次上次的滤镜　“Ctrl + F”
退去上次所做滤镜的效果　“Ctrl + Shift + F”

重复上次所做的滤镜（可调参数）　“Ctrl + Alt + F”
选择工具（在“3D 变化”滤镜中）　“V”
立方体工具（在“3D 变化”滤镜中）　“M”
球体工具（在“3D 变化”滤镜中）　“N”
柱体工具（在“3D 变化”滤镜中）　“C”
轨迹球（在“3D 变化”滤镜中）　“R”
全景相机工具（在“3D 变化”滤镜中）　“E”

八、视图操作

显示彩色通道　“Ctrl + ～”
显示对应的单色通道　“Ctrl + 数字”
显示复合通道“～”以 CMYK 方式预览（开关）　“Ctrl + Y”
打开/关闭色域警告　“Ctrl + Shift + Y”
放大视图　“Ctrl + +”
缩小视图　“Ctrl + -”
放大视图并适应视窗　“Ctrl + Alt + +”
缩小视图并适应视窗　“Ctrl + Alt + -”
满画布显示　“Ctrl + 0“或 双击抓手工具
实际像素显示　“Ctrl + Alt + 0“或 双击缩放工具
工具箱（多种工具共用一个快捷键的可同时按“Shift”加此快捷键选取）
矩形、椭圆选框工具　“M”
裁剪工具　“C”
移动工具　“V”
套索、多边形套索、磁性套索　“L”
魔棒工具　“W”
喷枪工具　“J”
画笔工具　“B”
橡皮图章、图案图章　“S”
历史记录画笔工具　“Y”
橡皮擦工具　“E”
铅笔、直线工具　“N”
模糊、锐化、涂抹工具　“R”
减淡、加深、海绵工具　“O”
钢笔、自由钢笔、磁性钢笔　“P”
添加锚点工具　“+”
删除锚点工具　“-”
直接选取工具　“A”
文字、文字蒙版、直排文字、直排文字蒙版　“T”
度量工具　“U”
直线渐变、径向渐变、对称渐变、角度渐变、菱形渐变　“G”
油漆桶工具　“K”

吸管、颜色取样器　　“I”
抓手工具　　“H”
缩放工具　　“Z”
默认前景色和背景色　　“D”
切换前景色和背景色　　“X”
切换标准模式和快速蒙版模式　　“Q”
标准屏幕模式、带有菜单栏的全屏模式、全屏模式　　“F”
临时使用移动工具　　“Ctrl”
临时使用吸色工具　　“Alt”
临时使用抓手工具　　“Tab”
打开工具选项面板　　“Enter”

九、快速输入工具选项

（当前工具选项面板中至少有一个可调节数字）　　“0”～“9”
循环选择画笔　　“[”或“]”
选择第一个画笔　　“Shift + [”
选择最后一个画笔　　“Shift +]”
建立新渐变（在“渐变编辑器”中）　　“Ctrl + N”

十、文件操作

新建图形文件　　“Ctrl + N”
用默认设置创建新文件　　“Ctrl + Alt + N”
打开已有的图像　　“Ctrl + O”
打开为…　　“Ctrl + Alt + O”
关闭当前图像　　“Ctrl + W”
保存当前图像　　“Ctrl + S”
另存为…　　“Ctrl + Shift + S”
存储副本　　“Ctrl + Alt + S”
页面设置　　“Ctrl + Shift + P”
打印　　“Ctrl + P”
打开“预置”对话框　　“Ctrl + K”
显示最后一次显示的“预置”对话框　　“Alt + Ctrl + K”
设置“常规”选项（在“预置”对话框中）　　“Ctrl + 1”
设置“存储文件”（在“预置”对话框中）　　“Ctrl + 2”
设置“显示和光标”（在“预置”对话框中）　　“Ctrl + 3”
设置“透明区域与色域”（在“预置”对话框中）　　“Ctrl + 4”
设置“单位与标尺”（在“预置”对话框中）　　“Ctrl + 5”
设置“参考线与网格”（在“预置”对话框中）　　“Ctrl + 6”
设置“增效工具与暂存盘”（在“预置”对话框中）　　“Ctrl + 7”
设置“内存与图像高速缓存”（在“预置”对话框中）　　“Ctrl + 8”